華夏英才基金學術文庫

高层建筑结构分析奇异函数法

徐　彬　著

科　学　出　版　社

北　京

内 容 简 介

本书重点介绍了高层建筑结构奇异函数法基本概念、原理和方法，以及高层悬挂结构的动力特性和分析方法。全书共 10 章，内容包括高层结构分析方法回顾，奇异函数法基本思路，奇异函数基本概念及运算规则，变参数受弯构件的奇异函数解，变参数剪力墙奇异函数分析法，高层结构奇异函数分析法，侧移刚度矩阵与结构动力分析，变刚度杆结构奇异函数有限元法，高层悬挂结构动力特性理论分析，高层悬挂结构分析数值解和高层框筒结构二阶效应分析。

本书适合土木工程结构专业的学者、工程技术人员、教师和研究生阅读，也可作为土木工程结构专业研究生教材使用。

图书在版编目(CIP)数据

高层建筑结构分析奇异函数法/徐彬著. —北京：科学出版社，2009
(华夏英才基金学术文库)
ISBN 978-7-03-023320-2

Ⅰ. 高… Ⅱ. 徐… Ⅲ. 函数-应用-高层建筑-建筑结构-结构分析
Ⅳ. TU973

中国版本图书馆 CIP 数据核字(2008)第 170549 号

责任编辑：牛宇锋 / 责任校对：鲁 素
责任印制：赵 博 / 封面设计：陈 敬

科学出版社 出版
北京东黄城根北街 16 号
邮政编码：100717
http://www.sciencep.com
双青印刷厂 印刷
科学出版社发行 各地新华书店经销
*
2009 年 5 月第 一 版 开本：B5(720×1000)
2009 年 5 月第一次印刷 印张：10 1/2
印数：1—2 500 字数：204 000

定价：38.00 元

(如有印装质量问题，我社负责调换〈双青〉)

前 言

虽然高层建筑至今只有一百多年的发展历史，但大量高层建筑的出现，解决了城市人口剧增与土地不足的矛盾，受到人们的普遍欢迎。高层建筑是现代科学技术综合应用的产物，它汇集了现代材料科学、力学、计算机技术、建筑结构分析技术、工程技术等最新成果，是现代文明和工业技术的结晶。

高层建筑分析与设计方法是建造高层建筑的关键技术。在高层建筑结构设计计算方面，面对新的建筑形式和结构体系，如何利用传统力学理论和原理，结合现代计算机分析计算技术，采用更有效、更准确的方法，求得结构内力和变形，从而为高层结构设计提供更可靠、更便捷的相关数据，一直是从事结构分析计算的专家和学者追求的理想和目标。在对高层建筑结构分析理论及方法进行反思的基础上，作者提出了高层结构分析的奇异函数法，目的是想从另一个角度去探索和理解高层结构的内在属性和规律，提出一些解决高层结构分析问题的新思路和新方法，期盼能为从事相关工作的研究者和设计者提供一点启示和帮助。这次有幸得到华夏英才出版基金的支持，使作者有机会将主要研究成果汇集成书，与同行见面和交流。借此机会，作者对华夏英才基金管理委员会严谨而富有远见的工作表示诚挚的敬意和衷心的感谢！

本书以作者博士学位论文和近十年来的科研成果为主要内容，结合高层建筑结构特点，首次将奇异函数应用于结构分析，利用奇异函数求解变参数悬臂梁，解决阶跃变量连续积分的问题，使原本需分段考虑的高层结构竖向构件统一用连续函数的形式来表示，并能通过积分直接求解，从而把对结构框架柱、剪力墙的认识统一到竖向构件概念上来，提出了结构分析的一种混合变量法，并对剪力墙、框架、框剪等结构受力性能进行了深入分析，导出了结构的侧移刚度矩阵，提出了动力分析方法，形成了高层结构分析计算的一整套理论。同时还利用奇异函数，推导了变刚度杆单元和梁单元的刚度矩阵。

作为另一项研究工作，本书还对高层悬挂结构动力特性进行了理论分析和介绍，给出了悬挂结构频率计算和振型分析的计算公式，该计算公式有助于充分理解悬挂结构的动力特性和减震原理。在此基础上，作者对建筑顶层加悬挂结构进行了研究和分析。

全书写作按照结构分析思路，由简单到复杂，由静力到动力，由理论到应用的顺序展开，文字简洁、精练。全书共分 10 章，第 1 章为绪论，回顾和总结了高层建筑结构分析的方法、假设，尤其是结构分析方法的发展历史，简要介绍了奇异函数分析法的概念和思路；第 2 章介绍了奇异函数概念、运算规则及简单应用；第 3 章应用奇异函数推导了变参数受弯构件的奇异函数解，给出了相应的矩阵表达式；第4章对平面变参数剪力墙应用奇异函数进行求解；第5章导出了水平连续梁构件表达式，并通过与竖向构件的变形协调关系，得到了结构求解的基本方程；第6章给出了高层结构相应的侧移刚度矩阵，同时介绍了动力分析的有限元法；第7章应用奇异函数有限元法，建立了变刚度杆和梁单元刚度矩阵；第8章对高层悬挂结构动力特性进行理论分析，导出了计算动力特性基本公式；第9章介绍了高层悬挂结构分析数值解；第10章应用摄动法，对高层框筒结构二阶效应进行分析。

书稿基本完成时，传来作者的博士导师梁启智先生病逝的消息，不胜伤痛与悲哀，梁先生悉心指导作者完成博士论文的情景，依然历历在目，本书的完成也算是对先生的告慰。在开展研究过程中，研究生向丽军、黄丽燕、杨燕华、曾纪鹏为第7～9章的研究做了大量有成效的工作，他们的工作使得研究得以进一步深入，也使得本书的内容得以丰富，在此作者表示衷心的感谢！

由于作者水平所限，书中难免出现疏漏和不足之处，衷心希望广大读者不吝赐教。

徐　彬

2008年9月于北京

目　录

第1章　绪　　论

本章首先对高层建筑结构分析的基本方法及其发展历史进行了简单回顾，介绍和总结了高层建筑结构分析的基本分析方法、特点和进展，对传统结构分析方法的几个基本假设条件进行了分析讨论。

其次，对奇异函数的发展历史和应用作了简单介绍。从过去的结构分析方法中可以看出，高层建筑结构的分析方法中仍有诸多不足和有待改进之处，例如，采用连续化分析方法和离散化方法时，不可避免地会碰到连续与离散、近似与精确、假设与真实的矛盾。本章从几个基本问题入手，努力去了解和解释这些矛盾和问题的本质和内在联系，探索解决问题的新方法和新途径。

最后，阐述和介绍了作者提出的高层结构奇异函数分析法的基本概念、分析思路和特点。

1.1　回　　顾

1.1.1　形式与结构——高层建筑发展历史的回顾

高层建筑是百余年前发展起来的一种建筑形式，时间虽短，但发展迅速、日新月异。高层建筑本身是现代科学技术综合应用的产物，当然，新的高层建筑结构体系无疑为新的高层建筑结构形式的实现提供了必要的保证，而新的结构形式理所当然要靠新的计算理论和计算方法来分析。因此，伴随着高层建筑的出现，高层建筑结构分析理论也应运而生，并得到不断发展和完善。

发展高层建筑的主要原因是城市人口过快增长，发达国家中居住在城市的人口已经超过总人口的70%，我国也已接近总人口的50%，世界上城市人口超过100万的城市已超过210个。由于城市土地的缺乏，在一些大城市中，特别是在亚洲太平洋沿岸，高层建筑的设计与建造已成为热点。高层建筑的发展体现了社会、文化和技术魅力的综合，是土地、经济、金融、美学、能源、技术等众多因素造就的结果。从这个意义上说，高层建筑是真正综合性的建筑类型。它已成为现代建筑技术和美学形式的顶峰，和城市建设及经济发展有着密不可分的联系。

从19世纪末到20世纪初，由于工业技术的进步，开始出现了现代形式的钢框架和钢筋混凝土框架结构的高层建筑。1883年，美国芝加哥建造了11层，高度为55m的保险公司Home Insurance大楼，采用钢框架、砖石自承重墙结构，为近代世界上第一幢高层建筑。1889年，美国芝加哥建成9层的Second Rand McNally大楼是世界上第一幢全钢框架结构的高层建筑。1903 年，法国巴黎 Franklin 公寓和美国辛辛那提 Ingalls 大楼(16 层，高度 64m)则是最早的钢筋混凝土框架结构高层建筑。1931 年，美国纽约建造的帝国大厦(Empire State Building)，钢框架结构，高度 381m，达 102 层，该建筑成为 20 世纪上半叶世界上最高的建筑。与此同期，结构理论上提出了剪力墙的概念，在框架中使用了斜撑，加竖向桁架的结构形式。

随着不少国家和地区城市人口大量增加，城市地价猛增，迫使建筑物不断向高空发展。第二次世界大战之后，由于新材料应用、抗风抗震结构体系的发展、计算机技术在设计中的应用以及新的施工技术，使高层建筑得到了迅速发展。例如，美国芝加哥的西尔斯大厦(Sears Tower，1974 年，110 层，高度 443m，束筒结构)，美国纽约的世界贸易中心南北楼(World Trade，1972～1973 年，110 层，高度 415m、417m，钢框筒结构，该楼于 2001 年 9 月 11 日被击毁)，中国香港的中国银行大厦(1988 年，72 层，368m，巨型空间桁架结构)，马来西亚吉隆坡双塔石油大厦(Petronas Twin Towers，88 层，高度 450m)，中国台北 101 大楼(巨型框架结构)都是世界上著名的超高层建筑。

美国芝加哥的西尔斯大厦曾是世界上最高的建筑并延续了 24 年。直到 1998 年，马来西亚首都吉隆坡建成双塔石油大厦，在高度上成为全球新冠军，但层数上西尔斯大厦仍为最多。双塔石油大厦到 2003 年 10 月 17 日被中国台北 101 大楼超越，但仍是目前世界最高的双塔楼(图 1.1)。中国台北 101 大楼楼高包括天线 508m，屋顶高度 449.2m，地上 101 层，地下 5 层，建筑面积 $4.125\times10^5\text{m}^2$，是目前全世界最高的超高层建筑。为了抵御强台风造成的摇晃，大楼内还在 88～92 层悬挂了一个重达 660t 的巨大钢球，作为调质阻尼器(tuned mass damper)，这是全世界唯一开放的、最大的阻尼器。

阿联酋迪拜目前正在建设世界最高的高层建筑迪拜塔(Burj Dubai)，该建筑 2004 年开始兴建，完工时间将由原定的 2008 年年底推迟至 2009 年 9 月。高度和层数已超越台北的 101 大楼，将成为世界第一高建筑物[1~17]。

由上述介绍不难看出，这些超高层建筑的出现与高层建筑结构中的框架结构理论、剪力墙结构理论、筒体结构理论、巨型空间桁架结构理论、组合结构理论等一系列分析计算理论的创立和发展是密不可分的。

1.1.2 高层建筑在我国的发展

我国是在 20 世纪 50～60 年代开始建造 8、9 层建筑的。1977 年，广州建成 33 层的白云宾馆(高度 112m，剪力墙结构)，成为我国 70 年代最高的建筑。80 年代以来我国经济迅速发展，高层建筑的数量、高度都有了迅猛发展，所采用的结构形式也趋向于多样化。1985 年，建成了深圳国际贸易中心大厦(高度 160m，53 层，筒中筒结构)；1987 年，建成深圳发展中心(48 层，高度 165m，钢框架、剪力墙结构)；广州广东国际大厦(195m，63 层，筒中筒结构)；北京京广中心(高度 208m，60 层，钢框架、剪力墙结构)成为我国 80 年代高层建筑典范[1~6]。可以看出,由于建筑功能及高度和层数等要求,筒中筒结构、筒体结构、底部大空间的框支剪力墙结构及大底盘多塔楼结构在工程中被逐渐采用。

(a) 中国台北101大楼

(b) 阿联酋迪拜塔

(c) 马来西亚双塔石油大厦

图 1.1　世界高层建筑

进入20世纪90年代,我国高层建筑在数量、高度、结构体系、体型、功能等方面都有了较大的进展,进入一个新的高速发展时期,出现了一批高度超300m的超高层建筑,如深圳地王大厦(屋顶高度325m,地上81层,1996年建成,混凝土核心筒-外钢框架结构)、广州中信大厦(屋顶高度322m,地上80层,1996年建成,混凝土筒中筒加巨型框架转换)、深圳赛格广场(屋顶高度292m,地上72层,混凝土核心筒-钢管混凝土框架)、青岛中银大厦(屋顶高度246m,地上58层,筒中筒结构)等[7~17]。1998年建成的上海金茂大厦,屋顶高度达421m,地上88层,钢-混凝土组合筒中筒结构,为世界第四、中国第一高的超高层建筑[12,16]。除上述结构体系外,多筒体结构、带加强层的框架——筒体结构、连体结构、巨型结构、悬挑结构、错层结构等也逐渐在工程中采用。超高层建筑则多采用框架-筒体结构,筒中筒结构和框架-支撑结构体系。

由于我国钢材产量的增加,钢结构、钢-混凝土混合结构逐渐采用。此外,型钢混凝土结构和钢管混凝土结构在高层建筑中也开始应用,高层建筑结构采用的混凝土强度等级不断提高,从C30逐步向C60及更高的等级发展。预应力混凝土结构在高层建筑的梁、板结构中得到广泛应用。钢材的强度等级也得到不断提高。

1.1.3　方法与思路——结构分析回顾

结构力学作为单独学科已有二百多年的历史,结构力学的基本概念、原理和方法构造了结构分析的基本体系,超静定结构分析的基本思路是假设一部分变量,再通过建立方程去求解和确定剩余的未知量,从而获得问题的解答[1,18~20]。找到更有效的途径和手段去求解超静定结构静力、动力分析问题是学者们孜孜以求的目标,以此为原动力,才有了今日丰富多彩、异彩纷呈的结构分析方法。因此,要想对结构分析方法作全面、系统的叙述是很困难的,现就未知量和解题思路两个方面对高层结构分析方法做一些概述。

从历史发展过程来看,高层结构分析方法发展大体可分为三个阶段[21~24]。

第一阶段,结构分析方法主要特点是以手算方法为主,如框架结构D值法、剪力墙结构体系的整体小开口墙、多肢剪力墙结构的连续化微分方程算法以及各种近似和迭代算法。

第二阶段,20世纪70~80年代,计算机在高层结构分析中得到广泛应用,出现了基于杆系为单元的矩阵位移法,包括空间协同工作法和空间杆系分析法等。此间还出现了多种离散化数值解法,如有直接变分解法、有限元法、有限条法、加权残数法和样条函数法等方法,计算的速度和精度大大提高。但无论方法思路和过程有何不同,其最终都归结为用计算机求解一组线性代数方程组。

第三阶段,20世纪90年代以来,高层结构分析方法又有了新进展,出现了一些以半解析解为基础,再利用计算机求数值解的方法,包括常微分方程求解器方法、超级有限元法、组合有限元法、虚边界元法等,这些方法的出现丰富了高层结构分析理论。

从分析手段来看，计算机技术的发展及矩阵代数应用使高层杆系结构分析方法有了长足的进步，依靠传统的力法、位移法结构理论，出现了空间杆系结构分析法、空间协同工作法[1,25]、广义连续化方法[26]及传递矩阵法[27]等方法。

从基本变量和基本解题思路的选定来分，结构分析方法可以分为力法、位移法和混合法三大类，以此为分水岭，各种基本方法再演绎出各种具体问题的具体方法。对于离散杆系结构，力法是基于静定结构为分析单元的方法，位移法则是基于杆构件为单元的方法。力法未知量数显然比位移法少，就未知量和求解方程数而言，力法优势是明显的。因此，在计算机广泛应用之前，出现了众多的以选择力为未知量的基本分析方法，如力矩分配法、D值法、分层法等。其基本立足点在于方法本身分析简便、概念直观。而混合法的未知量数则介于两者之间。

但是，力法的这种优势随计算机的出现逐渐被人们所遗弃，矩阵位移法以其简洁、方便、适用性广的优势，取代了众多的分析方法而成为结构分析的主流方法。无可否认矩阵位移法有其卓越的性能，但传统力法也应得到继续的创新和发展。

再从建立和求解问题控制方程来看，高层结构分析基本上有三条求解思路：

(1) 对独立的连续型结构或可以化为连续型的结构，如梁、板、壳等，建立高阶的微分方程或方程组，尽量把未知量减到最少，直接求解析解。解析解能较准确地反映变量的变化规律和量值，但可解问题寥寥无几，一般只有再经离散化后通过一组代数方程组来寻求数值解或近似解，如利用有限元法、有限条法、边界元法、差分法、加权残数法、瑞利-里茨法等方法的求解思路。

(2) 对连续梁、桁架、框架、网架等离散型结构，先确立多个未知变量，通过直接建立控制问题的线性代数方程组求解未知变量的数值解，如矩阵位移法、矩阵力法、传递矩阵法等方法的求解思路。其特点是未知量和方程数目多，计算量大，但求解过程直接。

(3) 针对离散型结构，先将离散结构连续化，建立控制微分方程，然后离散或半离散求解，如网架结构连续化方法、高层结构剪力墙的连续化方法、框筒结构的连续化方法等的求解思路。其特点在于可以发挥连续化方法的长处，减少未知量数目，但由于求解途径不够直接，过多的简化会对计算结果精度造成一定程度的影响。

1.2 高层结构分析方法和假设及本书基本思想

1.2.1 高层结构分析典型方法

高层建筑结构的体型特征是比较细长，平面方向的尺寸远小于高度方向的尺寸，从整体看形如一巨型悬臂梁。结构分析主要目的是求出在侧向荷载作用下的内力和位移，分析所得内力主要被用来解决构件的强度稳定验算问题。位移计算则主要被用来解决结构的侧移刚度验算问题[1,5,28,29]。高层结构的抗侧力体系大致有框架体系、剪力墙体系、框架剪力墙体系、筒体结构体系和巨型结构体系等几大类；结构分析方法众多，如样条函数法[30~39]、能量变分法[40~54]、迭代法[55~60]、加权残值法[61~65]、常微分求解器方法[66~70]、广义坐标法[71~74]、超级有限元法[75,76]、独立柱法[77,78]及其他一些针对某类具体结构的解法[79~86]。在此不准备将所有方法一一罗列，仅重点讨论几种具有代表性和特点的高层建筑结构分析方法。

1. 基于位移变量的方法——矩阵位移法[1]

矩阵位移法是求解离散杆系结构的基本方法，同时也是高层建筑结构分析的一个有力工具，其基本着眼点是把结构构件全部拆分为单元，通过单元刚度矩阵的组装来建立结构的平衡方程组，优点是概念简单、格式统一[1,5,18,25]。但也有缺点，全离散求解未知量多，工作量较大，对一些具有规则区域的结构，其解题效率不一定高。

针对高层结构的情况，从不同的分析角度，有一些具体不同的计算模型和计算方法，最直接的是空间框架计算方法，采用了杆件单元和薄壁杆单元，可不加任何简化和假设，计算精度高，但节点数多，未知量数庞大。对某些墙或筒构件，截面尺寸有可能超过其层高，带来一定的误差。

针对节点数多，未知量数庞大的问题，又提出了采用刚性平面假设的空间框架分析法，任意楼层的位移将只有三个，可以大大减少未知量的数目，若进一步引入竖向构件在平面内的刚度远远大于平面外的假设，则是平面结构空间协调分析法，它的优点是计算比较简单，能反映结构整体工作的性能，但较前两种方法计算精度差些。

2. 基于力为变量的矩阵方法——广义连续化方法[1,26,87~99]

以连梁化为连续栅片为基础的连续化方法已被广泛用于高层结构分析问题，由此而发展起来的，考虑局部转动变形的高层空间结构分析广义连续化方法，使得连续化方法前进了一步。广义连续化方法实质是矩阵分析力法加上连续化技巧，矩阵力法可以更简洁地求得结构内力，因此该法是一种很有效、同时也很有特色的解题方法。方法优点是可以得到分析解，计算量小，结果更具有解析法的特征；缺点是需求解特征值问题，处理分段变参数问题计算量大，引入连续化近似假设也会带来一定的误差。

为更好解决竖向构件物理参数沿高度变化的问题，又发展了对微分方程组再进行差分离散的连续-离散化方法。近年来，又出现了基于连续化微分方程导出解来构造竖向构件单元的竖向柱单元矩阵方法。

3. 混合变量求解的实现——传递矩阵法[27,98,100~103]

传递矩阵法基本思想是对于链式结构，通过综合静力平衡、变形协调和物理关系等条件，得到传递单元结构基本的递归典型方程，以单元结构两端的力和位移作为未知量，通过矩阵的递归进行求解，其核心是建立基本结构传递矩阵。传递矩阵法的优点是可以大幅度减少未知量的数目，对不同的结构体系能给出一个统一的分析方程格式，但缺点是过多次的矩阵运算会导致计算误差的不断积累，进而影响计算结果的精度。

值得注意的是，传递矩阵法中没有采用单一的力或位移作为未知量，能更简练的给出解题典型方程，应该属混合矩阵法型方法。这也给大家一个启示，采用混合变量解题，有时会获得比单一变量解题更好的解题途径[103]。

4. 半解析的有限元法——有限条法[104~108]

有限条法可以视为有限元法的一种特殊形式或一种半离散的大单元有限元法，其特点是把高层结构的竖向构件沿高度方向划分为条元，并采用一系列连续可微、满足两端边界条件的平滑基函数来表示位移函数，另一方向位移则进行函数插值。由于有限条法中位移在建筑高度方向是级数解，横向是节线位移参数的数值解，因此方法属于半解析法。有限条法大大减少了计算工作量，在一定程度上保持了有限元分析精度高、适应性强的特点，抓住了位移变量的整体性特征。

有限条法的缺点在于连续化带来的误差且不易解决竖向构件物理参数沿高度变化的问题。

1.2.2 高层结构分析的几个基本假设

纵观高层结构分析的各类简化、近似方法，其近似的基本出发点均采用了几个最基本的假设条件，这几个基本假设条件下所形成的近似方法形成了高层结构分析方法的基本构架。以下将分别对几个基本假设的应用进行回顾和探讨。

1. 反弯点在跨中的假设

首先来看看假设的应用。在框架分析反弯点法中，其分析的条件是当梁、柱构件的线刚度比大于3时，假设相邻节点的转角近似相等（反弯点在跨中），于是，柱剪力表达式为

$$V=\frac{12i_c}{h^2}\delta-\frac{12i_c}{h}\theta \tag{1.1}$$

式中的δ代表柱的相对侧移，同时假设框架节点的转角很小，有$\theta=0$，由此得到柱的侧移刚度为$d=\frac{12i_c}{h^2}$。

D值法对柱的侧移刚度进行了修正，虽然使柱构件的反弯点位置更接近实际，给出了修正后柱的侧移刚度D，但在推导D值和计算反弯点高度比时，也同时用到了梁构件反弯点在跨中的假设[1,5,18]。

在对联肢剪力墙进行连续化分析时，所采用的基本假设之一是连梁反弯点在跨中的假设，认为若剪力墙墙肢的线刚度比连梁大得多（如五倍以上）时，反弯点在

跨中的假设成立。

在框筒结构简化为等效实腹筒或板进行分析时,需把从框架中分离出的十字单元等效为正交异性板单元,取出十字单元作为计算等效材料常数的依据,仍然是采用了反弯点在跨中的假设[106]。

以上内容可以说明以下几个问题:

(1) 在特定的条件下,应用反弯点在跨中的假设可以得到结构的一些近似解,且当条件得到充分满足时,这些近似解几乎是结构的真实解。换句话说,这种假设条件下的结构内力与变形状态,代表了一种很真实的存在。前述的三种情况正好代表了与节点相连的梁与竖向构件刚度要么悬殊,要么刚度完全相等的情形。

(2) 式(1.1)表明,结构竖向构件真实内力由两部分组成:一是侧移引起的部分;二是节点转角引起的部分,在反弯点假设条件下略去了后者。这提示我们,在超出特定条件范围的情况下,还应该再补充后一部分的解,如D值法。如何去补充后一部分的解,是值得研究的问题。

(3) 可以看出,反弯点在跨中的假设是连续化分析方法的根基和前提,连续化条件几乎贯穿在整个高层结构近似分析方法中,因此,无论所采用的分析方法如何精确,其解的真实性是受到一定制约的。

2. 楼面刚性假设

高层结构分析往往采用楼面刚性假设来减少求解未知量数,采用该假设的结果必然是满足结构每一个竖向构件侧移均相等的条件,这个条件同样应用甚广,如在框架、剪力墙和框剪结构中的连梁作用,筒中筒结构的内外筒的连接关系,空间结构分析时所采用的协调工作原则,传递矩阵法中的变量缩减等。它给我们的启示是,结构的侧移量在结构分析的所有变量中占有一个重要而特殊的地位。

3. 结构参数沿高度不变的假设

剪力墙连续化分析中要求结构构件分布均匀,以便把连梁简化为连续栅片,在框筒简化为等效实腹筒时也要求梁柱构件均匀。对变参数情况,则需分段处理[99]。简言之,为解微分方程的需要,连续化的处理技巧要求构件参数分布均匀或进行分段处理。对于实际结构,变参数问题是普遍存在的,应考虑更有效的办法来计及变参数的影响。

1.2.3 本书提出的基本思想

根据前面的总结,作者认为有必要对高层结构分析方法的某些概念和思路进行重新认识和调整,给出一些新的解题思路和分析方法,经反复思考和归纳,得到以下几点基本思想。

1. 结构变量整体效应与局部效应的思想

荷载作用引起结构效应，这是一个简单的概念。但是作者认为，对高层建筑结构水平作用时引起的某些效应量，每个效应量组成还可以从引起效应的直接原因和过程方面再加以区分。换句话说，结构效应由两方面组成：一方面是反映结构对外来作用的一种直接的宏观效应，其值的大小直接取决于外荷载的情况和结构的整体形态，称为变量的整体效应；另一方面变量又受到结构局部特性的影响，表现出局部变化的特征，称为变量的局部效应，这部分效应值的大小不仅取决于结构的局部特性，还与整体效应的大小有关。对同一个变量，当结构体系和结构参数不同时，这两部分所占的比例是不同的。

下面先来分析提出结构存在整体和局部效应观点的依据及合理性：

(1) 从高层建筑的整体来看，整幢建筑高宽比大致范围为 2～10(我国规范最大限制值为 6)[28,29]。从直观上来判断，整幢建筑为一个高耸受力构件，相当于一个受水平荷载作用的巨大的悬臂梁，必然存在一种宏观的、整体的荷载效应。

(2) 从 1.2.1 小节对结构分析方法的分析来看，很多的分析方法实际上或多或少地已采纳了整体效应的思想，如剪力墙结构和框剪结构简化分析法、筒体结构连续化分析法、框架结构分析反弯点法、D 值法、结构动力分析法、结构弯扭耦联简化分析法[52,53]等。它们都用到了构件反弯点在跨中的假设，实际上在该假设前提下所求得的结构位移或内力值，就代表了位移和内力的整体效应部分的量值，而广义连续化方法和 D 值法所提出的对反弯点假设的修正，都是为寻求构件局部效应值所做的工作。可以这样认为，高层结构分析的诸多近似简化方法中，其近似性正在于略去了变量的局部效应。

(3) 在高层结构分析的传递矩阵法、有限条法、空间结构平面协调分析法乃至结构动力分析方法[1,109,110]中，其共同特征是把结构的侧向位移认定为整体变量进行分析的，认为每个竖向构件的侧移与整体侧移相等。但具体到结构构件，在两端侧移相等的条件下，转角并不相等，其原因在于构件两端的约束条件不同，结构的整体侧移转角与构件的侧移转角之间存在差异，而这个差异正好反映出变量两种效应的存在。

下面再来具体分析结构变形的整体和局部效应情况。在刚性楼面的假设条件下，楼板平面内的刚度被认为是无穷大，梁、板构件的轴向变形为零，于是有结构的整体水平侧移与各竖向构件的水平位移相同，这意味着略去了构件侧移量的局部效应，只保留了其整体效应成分，结构的整体侧移量的大小取决于外荷载的作用情况，也取决于结构的整体侧移刚度。同时，结构的整体侧移又有比较特殊的地位和作用，作者认为构件转角的局部效应是直接由结构侧移引起的，其值的大小与构件和周围杆件的线刚度的相对比值有关，即与构件两端的约束程度有关。

总之,可以把结构的位移分为两个部分:一是整体位移部分,整体位移引起结构构件的整体内力;二是局部位移,局部位移引起局部内力。对不同的结构体系,位移值中整体位移与局部位移所占的比例是不相同的,这种不同源于结构抗侧力体系的不同,或者说是横向构件和竖向构件的线刚度的不同。例如,联肢剪力墙竖向构件的线刚度远远大于与之相连的水平连梁构件的线刚度,因此,纯剪力墙的变形形态呈现为整体变形的形式,即整体弯曲变形;与此相反,纯框架结构由于梁柱杆件的线刚度比较接近,其变形既有整体变形,又有局部变形,形成整体剪切变形形态。

因此,根据在结构分析时,分析的目的和要求的不同,可以把结构分析分为两个层面来考虑:

(1) 对结构整体特性和整体效应的分析。计算时可以重点只考虑结构整体效应,即第一层面的分析。例如,求刚度验算所需建筑顶点位移、层间相对位移等,结构动力特性(自振频率、振型等),高层建筑二阶效应、整体稳定性等。

(2) 具体分析结构中各构件的位移和内力,则属于第二层面的分析,如具体求结构内某一截面或节点的内力、转角等。

2. 连续与离散的统一——约束柱大构件的概念

连续和离散是对立统一的矛盾体,具体到结构求解问题时则体现为不同的求解思路,有限元方法或矩阵位移法的基本思路是离散的思想,把连续的结构尽量地离散为简单的单元体来求解;而经典的求解析解的方法则是把求解对象尽量的连续化,甚至把原本离散的结构再连续化。毕竟同时处理连续和离散的结构是比较困难的。为此,作者尝试了把连续与离散相统一,引入约束柱大构件的思想,采用奇异函数来描述阶形变化的变量,解决了连续与离散的矛盾,同时也尽量使构件保持原来的性态。

其实,所谓的约束柱大构件的概念是从另外的一个角度对结构分析单元进行划分和理解的,认为结构中的每一个抗侧力构件(包括柱、剪力墙、核心筒等)不再以楼层来划分,而认为是全高度的一个整体大构件。每个竖向构件相当于一个被各楼层梁或板约束的悬臂梁,被称之为约束柱或竖向构件。每个竖向构件上有若干个楼层节点,每个节点受水平方向的梁或板构件提供的一种弹簧式的约束,梁和板构件对约束梁的约束分为两个方面:一方面是通过构件变形协调条件形成的对竖向构件节点转动的约束;另一方面是由刚性楼面假设引出的,各竖向构件侧移相等的约束。

采用大构件的优点在于,对剪力墙等一类横截面尺寸较小的构件,分为单层构件是有些牵强的,采用整个构件来建立模型显得合理、贴切;再者,大构件所建立的方程是连续的微分方程,在某种程度上实现了半解析、半离散的解题思路。

然而,要实现上述的大构件设想,关键是解决大构件受到的水平构件提供的离散分布约束力，以及竖向构件材料参数沿高度有变化的问题，前者在对联肢剪力墙进行的连续化栅片处理后，找到了一种解决办法，而后者在广义连续-离散化方法中提出了一种解决方法，但作者认为仍存在一些问题，如解题过程不够直接，计算复杂等。而作者在此引入的用奇异函数统一描述结构阶形变化变量和参数的方法，则显得更自然、简便[111～120]。关于奇异函数的情况在后续内容中将单独作介绍。

3. 混合法解题思路

如前所述，结构分析中基本变量的选取决定了解题的基本路线和方法，最常见的是力法和位移法两大类求解方法体系，混合法采用比较少。从前面提到的传递矩阵法的思路可以看出，采用混合变量的方式建立求解的典型方程，运用得当的话，同样可以获得很好的解题效果。作者在本书中提出了以横向梁构件(以剪力)、竖向构件(以节点转角)为基本变量的混合法解题思路，与本书所提出的分析法的思路相适应。

1.3　高层结构分析奇异函数方法概述

1.3.1　奇异函数的介绍

在力学发展史上，力学与数学的关系甚为密切，力学是依靠数学为工具才得以繁荣和发展的，而力学在其发展中不断出现的课题，又反过来促进数学分支不断发展。在数学和力学的诸多问题中，由于问题的数学模型是建立在连续函数的基础上的，因此应用经典数学来表述和处理力学中的某些集中量和不连续问题，如集中力、集中力偶、集中质量、冲击力、阶形梁板柱、分散连梁等就会受到限制。传统的办法往往是采用绕着走，或者将一个完整的问题人为地分割为几段来表述和处理，使本来并不十分复杂的问题，变得错综复杂[111]。

事实上，不连续、间断问题在工程中是经常碰到的，由于用连续方法处理这类问题确实存在困难，人们不得不考虑将计算模型进行简化或连续化，这必然增加工作量，影响计算精度[111]。

解决和处理上述矛盾和不足的方法中，奇异函数不失为一种十分有效的方法，它在表述集中量和处理不连续函数及其微分和积分时有其独到之处，可以使问题表述变得非常简明[112]。

在力学中，人们习惯把包括 δ 函数及其各阶导数阶跃函数和各阶积分所组成的函数称为奇异函数(singularity function)。20 世纪 30 年代，著名物理学家狄拉克(Dirac)为了处理一些包含某种无穷大的量以及不连续函数的微商，引入被其称之为“非正规函数”或“符号函数”的 δ 函数[111]。

20 世纪 50 年代，法国数学家施瓦兹(Schwartz)在深入研究 δ 函数性质的基础上，创立了分布论(distribution)或称为广义函数论(generalized function)。他从理论上严格证实了不仅可以使用 δ 函数，而且还可以使用 δ 函数的各阶导数，从而使 δ 函数的理论趋于完整和严密[111]。

广义函数进入力学领域开始于 20 世纪 40 年代，最初用于简单阶形梁的变形求解[113]，随后在振动问题中得到应用，60 年代后奇异函数在材料力学、固体力学和机械振动的专著和教材中得到广泛介绍。在我国，奇异函数在 70 年代末 80 年代初得到广泛介绍，在力学领域中的更广泛和更深入的应用则是近十多年来研究和探讨的课题[112~116]。

奇异函数在结构分析中的重要应用之一是利用 δ 函数来构造 B 样条函数[30~32]，再由 B 样条函数对位移进行插值。由此而形成的一系列以 B 样条函数作为插值函数的 B 样条计算方法，取得了良好的解题效果，其解决问题的范围几乎已覆盖了所有的结构类型。

综合 1.2.3 节所述几点思想，利用奇异函数的特点描述结构分析的物理量，再结合矩阵代数的运算，作者提出了高层结构分析的奇异函数方法。在以下 1.3.2 节～1.3.4节中，将介绍奇异函数法的基本概念和主要思想[117~124]。

1.3.2 基本构件单元

常见的高层结构体系中，每个平面抗侧力结构往往由水平和竖向的构件组成，通常的离散化做法是把相邻节点之间的构件作为基本分析单元建立分析模型，结果是每个平面节点具有三个自由度。但事实上，在同一方向上各构件属性是相同的，完全可用一个方程描述，因此，可把基本受力构件分为长度贯穿整个平面结构，在节点处受荷载作用的竖向或水平两类大单元构件。

竖向构件单元包括柱单元和剪力墙单元，统一为基本的抗侧力构件，受节点集中荷载作用，由于构件内力和柔度均具有梯形变化特征，可利用奇异函数描述，因此，结构中自顶到底的整根柱或剪力墙可作为一个单元来考虑。

水平构件单元由楼面中水平梁组成，受节点力和弯矩作用，梁构件的作用是传递竖向构件单元传来的水平力、剪力和弯矩，梁构件作用于节点的力和弯矩可理解为梁构件对竖向构件的约束力。

1.3.3 奇异函数法分析过程

整个分析过程以平面抗侧力结构的整体侧移和节点转角变形为主线，通过两类单元在节点变形协调和平衡条件来建立求解平面结构位移和内力基本方程，基本未知量为节点转角或结构侧移。由于在求解过程中涉及梁构件和竖向构件的刚度和柔度，该方法可形象地称为“刚柔相济”方法。主要分析推导过程框图如图 1.2 所示，可以概括为三个层次和两条线。

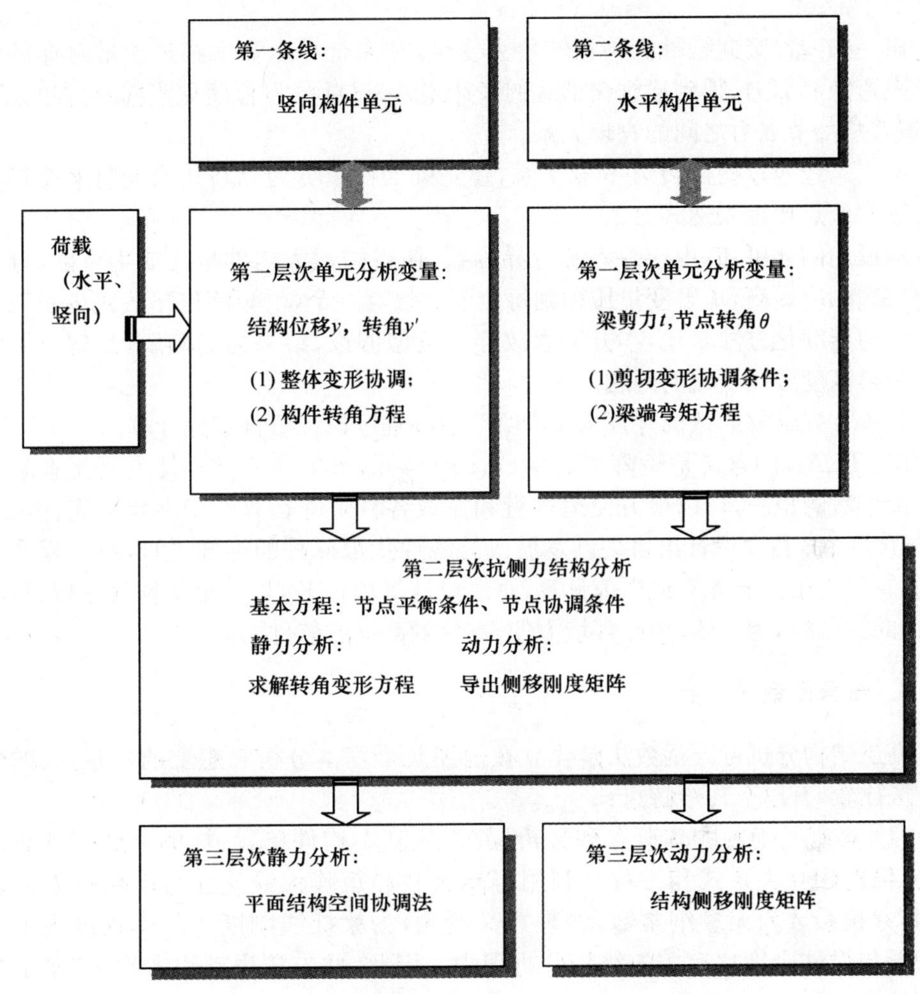

图1.2 奇异函数法分析过程框图

1)三个层次

第一层次单元分析:分两条线独立建立竖向构件和水平构件单元基本关系式。

第二层次抗侧力结构分析:基本方程考虑竖向构件和水平构件在节点处连接组成平面抗侧力结构,静力分析基本未知量为节点的转角,可直接导出节点转角的基本求解方程;动力问题则导出平面结构的侧移刚度矩阵。

第三个层次空间结构分析:由平面结构空间协调法进行空间结构静力分析,动力分析则建立结构刚度矩阵,通过直接积分法或模态综合法计算。

2）两条线

第一条线以竖向构件侧移和转角为变量，利用奇异函数来描述离散分布的构件节点弯矩和剪力，得到连续化形式的表达式，通过微分方程建立竖向构件单元侧移、侧移角与节点力之间的物理关系。

第二条线通过构件转角-位移关系，建立梁构件以剪力和转角为变量的变形协调关系和节点弯矩表达式。

从以上阐述可知，由于引入了奇异函数，使得构建大构件单元成为可能，分析问题层次相应提高，求解变量压缩到每个节点只有一个，较矩阵位移法减少了三分之一。与连续化方法相比，本方法解放弃了近似假设，结果为精确解，且解决了物理参数沿高度分段变化的问题。

基本方程求解的数值计算采用 MATLAB 程序设计语言编程计算。

MATLAB 的含义是矩阵实验室（matrix laboratory）[125,126]，其主要元素是无需定义维数的矩阵，可以很方便地进行和完成各种矩阵运算。经多年的完善和扩充，MATLAB 程序设计语言现已发展成为线性代数课程的标准工具，在工程应用方面，它可以很方便地完成数值计算，算法设计等项任务，是一套集数值分析、矩阵运算和图形显示为一体，用户环境方便、友好的高性能软件。

1.3.4　奇异函数法特点

高层结构分析奇异函数法是建立在前述几个基本分析思想上的，与过去的分析方法比较，有以下几个特点：

(1) 具有明确的物理概念和分析层次，从基本构件单元、抗侧力结构到整体结构，依次建立关系式和方程。利用奇异函数和矩阵代数建立的求解基本方程中，其方程系数为无量纲常数，物理意义明确，为梁柱线刚度比。真正体现了结构变形与梁柱刚度比有关的结构分析理念。因此，此方法也被作者称为“刚柔相济”之法。

(2) 结构侧移刚度矩阵无须在整体水平求逆，且对于剪切型和弯曲型结构均可适用，为结构动力分析提供了良好基础。

(3) 在基本关系式中，结构整体效应和局部效应分别都有明确的表达项，在满足反弯点假设的条件下，可退化得到结构近似解。

(4) 该方法兼有矩阵位移法、连续化法和传递矩阵法的某些特征，但克服了几种方法的某些不足，较矩阵位移法变量少三分之一（每个节点只有一个转角变量），克服了连续化方法处理结构参数沿高度变化困难的不足，避免了传递矩阵法连续传递带来的计算误差。

(5) 该方法也有不足之处，建立基本求解方程的推导过程显得比较冗长，不够直接。对非线性问题和空间问题如何处理尚未找到理想的办法，还有待进一步研究、探讨。

参考文献

[1] 梁启智.高层建筑结构分析与设计.广州:华南理工大学出版社,1992:1～99

[2] 吴景祥.高层建筑设计.北京:中国建筑工业出版社,1987:1～217

[3] 方善镐.多层与高层建筑结构.南京:东南大学出版社,1989:1～206

[4] 赵西安,徐培福.高层建筑结构的选型构造及简化计算.北京:中国建筑工业出版社,1990:1～20

[5] 包世华,方鄂华.高层建筑结构设计.北京:中国建筑工业出版社,1985:1～364

[6] 王荫长.高层建筑筒体结构的计算.北京:科学出版社,1988:1～9

[7] 崔鸿超.高层建筑钢结构在我国的发展状况.第三届中日建筑结构技术交流会论文集,深圳,1997:50～57

[8] 赵西安,胡世德.国内已建成最高的100栋建筑.土木工程学报,1997,(4):75～78

[9] 李国强.我国高层建筑钢结构的发展及存在的主要问题.上海高层建筑钢结构、轻钢结构、高耸钢结构技术交流会,上海,1997:9～20

[10] 赵西安.我国高层建筑的最近发展(1994～1997).第三届中日建筑结构技术交流会论文集,深圳,1997:123～140

[11] Clarke W. Tall buildings and social responsibility. The Fifth International Conference on Tall Buildings, Hong Kong, 1998:1～4

[12] Korista D S, Sarkisian M P, Abedlrazaq A K. Design and construction of China's tallest building: The Jin Mao Tower—Shanghai. The Fifth International Conference on Tall Buildings, Hong Kong, 1998:139～144

[13] 罗福午.高层建筑的历史发展.建筑技术,2002,33(1):55～57

[14] 何广乾.面向21世纪的高层建筑结构.建筑科学,2002,11(1):1～4

[15] 王有为.中国的建筑结构及发展.建筑学报,2002,2:74～82

[16] 赵西安.世纪之交的高层建筑.中外建筑,2002,6:40～48

[17] 胡世德,方鄂华.世界上最高的100栋建筑分析.建筑技术,2004,35(7):540～542

[18] 龙驭球,包世华.结构力学教程(上、下).北京:高等教育出版社,1988:235～413

[19] Timoshenko P, Gere J M. Mechanics of Materials. New York: van Nostrand Reinhold Company Ltd, 1973:397～508

[20] Ghali A, Neville A M. Structural Analysis. New York: Chapman and Hall, 1976:1～86

[21] 苏成.分域样条虚边界元法及其在高层建筑结构分析中的应用[博士学位论文].广州:华南理工大学,1997:7～12

[22] 赵西安.我国高层建筑结构计算方法的进展.工程力学,1990,(7):66～72

[23] 王凤全.高层建筑结构力学分析的进展.力学与实践,1994,(2):3～5

[24] 张铜生,包裕昆,包世华.我国高层建筑设计计算的回顾及存在的问题.力学进展,1996,(2):214～229

[25] 贝特 P.结构矩阵分析中的若干问题.赵超燮等译.北京:高等教育出版社,1993:247～304

[26] 梁启智.高层建筑连续化方法(上、下).建筑结构学报,1984,(4):1～11;(5):57～62

[27] 吕子华,吕令毅.矩阵结构力学.北京:中国建筑工业出版社,1997:1～22

[28] 钢筋混凝土高层建筑结构设计与施工规程(JGJ 3—1991).现行建筑结构规范大全(第二版).北京:中国建筑工业出版社,1995,(3):2～11

[29] 建筑结构设计统一标准(GBJ 68—1984).现行建筑结构规范大全(第二版).北京:中国建筑工业出版社,1995,(1):2～15

[30] 秦荣.结构力学的样条函数方法.南宁:广西人民出版社,1985:1～64

[31] 秦荣.高层建筑结构分析的新方法.工程力学,1991,(4):41～50

[32] 秦荣.高层结构几何非线性分析的 QR 方法.工程力学,1996,(1):8～15

[33] 叶荣华.框-剪体系无连续化假定的简化计算.工程力学,1994,(1):52～59

[34] 叶荣华.框架-剪力墙体系在任意水平作用下的一种简洁算法.建筑结构学报,1994,(2):35～42

[35] 刘滨,包世华.高层筒体结构的整体稳定及二阶分析.建筑结构学报,1990,(1):1～9

[36] 范重,龙驭球.高层建筑结构分析的样条单元法.建筑结构,1994,(3):17～25

[37] 朱砂,江见鲸.计算形函数有限条在剪力墙分析中的应用.工程力学,1997,(增刊):630～633

[38] 王荫长.筒式高层建筑结构简化分析.西安冶金建筑学院学报,1984,(3):95～104

[39] 曹国兴,王荫长.高层建筑结构分析的样条子结构法.西安冶金建筑学院学报,1986,(2):13～22

[40] Coll A, Bose B. Simplified analysis of frame-tube structures. Journal of the Structural Division, 1975,(101):2223～2240

[41] Coll A, Bose B. Deflections of frame-tube structures. Journal of the Structural Division, 1978,(104):1347～1358

[42] Ha K H, Fazio P, Moselhi O. Orthtropic membrane for tall building analysis. Journal of the Structural Division, 1978,(104):1495～1505

[43] 刘开国.高层建筑结构的能量变分解.建筑结构学报,1982,(3):23～34

[44] 刘开国.高层框筒及筒中筒结构整体稳定计算.工程力学,1988,(2):32～36

[45] 刘开国.高层建筑圆筒结构的整体稳定计算.建筑结构,1990,(1):13～15

[46] 陈祥福,周汉斌.高层建筑筒体结构受力分析的简捷变分新方法.工程力学,1991,(2):68～74

[47] 徐彬,梁启智.考虑剪力滞后框筒结构位移解析解.昆明理工大学学报,1998,(6):75～79

[48] Lee K K, Loo Y C, Guan H. Simplified analysis of column axial forces in framed tube structures with multiple internal tubes. The Fifth International Conference on Tall Buildings, Hong Kong, 1998:345～350

[49] 龙驭球,辛克贵.多边形截面结构的能量解法.建筑结构学报,1985,(3):10～16

[50] 周坚,包世华.筒中筒结构的简化分析.土木工程学报,1984,(3):48～60

[51] 周坚,包世华.筒中筒结构扭转.土木工程学报,1985,(1):36～46

[52] 周坚,罗健.高层建筑三维空间协同工作体系弯扭耦联简化分析.土木工程学报,1989,22(2):23～32

[53] 周坚.筒中筒结构弯扭耦联简化分析.建筑结构学报,1990,11(5):51～58

[54] 徐彬，梁启智. 高层框筒结构二阶分析变分摄动法. 华南理工大学学报，2000，(2)：85～92
[55] 童岳生. 框架-剪力墙结构在水平荷载作用下弯矩迭代计算. 西安建筑科技大学学报，1993，(2)：123～130
[56] 童岳生，童申家. 联肢剪力墙在水平荷载作用下简化计算. 西安建筑科技大学学报，1989，(4)：1～14
[57] 童岳生，童申家. 框架-剪力墙结构在水平荷载作用下协同工作计算. 工程抗震，1989，(1)：20～25
[58] 蔡方籛，张韫美. 用微型计算机分析高层框架和框-剪结构体系位移迭代法. 建筑结构学报，1989，(10)：34～45
[59] 蔡方籛，张韫美. 壁式框架、框支剪力墙及腋梁框架的位移迭代法. 建筑结构学报，1990，(6)：18～25
[60] 胡声松. 框架分析的点元迭代及矩阵级数解. 建筑结构，1990，(4)：64～72
[61] 徐次达. 新计算力学加权残值法——原理、方法及应用. 上海：同济大学出版社，1997：1～32
[62] 周汉城，王磊. 加权残数法用于高层筒体结构的受力分析. 建筑结构，1988，(5)：11～19
[63] 周汉斌，王磊. 框架-剪力墙结构简化分析的一种探讨. 工程力学，1989，(1)：66～74
[64] 王全凤. 高层双肢剪力墙结构稳定的加权余量法. 建筑结构学报，1993，(1)：54～62
[65] Liang Q Z, Xu B. Application of kantorovich-MWR method in second-order analysis of framed-tube structures. The Fifth International Conference on Tall Buildings, Hong Kong, 1998：356～361
[66] 包世华，袁泗. 高层建筑结构考虑楼板变形的连续化常微分方程求解器解法. 建筑结构，1992，(1)：16～19
[67] 袁泗. 介绍一个常微分方程边值问题求解通用程序——COLSIS. 计算结构力学及其应用，1990，(2)：104～106
[68] 王凤全，龙驭球. ODE 求解器求解高层双肢剪力墙结构稳定特征值问题. 工程力学，1994，(1)：38～44
[69] 辛克贵. 薄壁结构分析的半离散解法. 工程力学，1995，(增刊)：59～70
[70] 王建东，包世华. 高层筒体结构的二阶分析. 工程力学，1995，(3)：30～39
[71] 刘寅勇. 筒中筒结构的广义坐标法. 西安冶金建筑学院学报，1982，(4)：79～94
[72] 梁启智，曾令付. 高层建筑三维分析广义坐标法. 土木工程学报，1990，(1)：23～33
[73] 杨允表，宋启根. 核心单筒式高层悬挂结构中四周开洞核心筒在水平力作用下的力学分析. 建筑结构学报，1998，(3)：11～17
[74] Wang X X, Alarcon E. Microelement method for bundled-tube buildings. The Fifth International Conference on Tall Buildings, Hong Kong, 1998：339～344
[75] 刘永仁，曹志远. 空间框架建筑结构静力分析的超级元解法. 上海力学，1995，(4)：282～289
[76] 曹志远. 超级有限元法的发展与应用. 第三届全国计算力学会议论文集，1992：188～192
[77] 王寿康，杨立. 几种高层建筑结构的统一算法. 建筑结构学报，1992，(1)：60～70
[78] 王寿康，张毛心，杨立. 单肢及双肢剪力墙结构分析. 建筑结构学报，1997，(4)：37～43

[79] 崔鸿超. 框筒(筒中筒)结构的简化计算方法. 建筑结构学报，1982，(6)：38～50
[80] 朱幼麟. 筒中筒结构的简化计算. 建筑结构学报，1984，(2)：9～21
[81] 巴荣光. 筒中筒结构的简化计算. 建筑结构学报，1993，(1)：72～80
[82] 王立忠. 框架剪力墙结构协同工作的渐近解. 工程力学，1988，(3)：45～49
[83] 蒋寿文，欧阳诚恩. 框剪结构的 3θ 方程解法. 工程力学，1988，(2)：65～75
[84] 张大名，李发国. 高层筒体结构的计算. 土木工程学报，1989，(4)：10～16
[85] 陈存思，高仁良. 框剪结构在水平力作用下的一种算法. 建筑结构，1997，(1)：31～34
[86] 金建三. 任意荷载作用下刚结体系高层建筑框架-剪力墙结构分析的边值法. 工程力学，1996，(4)：115～120
[87] 黄浮浩. 高层筒中筒结构侧移的简化计算方法. 土木工程学报，1983，(1)：73～81
[88] 程万年. 高层剪力墙结构空间内力分析连续化方法. 固体力学学报，1984，(1)：18～24
[89] 谢理. 高层建筑的二阶连续化分析[硕士学位论文]. 广州：华南理工大学，1986：1～36
[90] 梁启智，谭争争. 高层建筑双肢剪力墙二阶分析. 工程力学，1986，(9)：12～17
[91] 詹肖兰，钟桂岳. 分析高层建筑筒体结构半解析法. 工程力学，1986，(2)：79～86
[92] 潘亦培. 高层建筑框筒结构的简化计算. 建筑结构，1993，(6)：20～26
[93] 傅学怡. 筒体稀柱框架结构简化计算. 建筑结构，1996，(2)：3～14
[94] 张正国，傅学怡. 带刚臂超高层结构工作性能研究. 建筑结构学报，1996，(4)：2～9
[95] Liang Q Z，Han X L. Three-dimensional structural analysis of high-rise building consisting framed-supported shear walls. International Conference on Education，Practice and Promotion of Computational Methods in Engineering Using Small Computers，Macau，1990，2：449～456
[96] 李少云. 高层建筑结构空间分析的连续-离散化方法[硕士学位论文]. 广州：华南理工大学，1985：2～9
[97] 李从林，程耀芳. 几种高层建筑结构简化分析统一的连续-离散化方法. 建筑结构，1997，(6)：45～47
[98] 吕令毅. 高层开洞筒体的约束扭转. 土木工程学报，1994，(2)：38～46
[99] 赵西安. 二阶变截面框架-剪力墙结构在水平荷载作用下的计算. 建筑结构，1985，(2)：9～16
[100] 樊小卿. 高层建筑框架、框-剪结构分析的传递矩阵法. 建筑结构学报，1989，(1)：9～19
[101] 李延和，薛祖卫. 状态递归法在建筑抗震分析中的应用. 建筑结构学报，1993，(4)：17～23
[102] 刘宗贤，曹志远. 多层与高层工业及民用建筑结构自振特性分析. 建筑结构学报，1994，(4)：62～75
[103] 钟万勰. 弹性力学求解新体系. 大连：大连理工大学出版社，1995：1～59
[104] Cheung Y K. Finite Strip Method in Structural Analysis. Oxford：Pergamon Press，1977：2～15
[105] Cheung Y K，Zheng D Y. Shear wall analysis by C^0 continuous finite strip method. The Fifth International Conference on Tall Buildings，Hong Kong，1998：519～524
[106] 胡绍隆，徐建平. 用有限条法计算高层建筑筒体结构. 建筑结构，1983，(5)：7～16
[107] 陈刚，李家宝. 广义位移的有限条法及其在高层建筑中的应用. 建筑结构，1988，(3)：

15～25
[108] 胡绍隆，徐建平，刘圣龙. 高层建筑结构的广义有限条法. 建筑结构学报，1990，11(6)：1～9
[109] 建筑抗震设计规范 (GBJ 11—1989). 现行建筑结构规范大全(第二版). 北京：中国建筑工业出版社，1995，(6)：1～2
[110] 帕兹 M. 结构动力学——理论与计算. 李裕澈等译. 北京：地震出版社，1993：99～277
[111] 王燮山. 奇异函数及其在力学中的应用. 北京：科学出版社，1993：1～59
[112] 武均科. 集中量与分布量的统一处理. 力学与实践，1987，(4)：14～18
[113] 王燮山. 用奇异函数法求解某些变截面梁的变形. 力学与实践，1984，(4)：53～55
[114] 林金木. 梁及刚架变形的一种新解法. 土木工程学报，1982，(3)：72～78
[115] 王燮山. 轴扭转自由振动分析的特征方程. 力学与实践，1993，(3)：37～40
[116] 刘福林. 用奇异函数法简化计算环板的极限荷载. 应用力学学报，1989，(3)：119～122
[117] 徐彬，梁启智，夏锋. 变参数双肢剪力墙内力分析奇异函数法. 昆明理工大学学报，1999，24(3)：102～106
[118] 徐彬，梁启智. 双肢剪力墙分析的奇异函数法. 华南理工大学学报，1999，(12)：110～115
[119] 徐彬，梁启智. 框架结构分析的奇异函数方法. 力学与实践，2001，23(4)：47，48
[120] 徐彬. 奇异函数建立高层结构分析模型的方法及应用. 昆明理工大学学报，2000，25(6)：106～109
[121] 徐彬，梁启智. 高层结构分析的奇异函数方法及程序介绍. 第十六届全国高层建筑结构学术会议论文集，上海，2000：160～165
[122] 徐彬，梁启智. 奇异函数建立侧移刚度矩阵的新方法. 工程力学，2001，(增刊)：363～367
[123] 徐彬. 结构力学中转角位移方程的新关系式探讨. 力学与实践，2001，23(5)：64，65
[124] 徐彬. MATLAB 在高层结构分析中的应用. 工程设计 CAD 与智能建筑，2001，(10)：64，65
[125] 楼顺天，于卫，阎华梁. MATLAB 程序设计语言. 西安：西安电子科技大学出版社，1998：1～40
[126] 薛定宇. 控制系统计算机辅助设计——MATLAB 语言及应用. 北京：清华大学出版社，1996：1～112

第 2 章　奇异函数基本理论

在处理数学物理问题中，连续量与离散量、均布量与集中量是经常会碰到的，要用连续的方法去处理离散量、集中量往往显得力不从心。如何在连续与离散、分散与集中之间建立顺畅的桥梁，是需要解决的问题。在这方面，奇异函数理论无疑是起到了很好的桥梁作用，这种数学工具处理不连续问题的有效性和合理性已经被其所解决的许多问题所证实，确有独到之处。

本章简单介绍 δ 函数、单位阶跃函数的基本概念和功能，然后引出奇异函数的定义及相关的基本运算规则和定理，为以后的工作打基础。奇异函数的特点之一是函数在某个区间内除间断点之外函数分段连续。对于有不连续间断点的量值，奇异函数可以在整个区间内给出一个连续函数形式的表达式，利用这个表达式，有间断点的量值可以完全按连续量值的方式进行运算和处理。本章最后将给出用奇异函数解决力学问题的简单应用。

2.1　奇异函数基本概念[1]

2.1.1　δ 函数定义

要了解奇异函数的概念，首先需由 δ 函数谈起，设有如下函数：

$$\delta_h(x-x_i)=\begin{cases}0, & x<x_i\\ \dfrac{1}{h}, & x_i<x<x_i+h\\ 0, & x>x_i+h\end{cases}\tag{2.1}$$

令 $h=x-x_i$，当 $h\to 0$ 时取极限，如图 2.1 所示，式(2.1)变为

$$\lim_{h\to 0}\delta_h(x-x_i)=\begin{cases}0\\ \lim\limits_{h\to 0}\dfrac{1}{x-x_i}\\ 0\end{cases}=\begin{cases}0, & x<x_i\\ \infty, & x=x_i\\ 0, & x>x_i\end{cases}\tag{2.2}$$

现引入算符 $\delta(x-x_i)$ 或 $\langle x-x_i\rangle^{-1}$ 来表示，则有

$$\delta(x-x_i)=\langle x-x_i\rangle^{-1}=\begin{cases}0, & x\neq x_i\\ \infty, & x=x_i\end{cases}\tag{2.3}$$

式中，符号 $\langle\rangle$ 称为麦考利(Macauley)括号。在经典意义下，当 $h\to 0$ 时，函数 δ 是没有意义的，因此式(2.3)仅是一种形式，或被称为一种“非正规函数”。

但是，δ 函数经积分后是有确定意义的，且有以下结果：

$$\int_{-\infty}^{+\infty}\delta(x-x_i)\mathrm{d}x=1 \tag{2.4}$$

由于 δ 函数最早由英国物理学家狄拉克引入和定义，因此 δ 函数也被称为狄拉克 δ 函数。

根据 δ 函数的定义，δ 函数可用来表示某些集中量的集度，如集中力的集度、集中质量的密度和单位冲击力的强度等。

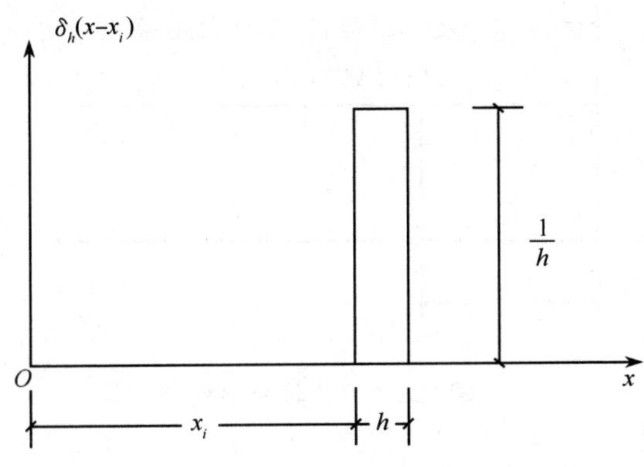

图 2.1　δ_h 函数

δ 函数的一些性质：

(1) δ 函数是一个偶函数，即

$$\delta(-x)=\delta(x) \tag{2.5}$$

(2) 如果 $a<x<b$，则有

$$\int_a^b\delta(x)\mathrm{d}x=1 \tag{2.6}$$

(3)如果函数 $f(x)$ 在 x_i 处连续，则有

$$\int_a^b f(x)\delta(x-x_i)\mathrm{d}x=\begin{cases}f(x_i), & a<x<b\\ 0, & x<a,x>b\end{cases} \tag{2.7}$$

(4) 如果函数 $f(x)$ 在 x_i 处连续，则有

$$f(x)\delta(x-x_i)=f(x_i)\delta(x-x_i) \tag{2.8}$$

此外，δ 函数还有许多重要性质，这里仅介绍其中几个重要性质，作为研究工作的基础。

2.1.2　单位阶跃函数

δ 函数经一次积分所得到的函数称为单位阶跃函数，如图 2.2 所示。单位阶跃函数可以表示为

$$H(x-x_i)=\langle x-x_i\rangle^0=\int_{-\infty}^{x}\delta(x-x_i)\mathrm{d}x=\begin{cases}0, & x<x_i\\ 1, & x>x_i\end{cases} \tag{2.9}$$

单位阶跃函数在 $x = x_i$ 的函数值存在间断点，其左极限等于 0，右极限等于 1。这是一个重要的特性，可以用来描述梁的剪力、阶形变化构件厚度或材料参数等量值，这在后续的章节中会经常用到。

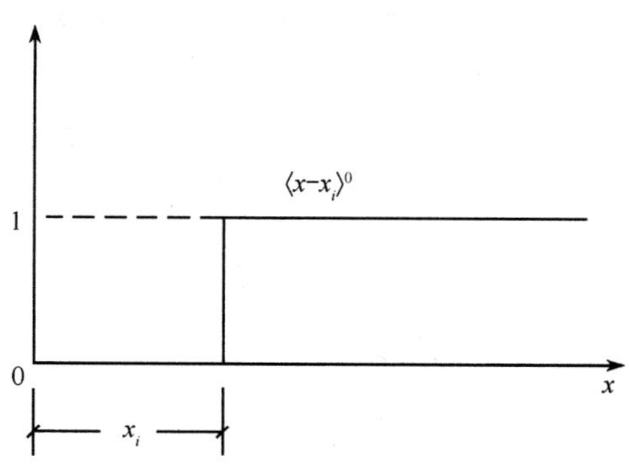

图 2.2 单位阶跃函数

2.2 奇异函数及基本性质、运算

2.2.1 奇异函数定义

奇异函数一般可描述为下列函数簇：

当 $n \geqslant 0$ 时

$$\langle x - x_i \rangle^n = \begin{cases} (x - x_i)^n, & x \geqslant x_i \\ 0, & x < x_i \end{cases} \tag{2.10}$$

当 $n < 0$ 时

$$\langle x - x_i \rangle^n = \begin{cases} \infty, & x = x_i \\ 0, & x \neq x_i \end{cases} \tag{2.11}$$

$n = 0$ 时为单位阶跃函数，对其求积分可得到式(2.10)表示的一簇奇异函数。$n = -1$ 时为狄拉克 δ 函数，对其求微分可得到式(2.11)表示的一簇奇异函数。因此，奇异函数系指 δ 函数及其各阶导函数，阶跃函数及其各阶积分函数所组成的函数族。

2.2.2 奇异函数的基本性质及运算

1. 单位阶跃函数运算规则

(1) 若 $b \geqslant a$，则有

$$\langle x-a\rangle^0+\langle x-b\rangle^0=\begin{cases}0, & x<a\\ 1, & a<x<b\\ 2, & x>b\end{cases} \tag{2.12}$$

(2) 若 $b\geqslant a$,则有

$$\langle x-a\rangle^0-\langle x-b\rangle^0=\begin{cases}0, & x<a\\ 1, & a<x<b\\ 0, & x>b\end{cases} \tag{2.13}$$

(3) 若 $b\geqslant a$,则有

$$\langle x-a\rangle^0\langle x-b\rangle^0=\begin{cases}0, & x<b\\ \langle x-b\rangle^0, & x>b\end{cases} \tag{2.14}$$

(4) 若 $b\geqslant a$,则有

$$\frac{\langle x-b\rangle^0}{\langle x-a\rangle^0}=\begin{cases}\text{不定}, & x<a\\ 0, & a<x<b\\ \langle x-b\rangle^0, & x>b\end{cases} \tag{2.15}$$

(5) $(\langle x-a\rangle^0)^n=\langle x-a\rangle^0,\quad n=1,2,3,\cdots$ (2.16)

(6) $(\langle x-a\rangle^0-\langle x-b\rangle^0)^n=\langle x-a\rangle^0-\langle x-b\rangle^0$

$$b>a,\quad n=1,2,3,\cdots \tag{2.17}$$

(7) $(1-\langle x-a\rangle^0)^n=1-\langle x-a\rangle^0$ (2.18)

(8) $(\langle x-a\rangle^0-\langle x-b\rangle^0)(\langle x-a\rangle^0+\langle x-b\rangle^0)$

$=\langle x-a\rangle^0-\langle x-b\rangle^0,\quad b>a$ (2.19)

(9) $(1-\langle x-a\rangle^0)(1+\langle x-b\rangle^0)=1-\langle x-a\rangle^0$ (2.20)

(10) $(1-\langle x-a\rangle^0)\langle x-b\rangle^0=\begin{cases}0, & b\geqslant a\\ \langle x-b\rangle^0-\langle x-a\rangle^0, & b<a\end{cases}$ (2.21)

(11) 设 $f(x)$ 为连续可导函数,则有

$$\langle x-x_i\rangle^0 f(x)=\begin{cases}0, & x<x_i\\ f(x), & x>x_i\end{cases} \tag{2.22}$$

2. 关于奇异函数的几个定理

定理 2.1 若 $f(x)$ 为 n 阶连续可微的函数,则有

$$\begin{aligned}[\langle x-x_i\rangle^0 f(x)]^{(n)}&=f^{(n)}(x)\langle x-x_i\rangle^0+f^{(n-1)}(x_i)\delta(x-x_i)\\&\quad+f^{(n-2)}(x_i)\delta'\langle x-x_i\rangle+\cdots+f(x_i)\delta^{(n-1)}(x-x_i)\end{aligned} \tag{2.23}$$

定理 2.2 对于连续可微的函数 $f(x)$,有

$$\int_{-\infty}^{x}\langle x-x_i\rangle^0 f(x)\mathrm{d}x=\langle x-x_i\rangle^0\int_{x_i}^{x}f(x)\mathrm{d}x \tag{2.24}$$

3. 奇异函数的微分、积分公式

微分公式

$$\begin{cases}\dfrac{\mathrm{d}}{\mathrm{d}x}\langle x-x_i\rangle^n=\langle x-x_i\rangle^{n-1}, & n\leqslant 0\\ \dfrac{\mathrm{d}}{\mathrm{d}x}\langle x-x_i\rangle^n=n\langle x-x_i\rangle^{n-1}, & n>0\end{cases} \tag{2.25}$$

积分公式

$$\begin{cases}\displaystyle\int_{-\infty}^{x}\langle x-x_i\rangle^n\mathrm{d}x=\langle x-x_i\rangle^{n+1}, & n\leqslant 0\\ \displaystyle\int_{-\infty}^{x}\langle x-x_i\rangle^n\mathrm{d}x=\frac{1}{n+1}\langle x-x_i\rangle^{n+1}, & n>0\end{cases} \tag{2.26}$$

以上关于奇异函数的有关公式和定理，仅给出了后续内容需要用到的部分，更详细介绍和有关证明可参见文献[1]。

2.3　奇异函数的简单应用

奇异函数作为一种数学工具，解决了连续与不连续的矛盾，概念比较抽象，一旦在力学中应用，则可以解决不同的力学问题[2~17]，并且被赋予了明确的力学概念。实际上，奇异函数在解决力学问题中有其独到的优势和特点。本节介绍一些简单的应用，目的是使大家熟悉奇异函数的应用技巧和方法，作者提出的在高层结构中的应用将在后续章节中介绍。

2.3.1　集中量到分布量的转换

集中量与分布量是力学中经常遇到的两种物理量模型。例如，物体的质量有集中质量和分布质量之分；力对物体的作用，就空间位置而言有集中力和分布力之分；就时间过程而言有瞬时作用力——冲击力和持续力之分等。集中量与分布量的差异，给使用基于连续函数的传统解法带来了限制。因此，在传统的力学中，当遇到因集中量造成的不连续时，往往对一个完整问题的论述与表达进行分割和支离式的处理。实际上，集中量和分布量可以用统一的方法来处理，所用的数学工具就是奇异函数[1]。

1. 集中力

设有一作用于 $x=x_i$ 处的集中力，其大小为 P，如图 2.3 所示，此集中力可视为当 $h=x-x_i\to 0$ 时的分布力，有

$$q(x)=\lim_{h\to 0}\frac{P}{h}=\lim_{h\to 0}\frac{P}{x-x_i}=P\lim_{h\to 0}\frac{1}{x-x_i} \tag{2.27}$$

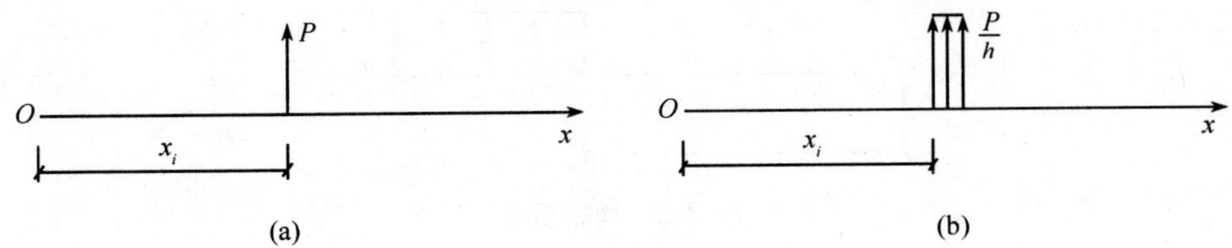

图 2.3　集中力

应用 δ 函数的定义，可以写出集中力的线密度表达式

$$q(x) = P\delta(x - x_i) = P\langle x - x_i \rangle^{-1} \tag{2.28}$$

式(2.28)称为集中量 P 的线密度函数。

2. 集中弯矩

设有一作用于 $x = x_i$ 处的集中弯矩，其大小为 M，如图 2.4 所示，可以将弯矩在其作用平面内分解成密度为 M/h^2 的均布平行力系。当 $h = x - x_i \to 0$ 时，平行力系与集中弯矩等同，由此可得弯矩 M 的线密度为

$$q(x) = \lim_{h\to 0}\frac{M}{h^2} = M\lim_{h\to 0}\frac{1}{(x - x_i)^2} \tag{2.29}$$

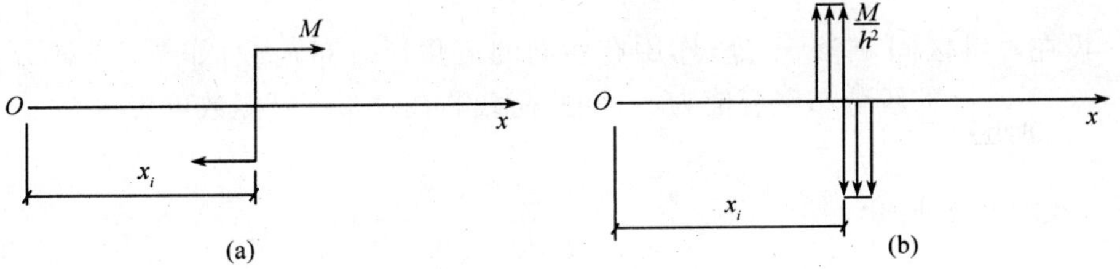

图 2.4　集中弯矩

由奇异函数的定义，式(2.29)可以写成

$$q(x) = M\delta'(x - x_i) = M\langle x - x_i \rangle^{-2} \tag{2.30}$$

3. 均布荷载

设在一维区间 $x \geqslant x_i$ 内作用有横向的均布荷载 q_0，如图 2.5 所示，则其线分布密度函数可表示为

$$q(x) = q_0\langle x - x_i \rangle^0 \tag{2.31}$$

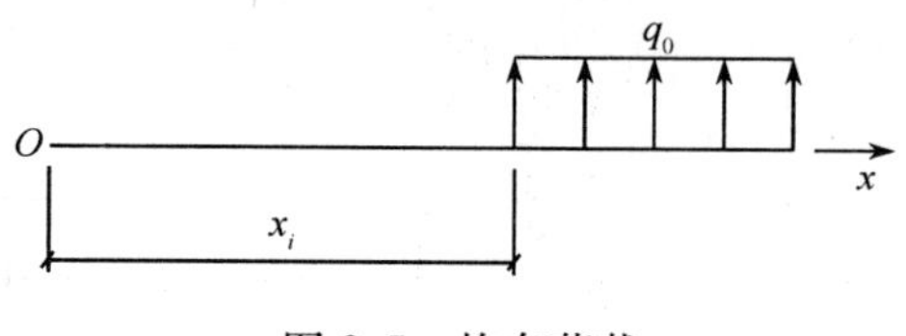

图 2.5 均布荷载

4. 分段均布荷载

设在一维区间 $[x_i, x_j]$ 作用有横向的线均布荷载 q_0，如图 2.6 所示，则此荷载的线分布密度函数可表示为

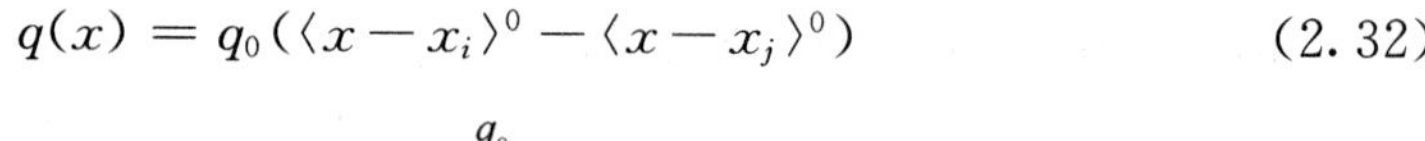

$$q(x) = q_0(\langle x - x_i\rangle^0 - \langle x - x_j\rangle^0) \tag{2.32}$$

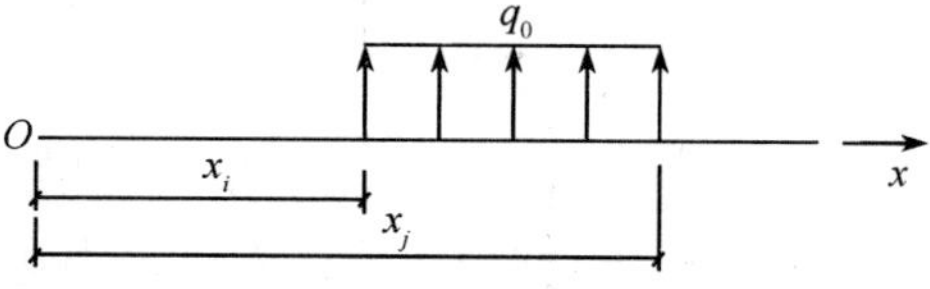

图 2.6 分段均布荷载

5. 三角形分布荷载

设在一维区间 $x \geqslant x_i$ 处，作用有横向的三角形分布荷载，如图 2.7 所示，在 $x = x_0 > x_i$ 处的线分布密度值为 q_0，则此荷载的线分布密度函数可表示为

$$q(x) = \frac{q_0}{x_0 - x_i}\langle x - x_i\rangle^1 \tag{2.33}$$

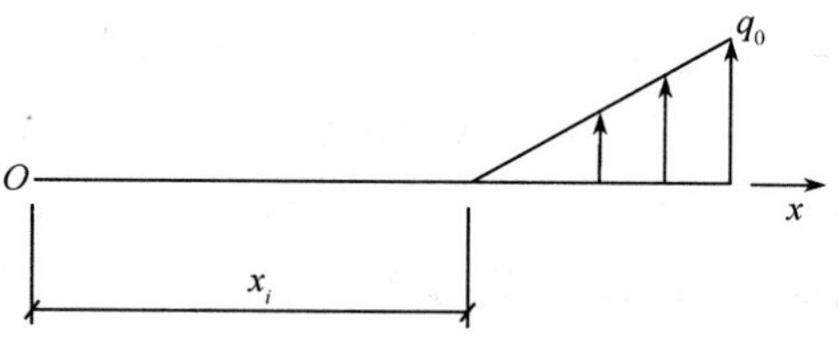

图 2.7 三角形分布荷载

6. 分段三角形分布荷载

设在一维区间 $[x_i, x_j]$ 作用有横向的分段三角形分布荷载，如图 2.8 所示，$x = x_j$ 处的线分布荷载密度为 q_0，则此荷载的线分布集度函数可表示为

$$q(x) = \frac{q_0}{x_j - x_i}\langle x - x_i\rangle^1 - \frac{q_0}{x_j - x_i}\langle x - x_j\rangle^1 - q_0\langle x - x_j\rangle^0 \tag{2.34}$$

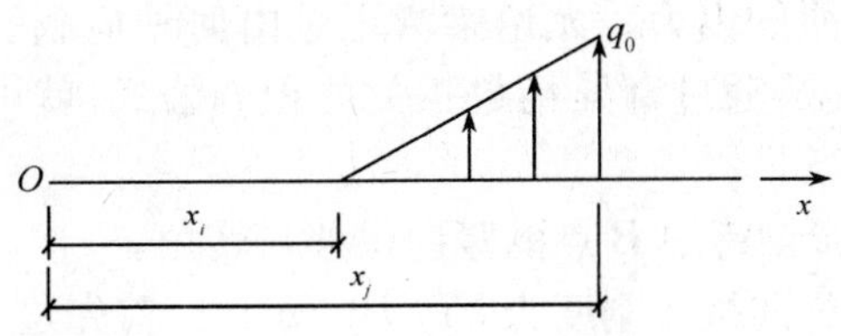

图 2.8　分段三角形分布荷载

7. 阶形变化量

设在 $x=x_i(i=1,2,3,\cdots,n)$ 处，尺寸或材料常数发生阶形变化，如图 2.9 所示，其改变量为 C_i，利用单位阶跃函数，可以给出用连续函数形式表示的变化量线密度表达式，即

$$q_C(x)=\sum_{i=1}^{n}C_i\langle x-x_i\rangle^0 \tag{2.35}$$

式中，n 为尺寸或材料常数发生变化的次数。

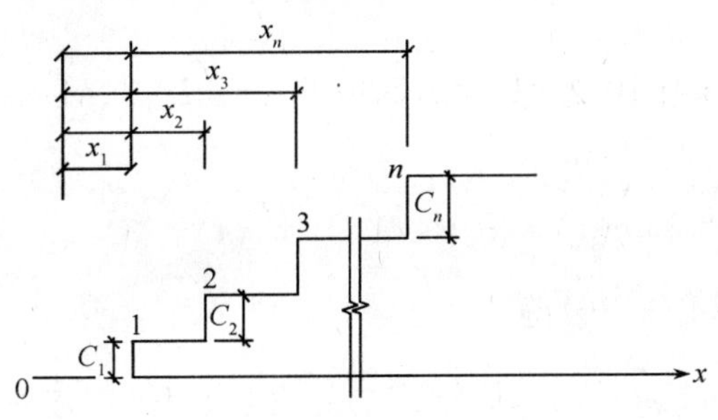

图 2.9　阶形变化量

2.3.2　梁的位移

梁在荷载作用下产生变形和位移。梁上某点的位移可采用积分法或图乘法来计算。在计算过程中，无论是积分法或图乘法，当荷载复杂时，这些计算方法一般都要分段求其内力。当遇到梁抗弯刚度发生阶段性变化时，计算将变得复杂。本节利用奇异函数来处理梁的荷载和单位荷载，从而求出它们所对应的弯矩，然后再积分。这种处理方法避免了分段所带来的麻烦，而且一般可以得到统一表达式。

梁的位移计算公式为

$$\Delta=\sum\int\frac{\overline{M}M}{EI}\mathrm{d}s \tag{2.36}$$

式中，$\overline{M}$ 代表虚拟状态中由于广义的虚单位荷载所产生的虚内力；M 则代表原结构由于实际荷载所产生的内力。无论梁弯矩是由何种荷载引起的，均可以用奇异函数表达式表示出来，再通过奇异函数相关的积分公式，就可以方便地求出位移，下面通过实例来说明。

实例 2.1　求悬臂梁跨中 B 点的竖向位移与转角。

如图 2.10 所示，梁的抗弯刚度为 EI，$P=q_0L$ 。首先建立梁上外力(包括荷载和支座反力)用奇异函数表示的线分布密度函数

$$q(x)=-P\langle x\rangle^{-1}-q_0\langle x-\frac{L}{2}\rangle^{0}+R_C\langle x-L\rangle^{-1}+M_C\langle x-L\rangle^{-2}$$

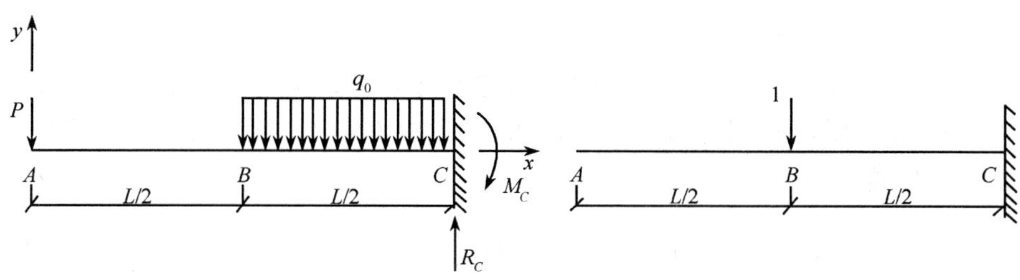

图 2.10　悬臂梁

由于仅在 $0\leqslant x\leqslant L$ 区间内考虑，故后两项 $R_C\langle x-L\rangle^{-1}$、$M_C\langle x-L\rangle^{-2}$ 可以不考虑，于是由式(2.27)、式(2.31)得

$$q(x)=-P\langle x\rangle^{-1}-q_0\langle x-\frac{L}{2}\rangle^{0}$$

将上式积分两次，由式(2.26)得

$$M(x)=-P\langle x\rangle^{1}-\frac{1}{2}q_0\langle x-\frac{L}{2}\rangle^{2}=-q_0Lx-\frac{1}{2}q_0\langle x-\frac{L}{2}\rangle^{2} \tag{2.37}$$

在梁的跨中 B 点加一虚拟单位力，其用奇异函数表示的线分布密度为

$$\bar{q}(x)=-\langle x-\frac{L}{2}\rangle^{-1}$$

将上式积分两次得

$$\overline{M}(x)=-\langle x-\frac{L}{2}\rangle^{1} \tag{2.38}$$

将式(2.37)和式(2.38)代入式(2.36)得 B 点的竖向位移为

$$\begin{aligned}\Delta_B&=\frac{1}{EI}\int_0^L\left[q_0Lx+\frac{1}{2}q_0\langle x-\frac{1}{2}\rangle^{2}\right]\langle x-\frac{L}{2}\rangle^{1}\mathrm{d}x\\&=\frac{1}{EI}\int_{\frac{L}{2}}^{L}q_0\left[L\left(x^2-\frac{1}{2}x\right)+\frac{1}{2}\langle x-\frac{L}{2}\rangle^{3}\right]\mathrm{d}x\\&=\frac{43q_0L^4}{384EI}\end{aligned}$$

在梁的跨中 B 点加一顺时针的虚拟单位力偶,其用奇异函数表示的线分布密度为

$$\bar{q}(x)=\langle x-\frac{L}{2}\rangle^{-2}$$

将上式积分两次得

$$\overline{M}(x)=\langle x-\frac{L}{2}\rangle^{0} \tag{2.39}$$

将式(2.37)和式(2.39)代入式(2.36)得 B 点的转角为

$$\begin{aligned}\varphi_B&=\frac{1}{EI}\int_0^L-q_0\left[Lx+\frac{1}{2}\langle x-\frac{L}{2}\rangle^2\right]\langle x-\frac{L}{2}\rangle^0\mathrm{d}x\\&=-\frac{q_0}{EI}\int_{\frac{L}{2}}^L\left[Lx+\frac{1}{2}\left(x-\frac{L}{2}\right)^2\right]\mathrm{d}x\\&=-\frac{19q_0L^3}{48EI}\end{aligned}$$

实例 2.2　求简支梁跨中 C 点的竖向位移。

如图 2.11 所示梁的抗弯刚度 EI 。首先求得梁支座反力为 $R_A=R_B=\frac{1}{4}q_0L$,梁上荷载写成奇异函数形式线分布密度函数为

$$q(x)=\frac{1}{4}q_0L\langle x\rangle^{-1}-\frac{2q_0}{L}\langle x\rangle^1+\frac{2q_0}{L}\langle x-\frac{L}{2}\rangle^1\times 2$$

将上式积分两次得

$$M(x)=\frac{1}{4}q_0Lx-\frac{q_0}{3L}x^3+\frac{2q_0}{3L}\langle x-\frac{L}{2}\rangle^3 \tag{2.40}$$

在梁的跨中 B 点加一向下的虚拟单位力,其用奇异函数表示的线分布密度为

$$\bar{q}(x)=\frac{1}{2}\langle x\rangle^{-1}-\langle x-\frac{L}{2}\rangle^{-1}$$

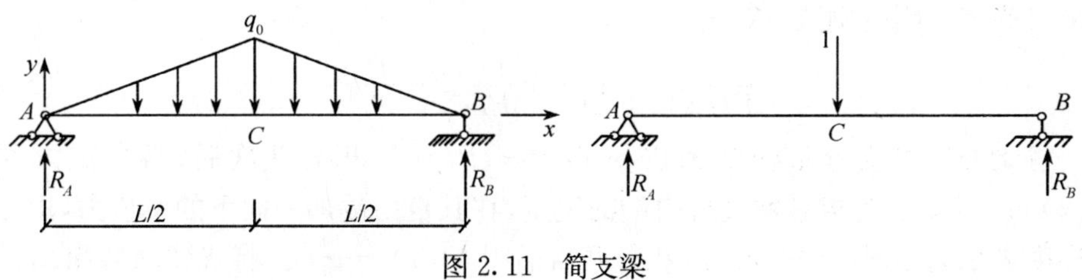

图 2.11　简支梁

将上式积分两次得

$$\overline{M}(x)=\frac{1}{2}x-\langle x-\frac{L}{2}\rangle^1 \tag{2.41}$$

将式(2.40)和式(2.41)代入式(2.36)得 C 点的竖向位移为

$$\Delta_C = \frac{1}{EI}\int_0^L q_0\left[\frac{1}{4}Lx - \frac{1}{3L}x^3 + \frac{2}{3L}\langle x - \frac{L}{2}\rangle^3\right]\left(\frac{1}{2}x - \langle x - \frac{L}{2}\rangle^1\right)\mathrm{d}x$$

$$= \frac{q_0 L^4}{120EI}$$

实例 2.3 求梁自由端的挠度。

如图 2.12 所示，阶梯形截面梁，$I_1 = I, I_2 = 2I$，弹性模量为 E，求梁自由端的挠度。

首先利用阶跃函数，将位移计算公式(2.36)中 $\frac{1}{EI(x)}$ 写为如下形式：

$$\frac{1}{EI(x)} = \sum_{i=1}^{n}\beta_i\langle x - x_i\rangle^0 \tag{2.42}$$

式中

$$\beta_i = \frac{1}{(EI)_i} - \frac{1}{(EI)_{i-1}}, \quad x_0 = 0, \quad \frac{1}{(EI)_0} = 0$$

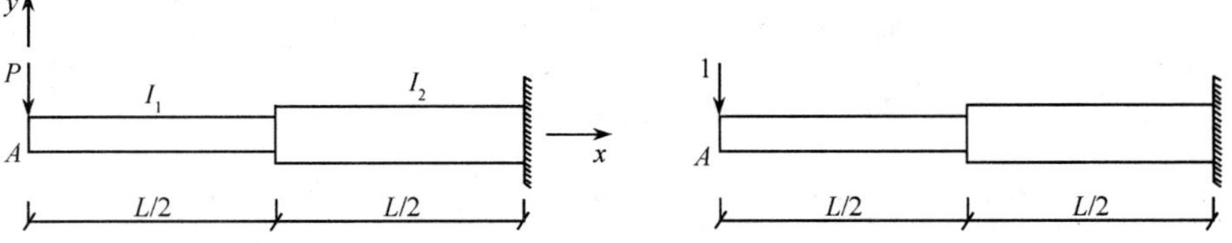

图 2.12 阶梯形截面梁

由式(2.42)可得

$$\beta_1 = \frac{1}{I}, \quad \beta_2 = \frac{1}{I_2} - \frac{1}{I_1} = -\frac{1}{2I}$$

于是梁的抗弯刚度倒数函数为

$$\frac{1}{EI(x)} = \frac{1}{EI} - \frac{1}{2EI}\langle x - \frac{L}{2}\rangle^0 \tag{2.43}$$

将梁的外力线分布密度函数 $q(x) = -P\langle x\rangle^{-1}$ 积分两次后，得弯矩方程为 $M(x) = -Px$ 。为求悬臂梁自由端的挠度，在其自由端加一向下的单位力，用分布力集度表示为 $\overline{q}(x) = -\langle x\rangle^{-1}$，积分两次后得 $\overline{M}(x) = -x$ 。将式(2.43)和 $M(x)$、$\overline{M}(x)$ 代入式(2.36)得梁自由端的挠度为

$$\Delta_A = \int_0^L \frac{M(x)\overline{M}(x)}{EI}\mathrm{d}x = \frac{1}{E}\int_0^L\left(\frac{1}{I} - \frac{1}{2I}\langle x - \frac{L}{2}\rangle^0\right)Px^2\mathrm{d}x$$

$$= \frac{P}{EI}\int_0^L\left(1 - \frac{1}{2}\langle x - \frac{L}{2}\rangle^0\right)x^2\mathrm{d}x$$

$$= \frac{3PL^3}{16EI}$$

2.3.3 高层框架柱轴向变形所产生的侧移

对于高度较大或高宽比较大的框架，水平荷载产生的柱轴力较大，由柱的轴向变形所产生的侧移也较大，不能忽略[18]。

在水平荷载作用下，一边柱受拉伸长，另一边柱受压缩短，这与悬臂杆一侧纤维伸长而另一侧纤维缩短的情况相似。因此，框架由柱的轴向变形所产生的侧移曲线为弯曲型曲线，曲线的斜率在底端处为零，离底端越远斜率越大，在顶端达到最大值，曲线凹向水平荷载所指的一侧。现在用奇异函数计算高层框架在顶端集中力、均布荷载、倒三角形荷载作用下由柱的轴向变形所产生的侧移。

在一般情况下，只有两根边柱（一拉一压）受力较大，中柱因其两侧梁的剪力相互抵消，轴力很小。为了简化计算，通常假定在水平荷载作用下中柱轴力为零。这样，在每层柱的反弯点高程处（该处柱的弯矩为零），水平外荷载所产生的悬臂弯矩 $M(x)$，仅由两根边柱所形成的力偶平衡，故两边柱的轴力可表示为

$$N=\pm\frac{M}{B} \tag{2.44}$$

式中，B 为框架两根外柱的中距。

为了解算框架某层的侧移，可以采用单位荷载法。为此，在框架楼层处施加一个单位水平集中力，设单位集中力作用在第 k 层，用奇异函数表示为

$$\bar{q}=\langle(H-X)-(H-x_k)\rangle^{-1}=\langle x_k-x\rangle^{-1} \tag{2.45}$$

其在高度为 x 处所产生的弯矩为

$$\overline{M}(x)=\iint\bar{q}\,\mathrm{d}x\mathrm{d}x=\langle x_k-x\rangle^{1} \tag{2.46}$$

将式(2.46)代入式(2.44)可得

$$\overline{N}_1(x)=\frac{1}{B}\langle x_k-x\rangle^{1},\quad \overline{N}_2(x)=-\frac{1}{B}\langle x_k-x\rangle^{1} \tag{2.47}$$

设左柱截面抗拉刚度在节点处改变 m 次，右柱截面抗拉刚度在节点处改变 n 次，分别令

$$\begin{cases}\dfrac{1}{EA_i}-\dfrac{1}{EA_{i-1}}=\beta_i,\quad \dfrac{1}{EA_0}=0,\quad i=1,2,\cdots,m\\[2ex] \dfrac{1}{EA_j}-\dfrac{1}{EA_{j-1}}=\beta_j,\quad \dfrac{1}{EA_0}=0,\quad j=1,2,\cdots,n\end{cases} \tag{2.48}$$

有
$$\frac{1}{EA_1}=\sum_{i=1}^{m}\beta_i\langle x_i-x\rangle^0,\quad \frac{1}{EA_2}=\sum_{j=1}^{n}\beta_j\langle x_j-x\rangle^0$$

应用单位荷载法，则第 k 层处的侧移为

$$\Delta_{Nk}=\int_0^H\frac{N_1\overline{N}_1}{EA_1}\mathrm{d}x+\int_0^H\frac{N_2\overline{N}_2}{EA_2}\mathrm{d}x$$

$$= \frac{1}{B^2}\sum_{i=1}^{m}\beta_i\int_0^H \langle x_i - x\rangle^0 \langle x_k - x\rangle^1 M(x)\,\mathrm{d}x$$

$$+ \frac{1}{B^2}\sum_{j=1}^{n}\beta_j\int_0^H \langle x_j - x\rangle^0 \langle x_k - x\rangle^1 M(x)\,\mathrm{d}x \qquad (2.49)$$

根据已知水平荷载 $q(x)$ 或水平荷载所引起的悬臂弯矩 $M(x)$，即可由式(2.49)求得柱的轴向变形所产生的框架任一楼层处的侧移。如图 2.13 所示，下面就工程设计中常遇的三种水平荷载类型求顶点水平侧移 Δ_{NH} 。

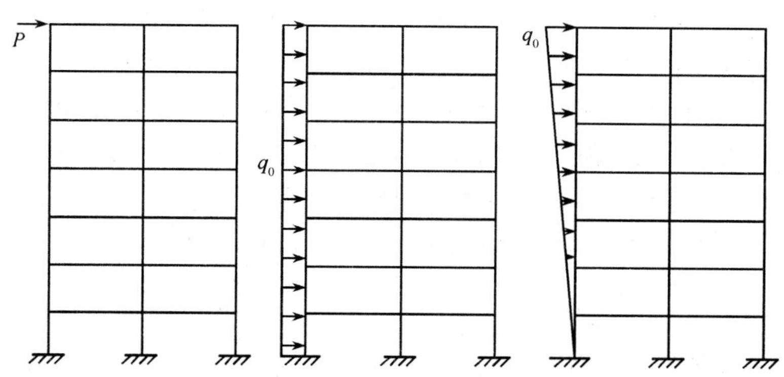

图 2.13　受不同荷载作用的高层框架

1. 框架受顶端水平集中荷载 P

框架受顶端水平集中荷载 P 时，悬臂弯矩为

$$M(x) = P(H - x) \qquad (2.50)$$

将式(2.50)代入式(2.49)，$x_k = H$ 得

$$\Delta_{NH} = \frac{P}{B^2}\sum_{i=1}^{m}\beta_i\int_0^H \langle x_i - x\rangle^0 \langle H - x\rangle^1 (H - x)\,\mathrm{d}x$$

$$+ \frac{P}{B^2}\sum_{j=1}^{n}\beta_j\int_0^H \langle x_j - x\rangle^0 \langle H - x\rangle^1 (H - x)\,\mathrm{d}x$$

$$= \frac{P}{3B^2}\sum_{i=1}^{m}\beta_i \langle x_i - x\rangle^0 H^3 + \frac{P}{3B^2}\sum_{j=1}^{n}\beta_j \langle x_j - x\rangle^0 H^3 \qquad (2.51)$$

2. 框架受水平均布荷载 q_0

框架受水平均布荷载 q_0 时，悬臂弯矩为

$$M(x) = \frac{1}{2}q_0(H - x)^2 \qquad (2.52)$$

将式(2.52)代入式(2.49)，$x_k = H$ 得

$$\Delta_{NH}=\frac{q_0}{2B^2}\sum_{i=1}^{m}\beta_i\int_0^H\langle x_i-x\rangle^0\langle H-x\rangle^1(H-x)^2\mathrm{d}x$$

$$+\frac{q_0}{2B^2}\sum_{j=1}^{n}\beta_j\int_0^H\langle x_j-x\rangle^0\langle H-x\rangle^1(H-x)^2\mathrm{d}x$$

$$=\frac{q_0}{8B^2}\sum_{i=0}^{m}\beta_i\langle x_i-x\rangle^0(H^4+\frac{q_0}{8B^2}\sum_{j=1}^{n}\beta_j\langle x_j-x\rangle^0H^4) \quad (2.53)$$

3. 框架受倒三角形分布水平荷载 q_0

顶端荷载强度为 q_0，悬臂弯矩为

$$M(x)=\frac{q_0}{H}(H-x)^2\left(\frac{H}{3}+\frac{x}{b}\right) \quad (2.54)$$

将式(2.54)代入式(2.49)，$x_k=H$ 得

$$\Delta_{NH}=\frac{1}{B^2}\sum_{i=1}^{m}\beta_i\int_0^H\frac{q_0}{H}\langle x_i-x\rangle^0(H-x)^3\left(\frac{1}{3}H+\frac{1}{6}x\right)\mathrm{d}x$$

$$+\frac{1}{B^2}\sum_{j=1}^{n}\beta_j\int_0^H\frac{q_0}{H}\langle x_j-x\rangle^0(H-x)^3\left(\frac{1}{3}H+\frac{1}{6}x\right)\mathrm{d}x$$

$$=\frac{11q_0}{120B^2}\sum_{i=1}^{m}\beta_i\langle x_i-x\rangle^0H^5+\frac{11q_0}{120B^2}\sum_{j=1}^{n}\beta_j\langle x_j-x\rangle^0H^5 \quad (2.55)$$

参 考 文 献

［1］ 王燮山. 奇异函数及其在力学中的应用 . 北京:科学出版社,1993:1～59

［2］ 武均科. 集中量与分布量的统一处理 . 力学与实践,1987,(4):14～18

［3］ 王燮山. 用奇异函数法求解某些变截面梁的变形 . 力学与实践,1984,(4):53～55

［4］ 林金木. 梁及刚架变形的一种新解法 . 土木工程学报,1982,(3):72～78

［5］ 王燮山. 轴扭转自由振动分析的特征方程 . 力学与实践,1993,(3):37～40

［6］ 刘福林. 用奇异函数法简化计算环板的极限荷载 . 应用力学学报,1989,(3):119～122

［7］ 刘福林. 具有剪力联接的阶梯形梁变形问题的一种解法 . 工程力学,1992,(9):28～31

［8］ 刘福林. 内边界支承环板的塑性极限分析 . 力学与实践,1993,(2):67～71

［9］ 吴阿林. 狭矩形截面梁弹性力学问题的奇异函数法研究. 浙江科技学院学报,2004,(3):184～199

［10］ 王泉中,朱一辛等. 用奇异函数法解变截面竹木复合空心板的变形. 南京林业大学学报,2000,(1):32～34

［11］ 郑涛,丁圣果,罗建明. 用奇异函数方法计算阶梯形变截面条形基础. 贵州工业大学学报(自然科学版),2001,(6):97～102

［12］ 王燮山. 阶梯式变厚度两对边简支的矩形弹性薄板弯曲问题的解析解. 应用力学学报,1995,(1):127～131

[13]　王燮山，王静静.阶梯式变厚度圆板的横向自由振动.现代电力，2000，(3)：28～32
[14]　张英世，王燮山.文克尔地基上阶梯式单向矩形薄板的振动.应用数学和力学，1998，(2)：157～164
[15]　张英世，王燮山.文克尔地基上矩形薄板的振动.水利学报，1997，(5)：70～76
[16]　张英世，胡伟平，王燮山.文克尔地基上纵横弯曲变截面梁主振型之正交性.振动与冲击，2000，(1)：75～76
[17]　丁圣果.用奇异函数分析高层建筑水平加强层的作用.贵州工学院学报，1996，(3)：5～11
[18]　梁启智.高层建筑结构分析与设计.广州：华南理工大学出版社，1992：99～104

第 3 章　变参数受弯构件奇异函数解

本章从受弯构件基本微分方程出发，利用奇异函数来描述一个受到若干个集中力和有多处变刚度截面的受弯构件，通过简单的直接积分得到悬臂梁构件的外力与转角、位移之间关系的解析函数表达式。从表达式可以看出，构件柔度系数、外力值和 x 坐标位置是相互分离的，对方程式的微积分运算只与坐标变量有关。

最后，本章还推导出了变参数悬臂受弯构件外力与变形的矩阵方程。确定了构件的柔度系数和柔度矩阵。柔度矩阵为对称矩阵，矩阵的每个元素只是坐标位置变量的函数，整个柔度矩阵由与变系数有关的若干个矩阵叠加组成，而每个矩阵中的左上角区域元素与变系数的位置有关，其余部分元素则是相同的。矩阵表示式的给出是比较重要的，以后的各种结果的导出均与矩阵表示式有关，该式的给出改变了过去奇异函数只用于解决单个构件问题的限制。

3.1　分段变系数受弯构件基本方程

如图 3.1 所示，一受弯基本构件，其节点共 n 个，设其截面抗弯刚度 EI 改变 k 次。每个节点受节点弯矩和水平力作用，构件基本微分方程为[1]

$$EIy''(x) = -M(x) \tag{3.1}$$

利用第 2 章式(2.28)、式(2.30)及弯矩和剪力的微分关系式

$$\begin{cases} q(x) = \dfrac{\mathrm{d}Q(x)}{\mathrm{d}x} \\ Q(x) = \dfrac{\mathrm{d}M(x)}{\mathrm{d}x} \end{cases} \tag{3.2}$$

积分后代入式(3.1)，可以得到用奇异函数表示的构件微分方程[2,3]

$$EIy''(x) = -\sum_{i=1}^{n} M_i \langle x - x_i \rangle^0 - \sum_{i=1}^{n} N_i \langle x - x_i \rangle^1 \tag{3.3}$$

对于构件截面变系数问题，构件抗弯刚度 EI 沿整个构件长度方向阶形变化，如图 3.1 所示，截面抗弯刚度共变化 k 次，令第 t 次的抗弯刚度倒数的改变量为 β_t，称为变柔度系数，则有

$$\beta_t = \frac{1}{EI_t} - \frac{1}{EI_{t-1}} \tag{3.4}$$

式中，当 $t = 1$ 时，有

$$\beta_1=\frac{1}{EI_1},\quad \frac{1}{EI_0}=0$$

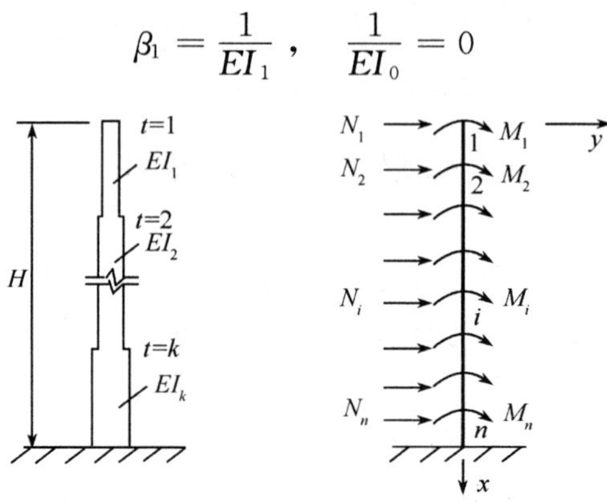

图 3.1 变系数构件模型

现将式(3.4)代入式(3.3),有

$$y''(x)=-\sum_{i=1}^{n}\sum_{t=1}^{k}\beta_t M_i\langle x-x_t\rangle^0\langle x-x_i\rangle^0-\sum_{i=1}^{n}\sum_{t=1}^{k}\beta_t N_i\langle x-x_t\rangle^0\langle x-x_i\rangle^1 \tag{3.5}$$

式(3.5)即为系数阶形变化的构件基本微分方程,n 为构件节点数,k 为构件变系数次数。从式(3.5)可以看出,整个方程中的荷载值、变柔度系数与荷载作用位置、变系数位置已经分离,方程的微分或积分将只与 x 坐标有关。

其中值得注意的是,与下标 t 有关的部分 $\beta_t\langle x-x_t\rangle^0$ 的物理意义,其值代表了构件变系数对构件变形的影响。它有两层含义:①通过取 β_t 值把 k 次变系数的构件柔度逐个进行分解,得到 k 个柔度系数;②引入了单位阶跃函数,把第 t 次变柔度的范围限定在构件上 x_t 位置以后。换句话说,对于第 t 次变系数,上述部分的作用是以构件变系数位置 x_t 为分界点,使变系数之后的构件段柔度增加 β_t 值,而之前的构件段则被刚化,或者说取柔度为零,如图 3.2 所示。

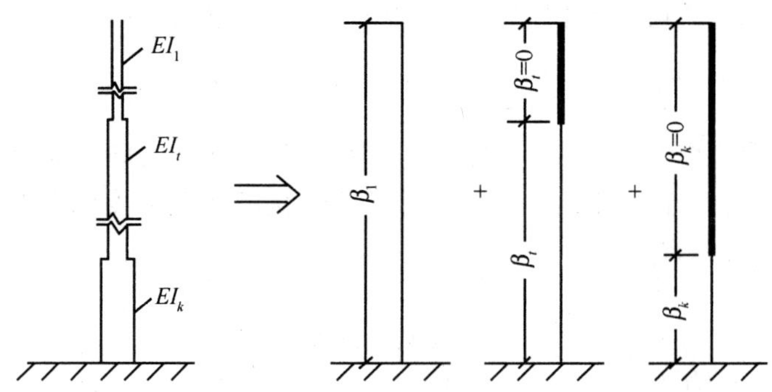

图 3.2 变柔度系数

进一步地，利用第 2 章有关奇异函数的基本运算规则和单位阶跃函数的定义，关于下标量 t 和 i 的两个奇异函数可以进一步简化表示方法，合并为一个下标为 s 的函数，即

$$\langle x-x_t\rangle^0\langle x-x_i\rangle^0=\langle x-x_s\rangle^0,\quad x_t\leqslant x_i\text{ 时},\ s=i;\quad x_t>x_i\text{ 时},\ s=t \tag{3.6}$$

$$\begin{aligned}\langle x-x_t\rangle^0\langle x-x_i\rangle^1&=\begin{cases}\langle x-x_i\rangle^1, & x_t\leqslant x_i\\ \langle x-x_t\rangle^0\langle x-x_t\rangle^1+(x_t-x_i)\langle x-x_t\rangle^0, & x_t>x_i\end{cases}\\&=\langle x-x_s\rangle^1+\langle x_t-x_i\rangle^1\langle x-x_s\rangle^0\\&\quad x_t\leqslant x_i\text{ 时},\ s=i;\quad x_t>x_i\text{ 时},\ s=t\end{aligned} \tag{3.7}$$

式中

$$\langle x_t-x_i\rangle^1=\begin{cases}0, & x_t\leqslant x_i\\ (x_t-x_i), & x_t>x_i\end{cases}$$

代入基本方程式(3.5)得

$$\begin{aligned}y''(x)=&-\sum_{i=1}^{n}\sum_{t=1}^{k}\beta_tM_i\langle x-x_s\rangle^0-\sum_{i=1}^{n}\sum_{t=1}^{k}\beta_tN_i[\langle x-x_s\rangle^1+\langle x_t-x_i\rangle^1\langle x-x_s\rangle^0]\\&x_t\leqslant x_i\text{ 时},\ s=i;\quad x_t>x_i\text{ 时},\ s=t\end{aligned} \tag{3.8}$$

3.2　方程基本解

方程式(3.8)的解由两部分构成，第一部分为方程的齐次解，第二部分为方程的特解，即

$$y(x)=C_0x+C_1+y^* \tag{3.9}$$

式中，系数 C_0、C_1 由构件边界条件确定。考虑底端固定，上端自由的竖向构件情况，积分得方程的基本解如下：

$$y'(x)=-\sum_{i=1}^{n}\sum_{t=1}^{k}\beta_t\left[M_i\langle x-x_s\rangle^1+N_i\left(\frac{1}{2}\langle x-x_s\rangle^2+\langle x_t-x_i\rangle^0\langle x-x_s\rangle^1\right)\right]+C_0 \tag{3.10}$$

代入边界条件，当 $x=H$ 时，$y'(H)=0$，有

$$\begin{aligned}y'(x)=&\sum_{i=1}^{n}\sum_{t=1}^{k}\beta_t\Big[M_i(\langle H-x_s\rangle^1-\langle x-x_s\rangle^1)\\&+N_i\left(\frac{1}{2}\langle H-x_s\rangle^2-\frac{1}{2}\langle x-x_s\rangle^2+\langle x_t-x_i\rangle^0(\langle H-x_s\rangle^1-\langle x-x_s\rangle^1)\right)\Big]\end{aligned} \tag{3.11}$$

再积分一次，考虑边界条件，当 $x=H$ 时，$y(H)=0$，整理后得

$$y(x)=\sum_{i=1}^{n}\sum_{t=1}^{k}\beta_t\Big\{M_i\left(\frac{1}{2}\langle H-x_s\rangle^2-\frac{1}{2}\langle x-x_s\rangle^2-(H-x)\langle x-x_s\rangle^2\right)$$

$$+N_i\left[\frac{1}{6}\langle H-x_s\rangle^3-\frac{1}{6}\langle x-x_s\rangle^3-\frac{1}{2}(H-x)\langle x-x_s\rangle^2+\langle x_t-x_i\rangle^1\right.$$
$$\left.\left.\times\left(\frac{1}{2}\langle H-x_s\rangle^2-\frac{1}{2}\langle x-x_s\rangle^2-(H-x)\langle x-x_s\rangle^1\right)\right]\right\} \quad (3.12)$$

式(3.11)、式(3.12)分别为底端固定变系数竖向构件的转角和位移解。当 $k=1$ 时,整个构件柔度为常数。

3.3 基本解的矩阵表达式

对具有 n 个节点的构件,给出当 $x=x_i$ 时的转角 $y'(x_i)$ 和位移 $y(x_i)$ 。其矩阵表达式为

$$\begin{bmatrix}\boldsymbol{y}'\\\boldsymbol{y}\end{bmatrix}=\begin{bmatrix}\boldsymbol{f}_{11} & \boldsymbol{f}_{12}\\\boldsymbol{f}_{21} & \boldsymbol{f}_{22}\end{bmatrix}\begin{bmatrix}\boldsymbol{M}\\\boldsymbol{N}\end{bmatrix}=\boldsymbol{F}\begin{bmatrix}\boldsymbol{M}\\\boldsymbol{N}\end{bmatrix} \quad (3.13)$$

式中

转角向量

$$\boldsymbol{y}'=[y'(x_1),y'(x_2),\cdots,y'(x_i),\cdots,y'(x_n)]^{\mathrm{T}}$$

位移向量

$$\boldsymbol{y}=[y(x_1),y(x_2),\cdots,y(x_i),\cdots,y(x_n)]^{\mathrm{T}}$$

弯矩向量

$$\boldsymbol{M}=[M_1,M_2,\cdots,M_i,\cdots,M_n]^{\mathrm{T}}$$

横向力向量

$$\boldsymbol{N}=[N_1,N_2,\cdots,N_i,\cdots,N_n]^{\mathrm{T}}$$

正负号的规定为:所有量中弯矩和转角以顺时针为正,水平力和位移以引起正弯矩和转角的方向为正。

变系数柔度矩阵为

$$\boldsymbol{F}=\begin{bmatrix}\boldsymbol{f}_{11} & \boldsymbol{f}_{12}\\\boldsymbol{f}_{21} & \boldsymbol{f}_{22}\end{bmatrix} \quad (3.14)$$

式中,$\boldsymbol{f}_{11}$、$\boldsymbol{f}_{12}$、$\boldsymbol{f}_{21}$、$\boldsymbol{f}_{22}$ 分别为子矩阵,$\boldsymbol{f}_{11}$、$\boldsymbol{f}_{12}$、$\boldsymbol{f}_{21}$、$\boldsymbol{f}_{22}$ 子矩阵由 k 个子矩阵叠加而成,第 k 个子矩阵为 $n\times n$ 阶,其元素分别由以下公式求出:

$\boldsymbol{f}_{11}$ 子矩阵

$$\langle H-x_s\rangle^1-\langle x-x_s\rangle^1$$

$\boldsymbol{f}_{12}$、$\boldsymbol{f}_{21}$ 子矩阵

$$\frac{1}{2}\langle H-x_s\rangle^2-\frac{1}{2}\langle x-x_s\rangle^2+\langle x_t-x_i\rangle^1(\langle H-x_s\rangle^1-\langle x-x_s\rangle^1)$$

$\boldsymbol{f}_{22}$ 子矩阵

$$\frac{1}{6}\langle H-x_s\rangle^3-\frac{1}{6}\langle x-x_s\rangle^3-\frac{1}{2}(H-x)\langle x-x_s\rangle^2$$

$$+\langle x_t-x_i\rangle^1\left(\frac{1}{2}\langle H-x_s\rangle^2-\frac{1}{2}\langle x-x_s\rangle^2-(H-x)\langle x-x_s\rangle^1\right)$$

i 分别取 $1\sim n$，得到矩阵 n 个行单元，j 分别取 $1\sim n$，得到矩阵 n 个列单元，同时 x 取 $x_1,x_2,\cdots,x_j,\cdots,x_n$。

x_s 由式(3.6)、式(3.7)的定义取值，分别写出矩阵形式如下。

1）$\boldsymbol{f}_{11}$ 子矩阵

$$\boldsymbol{f}_{11}=\sum_{t=1}^{k}\beta_t\begin{bmatrix} H-x_t & H-x_t & \cdots & H-x_t & H-x_{t+1} & \cdots & H-x_n \\ H-x_t & H-x_t & \cdots & H-x_t & H-x_{t+1} & \cdots & H-x_n \\ \vdots & \vdots & & \vdots & \vdots & & \vdots \\ H-x_t & H-x_t & \cdots & H-x_t & H-x_{t+1} & \cdots & H-x_n \\ H-x_{t+1} & H-x_{t+1} & \cdots & H-x_{t+1} & H-x_{t+1} & \cdots & H-x_n \\ \vdots & \vdots & & \vdots & \vdots & & \vdots \\ H-x_n & H-x_n & \cdots & H-x_n & H-x_n & \cdots & H-x_n \end{bmatrix} \tag{3.15}$$

2）$\boldsymbol{f}_{12}$ 及 $\boldsymbol{f}_{21}$ 子矩阵

$$\boldsymbol{f}_{12}=\boldsymbol{f}_{21}^{\mathrm{T}}=\sum_{t=1}^{k}\beta_t[e_{ti,j}] \tag{3.16}$$

式中，$e_{ti,j}$ 代表第 t 个矩阵中的第 i 行、j 列的元素，其值可以分为三部分，用三个表达式分别表示为

当 $i\leqslant t,j\leqslant t$ 时

$$e_{ti,j}=\frac{1}{2}(H-x_j)^2-\frac{1}{2}(x_t-x_j)^2$$

当 $i>t,i>j$ 时

$$e_{ti,j}=\frac{1}{2}(H-x_j)^2-\frac{1}{2}(x_i-x_j)^2$$

当 $j>t,j\geqslant i$ 时

$$e_{ti,j}=\frac{1}{2}(H-x_j)^2$$

用下列矩阵形式可表示出三个部分的位置：

$$[e_{ti,j}]=\begin{bmatrix} \frac{1}{2}(H-x_j)^2-\frac{1}{2}(x_t-x_j)^2 & \cdots & \frac{1}{2}(H-x_j)^2 \\ \vdots & & \ddots \\ \frac{1}{2}(H-x_j)^2-\frac{1}{2}(x_i-x_j)^2 & & \end{bmatrix}$$

3）$\boldsymbol{f}_{22}$ 子矩阵

$$f_{22}=\sum_{t=1}^{k}\beta_t[g_{ti,j}] \tag{3.17}$$

式中，$g_{ti,j}$ 同样代表第 t 个矩阵中的第 i 行、j 列的元素，其值也可以分为两部分，分别用两个表达式表示为

当 $i\leqslant t, j\leqslant t$，$i\geqslant j$ 时

$$g_{ti,j}=(H-x_i)^2\left[\frac{1}{2}(H-x_j)-\frac{1}{6}(H-x_i)\right]-(x_t-x_i)^2\left[\frac{1}{2}(x_t-x_j)-\frac{1}{6}(x_t-x_i)\right]$$

对 $i<j$ 的情况，由于矩阵具有对称性，只需将上式中的下标 i 与 j 对换即可。

当 $i>t, i\geqslant j$ 时

$$g_{ti,j}=(H-x_i)^2\left[\frac{1}{2}(H-x_j)-\frac{1}{6}(H-x_i)\right]$$

同样可以用下列矩阵形式来表示出各部分的位置：

$$[g_{ti,j}]=\begin{bmatrix} (H-x_i)^2\left[\frac{1}{2}(H-x_j)-\frac{1}{6}(H-x_i)\right] & \ddots & \text{对称} \\ -(x_t-x_i)^2\left[\frac{1}{2}(x_t-x_j)-\frac{1}{6}(x_t-x_i)\right] & & \\ \vdots & & \\ (H-x_i)^2\left[\frac{1}{2}(H-x_j)-\frac{1}{6}(H-x_i)\right] & & \ddots \end{bmatrix}$$

由式(3.15)～式(3.17)三个子矩阵构成了构件的柔度矩阵 $\boldsymbol{F}$，从中不难看出，对有 n 个节点的构件，整个矩阵为 $2n$ 阶的对称矩阵，矩阵的每个元素值只与构件上节点的位置坐标有关；对变系数构件，变参数的影响通过系数 β_t 和构件上变系数的位置 x_t 反映，在柔度矩阵中每个子矩阵的左上角区域的元素与变系数的位置 x_t 有关，当构件参数 EI 为常数时，取 $k=1$ 即可。对不同的构件，由于柔度矩阵具有相同的形式，因此，整个矩阵的形成完全是一个标准过程，这对于利用计算机编程是有利的。

参考文献

[1] 王燮山. 奇异函数及其在力学中的应用. 北京：科学出版社，1993：1～59

[2] 徐彬，梁启智. 双肢剪力墙分析的奇异函数法. 华南理工大学学报，1999，(12)：110～115

[3] 徐彬，梁启智. 框架结构分析的奇异函数方法. 力学与实践，2001，23(4)：47，48

第4章 变参数剪力墙奇异函数分析法

本章介绍的内容可以看做是第3章的续篇，主要的思想是利用奇异函数，解决结构连续与离散的矛盾，并在剪力墙结构分析中进行实践，提出了奇异函数分析法。

奇异函数分析法的本质是力法思路与奇异函数结合的矩阵方法，由算例分析可看出，此方法对解决变参数问题尤其具有独特技巧。

本章用奇异函数解决剪力墙与连梁的联系关系很成功，方法简单，求解方便。可以看出，用奇异函数法求解和处理具有不连续的几何尺寸或荷载的问题是有效的。事实上，此解题思路还可以进一步推广到框剪结构分析、框筒结构分析等计算问题中去，这些方面的内容将在后续章节进一步介绍和研究。

4.1 剪力墙概述

4.1.1 联肢剪力墙力学性能

剪力墙抗侧力体系由水平连梁构件和竖向墙肢构件共同组成。墙肢的主要作用是承担结构的水平力、控制建筑物的侧移。联肢剪力墙竖向墙肢构件的线刚度比连梁构件的线刚度大得多(一般5倍以上)[1]，几乎每根连梁构件都出现反弯点，竖向墙肢构件的变形则以整体弯曲为主，这是联肢剪力墙结构的主要特点，也是剪力墙连续化分析方法的立论基础。

正如第1章所介绍的，从整体效应与局部效应的观点来看，在满足竖向构件线刚度比水平构件线刚度大得多的条件下，结构变形以整体效应为主，局部效应可忽略，即可以不考虑竖向墙肢构件的节点局部转动。

4.1.2 求解方法简述

求解联肢剪力墙的方法大致分为两大类：一是基于力法思想的连续化方法，以连梁剪力为未知量，由曲率相等条件给出位移表达式，再由变形连续条件建立微分方程求解，其优点在于分析变量少，可以得到解析解，便于定性分析；二是基于位移法思想的一般分析方法，解法较多，如有限元方法、矩阵位移法、有限条法和传递矩阵法等，其基本思路是通过位移场的模拟建立刚度矩阵，由平衡条件建立方程求解。其优点在于分析过程标准化，计算精度可由离散程度来调整[2~12]。

两类方法在求解之前一般对结构进行处理，基于力法思想的连续化方法先将连梁连续化为分布栅片，在得到连续的连梁剪力之后，再通过积分的办法计算连梁的真实内力；位移法则是将墙肢视为离散杆件或平面单元，对墙肢进行离散化。但是，两类方法都存在一个求解过程不够直接的共同问题，前一类方法求解过程中连梁经历了从离散到连续，再从连续到离散的曲折过程，求解不够直接；后一类方法求解时先把墙肢离散再由连续条件将各段墙肢连在一起，求解过程同样不直接。

事实上，从联肢剪力墙结构自身特点来看，连梁构件本身为离散分布的受弯构件，竖向墙肢自上而下是连续的整体受弯构件，上述两种处理方法并没能充分利用这一特点。如前所述，奇异函数法则充分利用剪力墙的这一特点，保持墙肢的整体性，同时又尽量减少未知量数。

本章的解题思路与连续化方法一致，但整个求解过程更直接、自然。也可以认为，本章的方法是一种半离散的连续化方法[13,14]。

4.2 墙肢单元奇异函数表达式

4.2.1 基本假设和构件单元模型

如前所述，由于假设竖向墙肢构件线刚度远大于连梁构件的线刚度，墙肢的变形以整体效应弯曲为主，由刚性楼面假设自然可以导出每个墙肢位移、转角、曲率相等的条件，因此，连梁反弯点必在跨中。

将连梁在跨中切开，第 j 个竖向墙肢单元所受节点力为剪力 $t_{i,j}$ 及轴力 $N_{i,j}$，如图 4.1 所示计算模型。按第 3 章介绍的方法用奇异函数表示 j 竖向构件单元上的集中作用力，则有

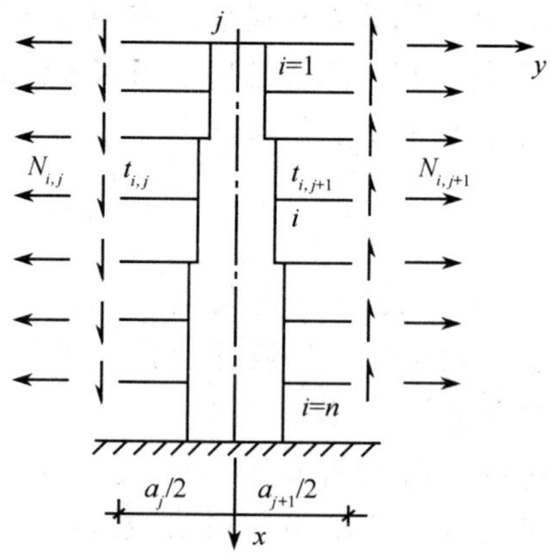

图 4.1 剪力墙单元计算模型

$$q_j(x)=-\sum_{i=1}^{n}\left(\frac{a_j t_{i,j}}{2}+\frac{a_{j+1}t_{i,j+1}}{2}\right)\langle x-x_i\rangle^{-2}-\sum_{i=1}^{n}(N_{i,j}-N_{i,j+1})\langle x-x_i\rangle^{-1} \tag{4.1}$$

式中，n 为连梁数；$q_j(x)$ 为单元分布荷载；$\langle x-x_i\rangle^m(m=-1,-2)$ 代表奇异函数,具体正负取值规则见第 3 章介绍；a_j、a_{j+1} 分别为墙肢间跨度。

4.2.2　j 竖向构件内力、位移关系式

1. 内力关系

将式(4.1)积分得墙肢剪力、弯矩、轴力

$$V_j(x)=-\sum_{i=1}^{n}\left(\frac{a_j t_{i,j}}{2}+\frac{a_{j+1}t_{i,j+1}}{2}\right)\langle x-x_i\rangle^{-1}-\sum_{i=1}^{n}(N_{i,j}-N_{i,j+1})\langle x-x_i\rangle^{0} \tag{4.2}$$

$$M_j(x)=-\sum_{i=1}^{n}\left(\frac{a_j t_{i,j}}{2}+\frac{a_{j+1}t_{i,j+1}}{2}\right)\langle x-x_i\rangle^{0}-\sum_{i=1}^{n}(N_{i,j}-N_{i,j+1})\langle x-x_i\rangle^{1} \tag{4.3}$$

用 $\overline{N}_j$ 表示 j 墙肢轴力,受拉为正,则 $\overline{N}_j$ 用奇异函数表示为

$$\overline{N}_j(x)=-\sum_{i=1}^{n}(t_{i,j}-t_{i,j+1})\langle x-x_i\rangle^{0} \tag{4.4}$$

由基本微分方程有

$$EI_j y_{jM}''=-M_j(x) \tag{4.5}$$

$$\frac{GA_j}{\mu_j}y_{jV}'=V_j(x) \tag{4.6}$$

$$EA_j u_j'=\overline{N}_j(x) \tag{4.7}$$

式中，y_{jM}、y_{jV}、u_j 分别为第 j 个竖向墙肢构件弯曲侧移、剪切侧移和轴向位移；EI_j、$\dfrac{GA_j}{\mu_j}$、EA_j 分别为 j 墙肢抗弯刚度、抗剪刚度和轴向刚度,其中，A_j 为构件截面面积，μ_j 为墙肢截面剪应力不均匀系数。

2. 位移关系

把式(4.3)代入式(4.5)得

$$EI_j y_{jM}''=\sum_{i=1}^{n}\left(\frac{a_j t_{i,j}}{2}+\frac{a_{j+1}t_{i,j+1}}{2}\right)\langle x-x_i\rangle^{0}+\sum_{i=1}^{n}(N_{i,j}-N_{i,j+1})\langle x-x_i\rangle^{1} \tag{4.8}$$

依次积分有

$$EI_j y_{jM}'=\sum_{i=1}^{n}\left(\frac{a_j t_{i,j}}{2}+\frac{a_{j+1}t_{i,j+1}}{2}\right)\langle x-x_i\rangle^{1}+\sum_{i=1}^{n}\frac{1}{2}(N_{i,j}-N_{i,j+1})\langle x-x_i\rangle^{2}+C_1 \tag{4.9}$$

$$EI_j y_{jM} = \sum_{i=1}^{n} \frac{1}{2}\left(\frac{a_j t_{i,j}}{2} + \frac{a_{j+1} t_{i,j+1}}{2}\right)\langle x - x_i \rangle^2 + \sum_{i=1}^{n} \frac{1}{6}(N_{i,j} - N_{i,j+1})\langle x - x_i \rangle^3 + C_1 x + C_0 \tag{4.10}$$

同样，由式(4.2)和式(4.6)有

$$\frac{GA_j}{\mu_j} y'_{jV} = -\sum_{i=1}^{n}\left(\frac{a_j t_{i,j}}{2} + \frac{a_{j+1} t_{i,j+1}}{2}\right)\langle x - x_i \rangle^{-1} - \sum_{i=1}^{n}(N_{i,j} - N_{i,j+1})\langle x - x_i \rangle^0 \tag{4.11}$$

积分得

$$\frac{GA_j}{\mu_j} y_{jV} = -\sum_{i=1}^{n}\left(\frac{a_j t_{i,j}}{2} + \frac{a_{j+1} t_{i,j+1}}{2}\right)\langle x - x_i \rangle^0 - \sum_{i=1}^{n}(N_{i,j} - N_{i,j+1})\langle x - x_i \rangle^1 + C_2 \tag{4.12}$$

再由式(4.4)和式(4.7)积分，得

$$EA_j u_j = -\sum_{i=1}^{n}(t_{i,j} - t_{i,j+1})\langle x - x_i \rangle^1 + C_3 \tag{4.13}$$

考虑竖向构件底端固支边界条件

$$x = H, \quad y'_{jM}(H) = 0, \quad y_{jM}(H) = 0 \tag{4.14}$$

$$x = H, \quad y_{jV}(H) = 0 \tag{4.15}$$

$$x = H, \quad u_j(H) = 0 \tag{4.16}$$

分别代入式(4.9)、式(4.12)及式(4.13)，得到

$$\begin{aligned} EI_j y'_{jM} = &-\sum_{i=1}^{n}\left(\frac{a_j t_{i,j}}{2} + \frac{a_{j+1} t_{i,j+1}}{2}\right)[\langle H - x_i \rangle^1 - \langle x - x_i \rangle^1] \\ &-\sum_{i=1}^{n}(N_{i,j} - N_{i,j+1})\frac{1}{2}[\langle H - x_i \rangle^2 - \langle x - x_i \rangle^2] \end{aligned} \tag{4.17}$$

$$\begin{aligned} EI_j y_{jM} = &-\sum_{i=1}^{n}\left(\frac{a_j t_{i,j}}{2} + \frac{a_{j+1} t_{i,j+1}}{2}\right)\frac{1}{2}[\langle H - x_i \rangle^2 - \langle x - x_i \rangle^2 + 2(x - H)\langle H - x_i \rangle^1] \\ &-\sum_{i=1}^{n}(N_{i,j} - N_{i,j+1})\frac{1}{6}[\langle H - x_i \rangle^3 - \langle x - x_i \rangle^3 + 3(x - H)\langle H - x_i \rangle^1] \end{aligned} \tag{4.18}$$

$$\begin{aligned} \frac{GA_j}{\mu_j} y_{jV} = &\sum_{i=1}^{n}\left(\frac{a_j t_{i,j}}{2} + \frac{a_{j+1} t_{i,j+1}}{2}\right)[\langle H - x_i \rangle^0 - \langle x - x_i \rangle^0] \\ &+\sum_{i=1}^{n}(N_{i,j} - N_{i,j+1})[\langle H - x_i \rangle^1 - \langle x - x_i \rangle^1] \end{aligned} \tag{4.19}$$

$$EA_j u_j = \sum_{i=1}^{n}(t_{i,j} - t_{i,j+1})[\langle H - x_i \rangle^1 - \langle x - x_i \rangle^1] \tag{4.20}$$

4.2.3 结构整体位移方程

由前述基本假设知，剪力墙结构各竖向构件的弯曲变形的转角相等，剪切变形

的剪切角相等，根据式(4.8)，第 j 个竖向构件单元的曲率与力的关系，将各竖向墙肢构件单元的表达式相加，可得到

$$EI_{\mathrm{w}}y''_{M}=\sum_{j=1}^{m}\sum_{i=1}^{n}a_{j}t_{i,j}\langle x-x_{i}\rangle^{0}-M(x) \tag{4.21}$$

由式(4.11)，对 j 求和得

$$GA_{\mathrm{w}}y'_{V}=V(x)=\sum_{i=1}^{n}F_{i}\langle x-x_{i}\rangle^{0} \tag{4.22}$$

式中，EI_{w}为各竖向构件的抗弯刚度之和 $EI_{\mathrm{w}}=\sum_{j=1}^{m}EI_{j}$，$m$ 为墙肢构件单元数；GA_{w} 为竖向构件的剪切刚度之和 $GA_{\mathrm{w}}=\sum_{j=1}^{m}\frac{GA_{j}}{\mu_{j}}$，$m$ 为梁构件列数；$M(x)=\sum_{i=1}^{n}F_{i}\langle x-x_{i}\rangle^{1}=\iint q(x)\mathrm{d}x\mathrm{d}x$ 为外荷载悬臂弯矩；$F_{i}=-N_{i,1}+N_{i,m+1}$为第 i 层水平外荷载。

4.2.4　结构阶跃变参数情况

根据结构参数 EI、GA 沿高度阶跃变化的情况，将变化参数用奇异函数表示为

$$\frac{1}{EA_{j}}=\sum_{t=1}^{k}\alpha_{tj}\langle x-x_{t}\rangle^{0} \tag{4.23}$$

$$\frac{1}{EI_{\mathrm{w}}}=\sum_{t=1}^{k}\beta_{t}\langle x-x_{t}\rangle^{0} \tag{4.24}$$

$$\frac{1}{GA_{\mathrm{w}}}=\sum_{t=1}^{k}\gamma_{t}\langle x-x_{t}\rangle^{0} \tag{4.25}$$

式中，β_{t} 称为结构的弯曲变形柔度系数

$$\beta_{t}=\left(\frac{1}{EI_{\mathrm{w}}}\right)_{t}-\left(\frac{1}{EI_{\mathrm{w}}}\right)_{t-1},\quad\left(\frac{1}{EI_{\mathrm{w}}}\right)_{0}=0$$

γ_{t} 称为结构的剪切变形柔度系数

$$\gamma_{t}=\left(\frac{1}{GA_{\mathrm{w}}}\right)_{t}-\left(\frac{1}{GA_{\mathrm{w}}}\right)_{t-1},\quad\left(\frac{1}{GA_{\mathrm{w}}}\right)_{0}=0$$

α_{tj} 称为竖向构件的轴向变形柔度系数

$$\alpha_{tj}=\left(\frac{1}{EA_{j}}\right)_{t}-\left(\frac{1}{EA_{j}}\right)_{t-1},\quad\left(\frac{1}{EA_{j}}\right)_{0}=0$$

k 为整个结构变参数的次数。对等参数情况取 $k=1$ 。

利用构件的关系式(4.18)～式(4.20)及结构方程(4.21)、式(4.22)，得阶跃变参数时的整体方程

$$y''_{M}=-\sum_{t=1}^{k}\beta_{t}\sum_{j=1}^{m}\sum_{i=1}^{n}a_{j}t_{i,j}\langle x-x_{s}\rangle^{0}+\sum_{t=1}^{k}\beta_{t}M(x)\langle x-x_{t}\rangle^{0} \tag{4.26}$$

$$y'_V = \sum_{t=1}^{k} \gamma_t V(x) \langle x - x_t \rangle^0 = \sum_{t=1}^{k} \gamma_t \sum_{i=1}^{n} F_i \langle x - x_s \rangle^0 \tag{4.27}$$

$$u_j = \sum_{t=1}^{k} \alpha_{tj} (t_{i,j} - t_{i,j+1}) \langle x - x_s \rangle^0 \tag{4.28}$$

在式(4.26)～式(4.28)中，用到公式(3.6)

$$\langle x - x_s \rangle^0 = \langle x - x_t \rangle^0 \langle x - x_i \rangle^0 \quad x_t \leqslant x_i \text{ 时}, \ s = i; \quad x_t > x_i \text{ 时}, \ s = t$$

根据2.2节定理2.2，对式(4.26)和式(4.28)积分，并考虑$y'_M(H) = 0, y'_V(H) = 0, u_j(H) = 0$的边界条件，有

$$y'_M = \sum_{t=1}^{k} \sum_{j=1}^{m} \sum_{i=1}^{n} a_j t_{i,j} \beta_t [\langle H - x_s \rangle^1 - \langle x - x_s \rangle^1] - \sum_{t=1}^{k} \beta_t \langle x - x_t \rangle^0 \int_{x_t}^{H} M(x) \mathrm{d}x \tag{4.29}$$

$$y'_V = \sum_{t=1}^{k} \sum_{i=1}^{n} \gamma_t F_i \langle x - x_s \rangle^0 \tag{4.30}$$

$$u_j = \sum_{t=1}^{k} \sum_{i=1}^{n} \alpha_{tj} (t_{i,j} - t_{i,j+1}) [\langle H - x_s \rangle^1 - \langle x - x_s \rangle^1] \tag{4.31}$$

式(4.29)、式(4.31)即为考虑变参数时的整体位移表达式。

4.3 多肢剪力墙结构的求解方程

4.3.1 基本方程

由4.2节分析已得到竖向构件基本关系式及结构整体位移表达式，要求结构未知内力，还需建立各单元间的变形协调关系式。

考虑竖向构件节点处水平方向的变形协调条件和连梁构件的剪切变形协调条件。如图4.1所示，第j个竖向构件的侧移角与整体变形的侧移角相等，有

$$\begin{cases} y'_{Mj} = y'_M \\ y'_{Vj} = y'_V \end{cases} \tag{4.32}$$

规定第j个竖向构件左侧编号为第j列梁、右侧为第$j+1$列梁。m个竖向构件共$m-1$列梁，则第j列梁构件中第g梁的变形协调条件为切口相对位移为零，用公式可表示为

$$\delta_{g,j} = 0 \tag{4.33}$$

以下主要推导和给出连梁构件切口处的各种相对位移。

4.3.2 连梁跨中相对位移

j列连梁切口处的相对竖向位移由四部分组成，分别由墙肢构件弯曲、剪切、轴向变形及连梁构件的弯剪变形引起，四部分相对位移分别如下：

(1) 竖向墙肢构件弯曲变形引起的相对位移。

$$\delta_{Mj} = a_j y'_M \tag{4.34}$$

（2）竖向墙肢构件剪切变形引起的相对位移。

对第 g 个连梁构件，切口处的相对位移为

$$\delta_{Vg,j} = l_{g,j} y'_V \tag{4.35}$$

（3）竖向墙肢构件轴向变形引起的相对位移。

$$\delta_{Nj} = u_{j-1} - u_j \tag{4.36}$$

（4）连梁构件剪切变形引起的相对位移。

对第 g 个连梁构件，切口处的相对位移为

$$\delta_{bg,j} = \frac{t_{g,j} l_{g,j}^3}{12EI_{bg,j}} = \omega_{g,j} t_{g,j} \tag{4.37}$$

式中，$l_{g,j}$ 为连梁净跨度；$I_{bg,j} = \dfrac{I_{b0\,g,j}}{1 + \dfrac{28\mu_{bg,j} I_{b0\,g,j}}{A_{bg,j} l_{g,j}^2}}$ 为考虑连梁剪切变形的折算惯性矩；$I_{b0\,g,j}$ 为连梁构件的惯性矩；$A_{bg,j}$ 为连梁构件截面面积 $\mu_{bg,j}$ 为构件截面的剪应力不均匀系数；$\omega_{g,j}$ 称为连梁的剪切柔度系数。

由条件式(4.33)得

$$\delta_{bg,j} + \delta_{Nj}(x_g) + \delta_M(x_g) + \delta_{Vg,j} = 0$$
$$g = 1, 2, \cdots, n \tag{4.38}$$

将式(4.34)～式(4.37)代入式(4.38)，有

$$w_{g,j} t_{g,j} + \sum_{t=1}^{k} \alpha_{tj} \sum_{i=1}^{n} t_{i,j} (\langle H - x_s \rangle^1 - \langle x_g - x_s \rangle^1) = a_j y'_M + l_{g,j} y'_V \tag{4.39}$$
$$x_t \leqslant x_i \text{ 时}, s = i;\quad x_t > x_i \text{ 时}, s = t$$
$$g = 1, 2, \cdots, n$$

4.3.3　矩阵方程

先给出切口的方程，将式(4.29)、式(4.30)代入式(4.39)，有

$$\omega_{g,j} t_{g,j} + a_j \sum_{t=1}^{k} \sum_{r=1}^{m} (a_r \beta_t + \alpha_{tr}) \sum_{i=1}^{n} t_{i,r} (\langle H - x_s \rangle^1 - \langle x_i - x_s \rangle^1)$$
$$= a_j \sum_{t=1}^{k} \beta_t \langle x_g - x_t \rangle^0 \int_{x_t}^{H} M(x) \mathrm{d}x + l_{g,j} \sum_{t=1}^{k} \sum_{i=1}^{n} \gamma_t F_i \langle x_g - x_s \rangle^0 \tag{4.40}$$

式(4.40)即为第 j 个切口的基本方程，其基本未知量为连梁构件切口处的剪力，将剪力用向量形式表示、系数用矩阵形式表示，得

$$\boldsymbol{f}_j \boldsymbol{t}_j + a_j \sum_{r=1}^{m} \sum_{t=1}^{k} (a_r \beta_t + \alpha_{tr}) \boldsymbol{B}_t \boldsymbol{t}_r = \boldsymbol{\Delta}_j \tag{4.41}$$

式中

$$\boldsymbol{f}_j = \mathrm{diag}(\omega_g) \tag{4.42}$$

为对角矩阵，ω_g 为 j 列第 g 梁的剪切柔度系数；$\boldsymbol{B}_t$ 称为奇异函数矩阵，与竖向构件

的节点位置和变参数位置有关

$$\boldsymbol{B}_t = \begin{bmatrix} H-x_t & H-x_t & \cdots & H-x_t & H-x_{t+1} & H-x_{t+2} & \cdots & H-x_n \\ H-x_t & H-x_t & \cdots & H-x_t & H-x_{t+1} & H-x_{t+2} & \cdots & H-x_n \\ \vdots & \vdots & & \vdots & \vdots & \vdots & & \vdots \\ H-x_t & H-x_t & \cdots & H-x_t & H-x_{t+1} & H-x_{t+2} & \cdots & H-x_n \\ H-x_{t+1} & H-x_{t+1} & \cdots & H-x_{t+1} & H-x_{t+1} & H-x_{t+2} & \cdots & H-x_n \\ H-x_{t+2} & H-x_{t+2} & \cdots & H-x_{t+2} & H-x_{t+2} & H-x_{t+2} & \cdots & H-x_n \\ \vdots & \vdots & & \vdots & \vdots & \vdots & & \vdots \\ H-x_n & H-x_n & \cdots & H-x_n & H-x_n & H-x_n & \cdots & H-x_n \end{bmatrix} \tag{4.43}$$

$\boldsymbol{t}_j = [t_{1,j}, t_{2,j}, \cdots, t_{g,j}, \cdots, t_{n,j}]^{\mathrm{T}}$ 为第 j 列梁构件的剪力向量

$$\boldsymbol{\Delta}_j = a_j \sum_{t=1}^{k} \alpha_t \boldsymbol{M}_t + l_j \sum_{t=1}^{k} \gamma_t \boldsymbol{F}_t \tag{4.44}$$

代表荷载引起的位移向量，与变参数情况有关，用 $M(x)$ 代表结构的外荷载引起的悬臂弯矩，F_g 代表第 g 层结构受到的水平集中力，有

$$\begin{aligned} \boldsymbol{M}_t &= \left[\langle x_g - x_t \rangle^0 \int_{x_t}^{H} M(x)\mathrm{d}x \right] \\ &= \left[\int_{x_t}^{H} M(x)\mathrm{d}x, \cdots, \int_{x_t}^{H} M(x)\mathrm{d}x, \int_{x_{t+1}}^{H} M(x)\mathrm{d}x, \cdots, \int_{x_n}^{H} M(x)\mathrm{d}x \right]^{\mathrm{T}} \\ & \qquad g = 1, 2, \cdots, n \end{aligned}$$

$$\begin{aligned} \boldsymbol{F}_t &= [\langle x_g - x_t \rangle^0 V(x_g)] \\ &= [0, 0, \cdots, 0, V(x_{t+1}), \cdots, V(x_n)]^{\mathrm{T}} \\ & \qquad g = 1, 2, \cdots, n \end{aligned}$$

对整个结构共有 $m+1$ 个竖向构件，m 列梁，可得 m 组方程，由式(4.41)写为结构的总体矩阵方程，得

$$(\boldsymbol{F}_1 + \boldsymbol{F}_2 + \boldsymbol{F}_3)\boldsymbol{t} = \Delta \tag{4.45}$$

式中，$\boldsymbol{F}_1$、$\boldsymbol{F}_2$、$\boldsymbol{F}_3$ 为柔度矩阵，分别反映连梁变形、墙肢轴向变形和墙肢弯曲变形的柔度，对 m 列连梁 n 层结构，矩阵为 $m \times n$ 阶；$\boldsymbol{t}$ 为未知连梁剪力向量；$\boldsymbol{\Delta}$ 为外荷载引起的已知位移向量。以下分别给出 $\boldsymbol{F}_1$、$\boldsymbol{F}_2$、$\boldsymbol{F}_3$ 矩阵及 $\boldsymbol{t}$、$\boldsymbol{\Delta}$ 向量的具体表达式。

1) 连梁构件柔度矩阵 $\boldsymbol{F}_1$

$\boldsymbol{F}_1$ 为对角分块矩阵，表示为

$$\boldsymbol{F}_1 = \mathrm{diag}(\boldsymbol{f}_1, \boldsymbol{f}_2, \cdots, \boldsymbol{f}_j, \cdots, \boldsymbol{f}_m) \tag{4.46}$$

式中，$\boldsymbol{f}_j$ 为梁列的柔度矩阵，由式(4.42)给出。

2) 轴向变形柔度矩阵 $\boldsymbol{F}_2$

$$\boldsymbol{F}_2 = \sum_{t=1}^{k} \bar{\boldsymbol{\alpha}}_t * \boldsymbol{B}_t \tag{4.47}$$

$$\overline{\boldsymbol{\alpha}}_t=\begin{bmatrix}\alpha_{0,t}+\alpha_{1,t} & -\alpha_{1,t} & & & & & & \\ -\alpha_{1,t} & \alpha_{1,t}+\alpha_{2,t} & -\alpha_{2,t} & & & & & \\ & & \ddots & \ddots & \ddots & & & \\ & & -\alpha_{j,t} & \alpha_{j,t}+\alpha_{j+1,t} & -\alpha_{j+1,t} & & & \\ & & & & \ddots & \ddots & & \\ & & & & -\alpha_{m-2,t} & \alpha_{m-2,t}+\alpha_{m-1,t} & -\alpha_{m-1,t} \\ & & & & & -\alpha_{m-1,t} & \alpha_{m-1,t}+\alpha_{m,t}\end{bmatrix}$$

式中，$\alpha_{j,t}$ 表示第 j 个竖向墙肢构件轴向变形的柔度系数，与变参数情况有关；$\boldsymbol{B}_t$ 为 $n\times n$ 阶奇异函数矩阵，由式(4.43)给出，t 代表第 t 次变参数。

注意：在式(4.47)中的符号“ $*$ ”定义为矩阵的一种运算，其含义为用 $\boldsymbol{\alpha}_t$ 方阵的每一个元素与 $\boldsymbol{B}_t$ 方阵数乘，并将相乘后的矩阵依次放入同一矩阵。例如，前一个矩阵为 m 阶，后一个矩阵为 n 阶，则相乘后的矩阵为 $m\times n$ 维。

3) 墙肢构件弯曲变形柔度矩阵 $\boldsymbol{F}_3$

$$\boldsymbol{F}_3=\sum_{t=1}^{k}\beta_t\boldsymbol{A}*\boldsymbol{B}_t \tag{4.48}$$

式中，β_t 为竖向墙肢构件的弯曲变形柔度系数；$\boldsymbol{B}_t$ 为奇异函数矩阵；$\boldsymbol{A}$ 矩阵为与竖向构件间距 a 有关的一个矩阵

$$\boldsymbol{A}=\begin{bmatrix}a_1^2 & a_1a_2 & \cdots & a_1a_j & \cdots & a_1a_m \\ a_2a_1 & a_2^2 & \cdots & a_2a_j & \cdots & a_2a_m \\ \vdots & \vdots & & \vdots & & \vdots \\ a_ja_1 & a_ja_2 & \cdots & a_j^2 & \cdots & a_ja_m \\ \vdots & \vdots & & \vdots & & \vdots \\ a_ma_1 & a_ma_2 & \cdots & a_ma_j & \cdots & a_m^2\end{bmatrix}$$

4) 连梁构件总未知剪力列向量 $\boldsymbol{t}$

$$\boldsymbol{t}=[\boldsymbol{t}_1^{\mathrm{T}},\boldsymbol{t}_2^{\mathrm{T}},\cdots,\boldsymbol{t}_j^{\mathrm{T}},\cdots,\boldsymbol{t}_m^{\mathrm{T}}]^{\mathrm{T}} \tag{4.49}$$

式中，子向量 $\boldsymbol{t}_j$ 为第 j 切口处连梁剪力分向量，等于 $[t_1,t_2,\cdots,t_g,\cdots,t_n]^{\mathrm{T}}$ 。

5) 结构荷载位移列向量 $\boldsymbol{\Delta}$

$$\boldsymbol{\Delta}^{\mathrm{T}}=[\boldsymbol{\Delta}_1^{\mathrm{T}},\boldsymbol{\Delta}_2^{\mathrm{T}},\cdots,\boldsymbol{\Delta}_j^{\mathrm{T}},\cdots,\boldsymbol{\Delta}_m^{\mathrm{T}}] \tag{4.50}$$

式中，子向量 $\boldsymbol{\Delta}_j$ 由式(4.44)给出，为荷载引起的相对位移向量。

在上述的各矩阵或向量中，当只取 $k=1$ 时，即退化为竖向构件等参数情况。

4.4 实例计算

实例 4.1　双肢剪力墙分析。

本例题选自文献[1]，几何尺寸如图 4.2 所示，剪力墙每层层高为 3.8m。

倒三角形分布外荷载 $q_0=20\mathrm{kN/m}$，弹性模量 $E=25.5\times10^6\mathrm{kN/m^2}$，截面剪

应力不均匀系数 $\mu_1 = \mu_2 = 1.2$，泊松比 $\gamma = \frac{1}{6}$。

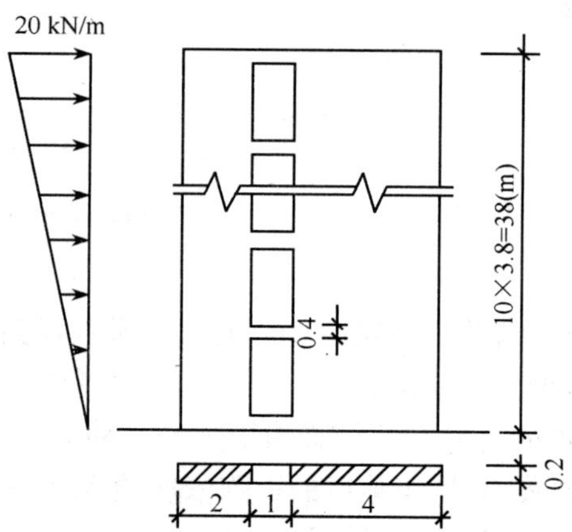

图 4.2 剪力墙几何尺寸

计算结果见表 4.1、表 4.2 及图 4.3～图 4.5。

表 4.1 连梁剪力

楼层数	t_k/kN	
	本书	文献[1]
10	49.67	33.80
9	71.43	81.70
8	103.88	108.00
7	138.16	139.00
6	169.69	170.90
5	195.55	195.40
4	212.79	212.30
3	216.75	214.10
2	198.39	193.50
1	139.10	127.70

表 4.2 弯矩值

楼层数	$M_1(x_k+0)$ /(kN·m)		$M_1(x_k-0)$ /(kN·m)		$M_2(x_k+0)$ /(kN·m)		$M_2(x_k-0)$ /(kN·m)	
	本书	文献[1]	本书	文献[1]	本书	文献[1]	本书	文献[1]
10	0	0	−22.1	−15	0	0	−170.6	−120.2
9	−6.6	1.0	−38.3	−35.3	−52.5	8.2	−306.5	−282.3

续表

楼层数	$M_1(x_k+0)$ /(kN·m)		$M_1(x_k-0)$ /(kN·m)		$M_2(x_k+0)$ /(kN·m)		$M_2(x_k-0)$ /(kN·m)	
	本书	文献[1]	本书	文献[1]	本书	文献[1]	本书	文献[1]
8	6.1	8.6	−40.1	−39.4	48.7	68.5	−320.6	−315.5
7	30.0	31.2	−31.4	−30.6	239.8	249.3	−251.5	−244.9
6	61.1	61.4	−14.3	−14.6	488.6	490.9	−114.7	−116.7
5	97.8	97.7	10.6	10.9	779.7	782.8	84.4	87.0
4	138.4	138.2	43.8	43.8	1106.9	1105.3	350.3	350.5
3	184.4	185.0	88.1	89.8	1475.4	148.0	704.8	718.8
2	238.4	239.6	150.2	153.6	1907.2	1916.8	1201.9	1228.8
1	306.9	310.8	245.1	254.1	2455.3	2486.7	1960.8	2032.6
0	404.9	413.5	404.9	413.4	3239.2	3307.6	3239.2	3307.6

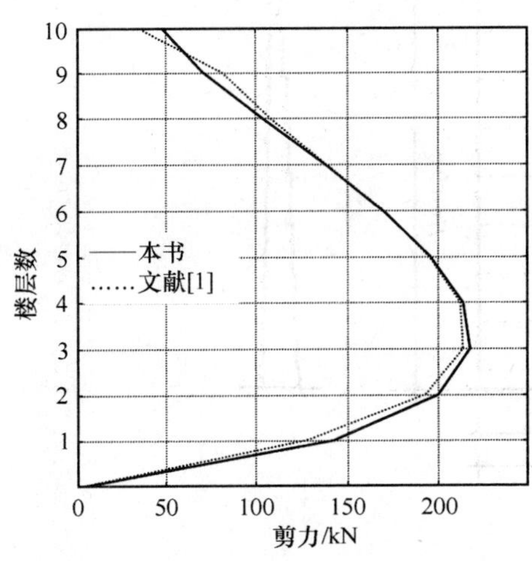

图 4.3　连梁剪力

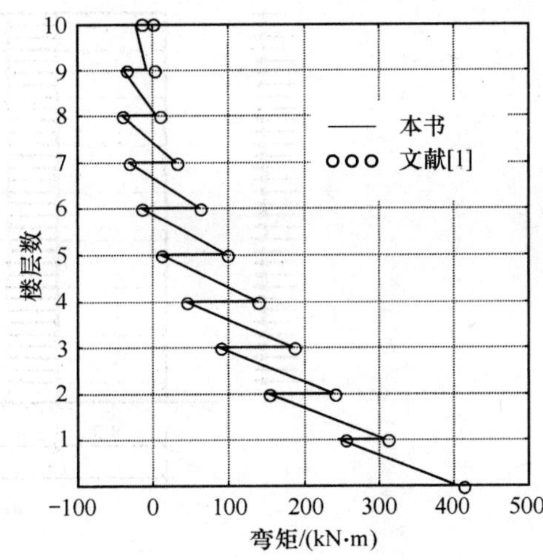

图 4.4　墙肢 1 弯矩图

可看出计算结果与连续化方法计算结果一致，但在顶端连梁处有差异，分析原因在于连续化方法求顶端连梁剪力时半个层高积分引起，其值未能真正反映顶端连梁剪力。由于墙肢弯矩由连梁剪力确定，因此两种方法计算结果有一定差异。

实例 4.2　变截面剪力墙分析。

32 层变截面联肢剪力墙结构。材料弹性模量 $E=26\times10^6\ \text{kN/m}^2$，泊松比取为零。结构的几何参数如图 4.6 和表 4.3 所示，结构参数沿高度分段阶跃变化，共 12 段。在每一楼层处有水平集中力作用。本例引自文献[15]。

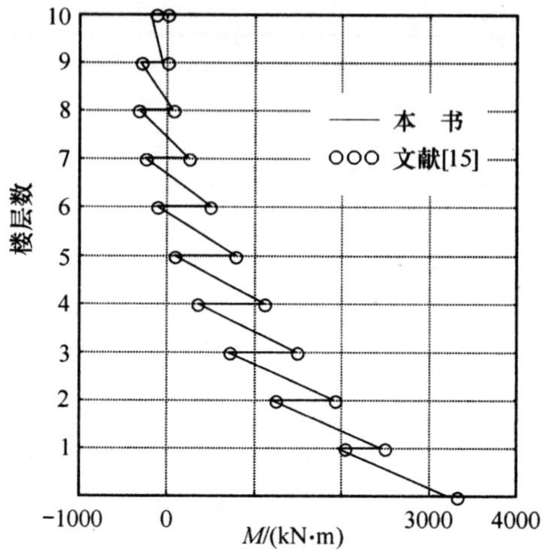

图 4.5 墙肢 2 弯矩图

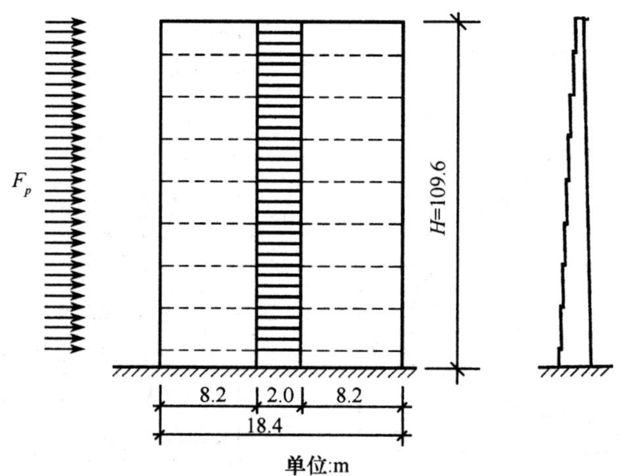

图 4.6 几何尺寸

表 4.3 几何尺寸

楼层数	墙厚 t/m	层高 h/m	梁截面高/m
32	0.14	4.2	1.6
30～31	0.14	3.3	0.7
26～29	0.16	3.3	0.7
22～25	0.18	3.3	0.7
18～21	0.20	3.3	0.7
14～17	0.23	3.3	0.7

续表

楼层数	墙厚 t/m	层高 h/m	梁截面高/m
10～13	0.26	3.3	0.7
6～9	0.29	3.3	0.7
4～5	0.32	3.3	0.9
3	0.32	3.4	0.9
2	0.32	4.6	1.4
1	0.50	5.0	2.9

实例 4.2 的计算结果见表 4.4、表 4.5 及图 4.7、图 4.8。同时，用其他计算方法所得结果也分别给出。可以看出，奇异函数法的计算结果与其他方法的结果接近，连梁剪力差别很小，墙肢弯矩值略小于力法和连续-离散化方法弯矩值。

表 4.4　连梁剪力

楼层	水平荷载 /kN	连梁剪力/kN		
		力法	连续-离散化方法	奇异函数法
32	14.84	29.4	27.7	35.9027
31	26.11	9.9	12.4	12.1812
30	22.80	14.4	16.9	15.9624
29	22.61	21.5	21.9	22.7853
28	22.40	26.2	27.2	26.9396
27	22.22	30.9	32.6	31.2735
26	22.02	35.4	38.1	35.5461
25	21.83	44.6	43.7	44.5511
24	21.60	48.9	49.2	48.5337
23	21.37	53.1	54.9	52.5892
22	21.14	57.1	50.4	56.3987
21	20.87	67.1	65.9	66.4269
20	20.60	70.6	71.3	69.6047
19	20.33	73.9	76.6	72.7702
18	20.03	76.7	81.8	75.4936
17	19.72	90.3	86.9	89.1481
16	19.40	92.6	91.8	90.9100
15	19.04	94.7	96.5	92.8196
14	18.65	96.2	100.9	94.1963
13	18.26	109.3	104.9	107.0415

续表

楼层	水平荷载/kN	连梁剪力/kN		
		力法	连续-离散化方法	奇异函数法
12	17.76	110.0	108.5	107.0200
11	17.35	110.2	111.3	106.8103
10	16.88	109.3	113.2	105.5477
9	16.31	118.7	113.7	114.5189
8	15.69	114.6	112.2	110.0611
7	15.07	100.8	107.8	103.9965
6	14.20	97.3	99.3	94.9399
5	13.19	164.3	159.6	153.1049
4	12.18	139.1	137.4	131.5220
3	11.00	112.0	112.2	108.2581
2	11.42	188.1	190.8	170.3096
1	6.57	277.7	279.3	272.3296

表 4.5 墙肢弯矩

楼层	水平荷载/kN	墙肢弯矩/(kN·m)				
		力法	连续-离散化方法	有限条法	奇异函数法	
					$M(x_i)_+$	$M(x_i)_-$
32	14.84	−119.0	−110.1	0.0	0.0	−183.1
31	26.11	−102.3	−105.9		−151.9	−0.2141
30	22.80	−70.3	−87.1		−146.5	−227.9
29	22.61	−37.4	−56.3	−84.2	−122.7	−238.9
28	22.40	8.7	−15.4		−96.4	233.8
27	22.22	67.4	34.6		−54.4	213.9
26	22.02	139.2	92.6		2.3	179.0
25	21.83	200.4	158.2	105.8	73.4	153.8
24	21.60	275.3	230.9		134.7	112.8
23	21.37	363.7	310.4		211.3	56.9
22	21.14	467.0	396.5		302.4	14.8
21	20.87	553.0	489.1	390.9	409.1	70.3
20	20.60	655.8	588.1		499.0	144.0
19	20.33	775.0	693.6		606.6	235.5
18	20.03	913.0	805.6		731.8	346.7
17	19.72	1014.2	924.2	747.1	876.0	421.3
16	19.40	1135.9	1049.8		983.2	519.5

续表

楼层	水平荷载/kN	墙肢弯矩/(kN·m)				
		力法	连续-离散化方法	有限条法	奇异函数法	
					$M(x_i)_+$	$M(x_i)_-$
15	19.04	1278.3	1182.9		1113.3	64.0
14	18.65	1443.5	1324.4		1265.2	784.8
13	18.26	1572.0	1475.3	1267.5	1440.8	894.9
12	17.76	1726.3	1637.5		1581.0	1035.2
11	17.35	1908.1	1813.9		1750.7	1205.9
10	16.88	2122.5	2008.6		1950.0	1411.7
9	16.31	2315.7	2227.8	2061.6	2183.6	1599.6
8	15.69	2555.9	2480.5		2398.4	1837.1
7	15.07	2854.7	2780.2		2661.8	2131.4
6	14.20	3231.6	3146.7		2981.0	2496.8
5	13.19	3286.8	3227.5	2962.5	3369.8	2589.0
4	12.18	3497.0	3443.0		3483.8	2813.0
3	11.00	3879.3	3833.0		3727.9	3175.8
2	11.42	4242.0	4188.2		4137.1	3268.5
1	6.57	4279.3	4224.2	3403.0	4595.3	3206.5

注：M_+ 代表第 i 楼层楼板处柱底弯矩；M_- 代表下一楼层柱顶弯矩。

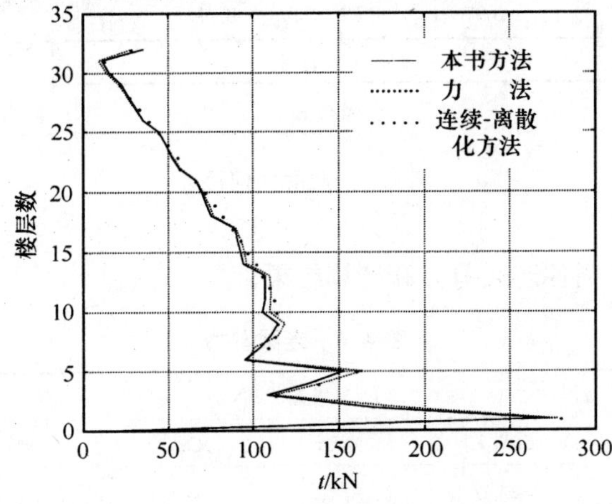

图 4.7　连梁剪力

奇异函数法的最大特点是计算方便，从墙肢弯矩可看出，计算结果已经直接是最后的弯矩图，它由墙肢弯矩函数直接画出，无需分段求解或积分求解。

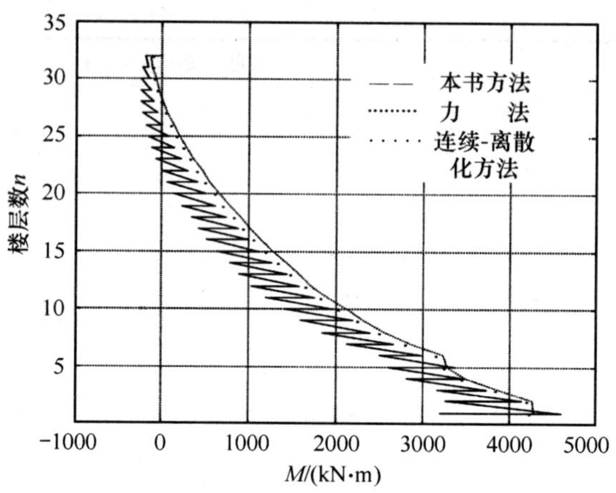

图 4.8 墙肢弯矩

实例 4.3 多肢剪力墙分析。

四肢三跨联肢剪力墙结构[1]，其横截面尺寸如图 4.9 所示。楼层高度 2.8m，剪力墙总高 51.8m，连梁高度相等，为 0.65m，墙间连梁净跨度 0.87m。材料弹性模量为 $E=21\times10^6\text{kN/m}^2$，假定 $E/G=2$。剪力墙承受水平均布荷载 10kN/m。

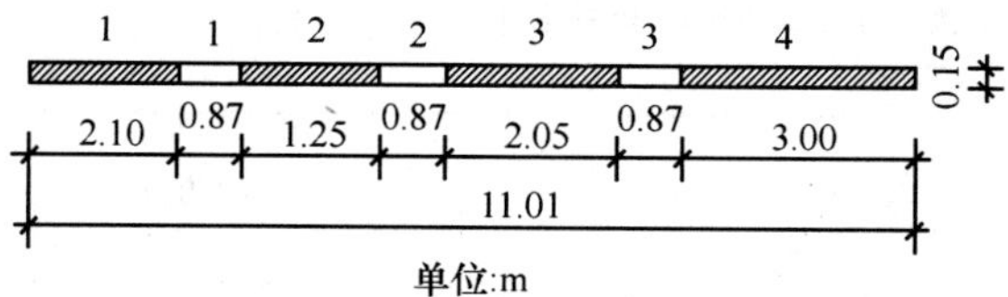

图 4.9 截面几何尺寸

表 4.6 是本实例各连梁剪力和计算结果。

表 4.6 连梁剪力

楼层	t_1 / kN		t_2 / kN		t_3 / kN	
n	本书	文献[1]	本书	文献[1]	本书	文献[1]
18	5.3	≈0.0	8.36	≈0.0	3.94	≈0.0
16	16.48	15.71	21.54	19.69	17.95	18.01
14	31.23	31.42	39.77	39.38	36.15	36.03
12	46.45	47.12	58.97	58.07	54.67	54.05
10	61.71	62.82	78.34	78.76	73.20	72.08
8	76.90	78.49	97.56	98.42	91.88	90.16

续表

楼层	t_1 / kN		t_2 / kN		t_3 / kN	
n	本书	文献[1]	本书	文献[1]	本书	文献[1]
6	91.84	94.02	116.12	117.96	110.93	108.40
4	105.96	109.14	132.26	136.84	130.22	127.27
2	115.08	122.04	138.12	150.67	144.91	146.92

实例 4.3 主要了解奇异函数法计算多肢剪力墙结构的情况，图 4.10 给出了奇异函数法与连续化方法的连梁剪力比较，图 4.11 则为各墙肢剪力分布情况，图 4.12 分别给出了各墙肢弯矩。可以看出，墙肢在多个位置出现了反弯点，墙肢 4 所承受的弯矩值最大。

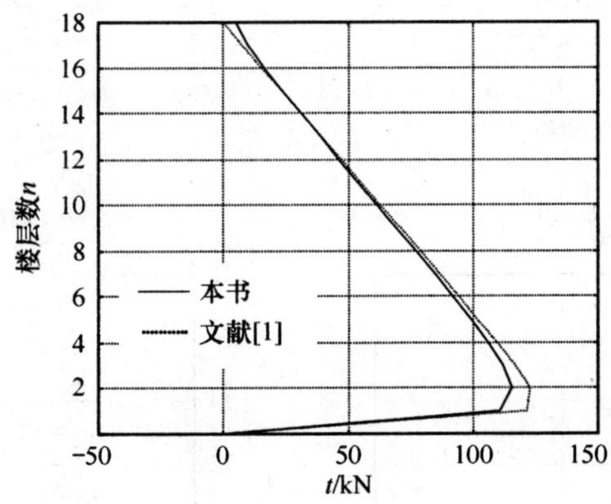

图 4.10　连梁 1 剪力

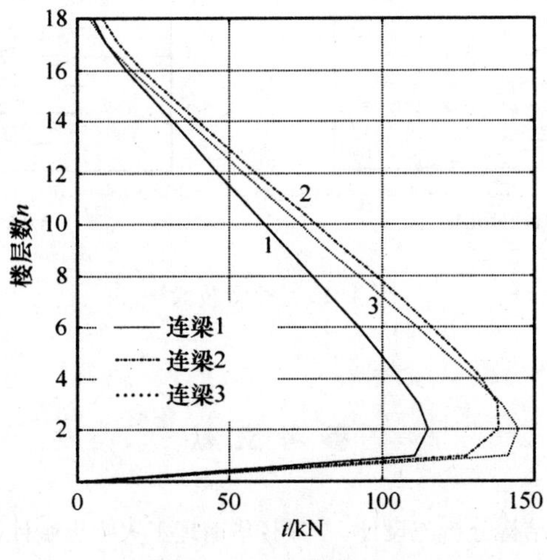

图 4.11　连梁剪力

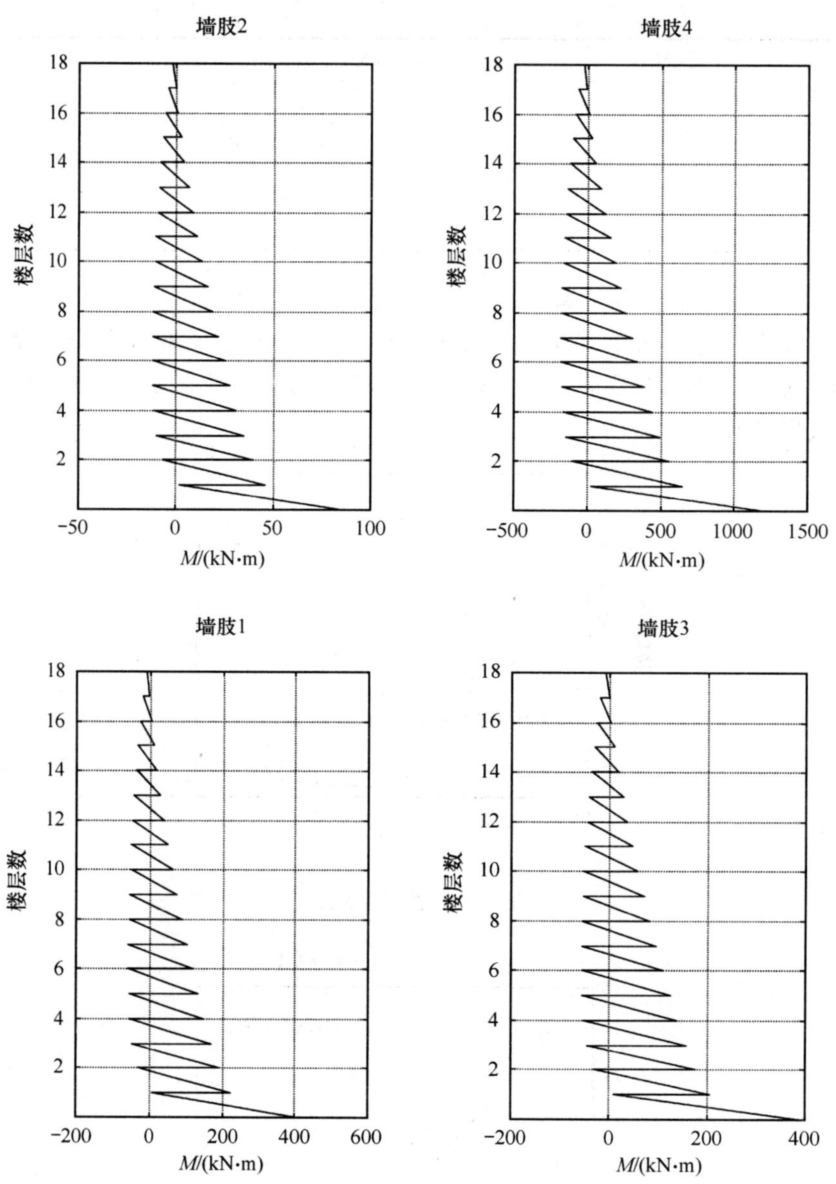

图 4.12　各墙肢弯矩

参 考 文 献

[1]　梁启智. 高层建筑结构分析与设计. 广州:华南理工大学出版社,1992:106～195

[2]　赵西安. 二阶变截面框架-剪力墙结构在水平荷载作用下的计算. 建筑结构,1985,

(2):9～16

［3］ 王寿康.变截面剪力墙体系的空间分析.建筑结构学报,1990,(3):30～37

［4］ 包世华,张亿荣.变截面框架-剪力墙-薄壁筒体斜交结构考虑楼板变形时计算.工程力学,1992,(2):1～11

［5］ 张桐生.N段变截面高层建筑框架-剪力墙结构考虑板和地基变形时整体稳定分析.工程力学,1992,(3):47～55

［6］ 周坚.变刚度和带有收进的高层建筑弯扭耦联简化分析.土木工程学报,1992,(5):45～49

［7］ 李从林,赵建昌.变刚度框-剪结构协同分析的连续-离散化方法.建筑结构,1993,(3):7～10

［8］ 程万年.框剪转换、截面阶形变化组合薄壁杆内力分析.土木工程学报,1994,(3):67～74

［9］ 李从林,赵建昌.变刚度框架-剪力墙-薄壁筒斜交结构考虑部分楼板变形分析的广义框架法.工程力学,1994,(4):83～93

［10］ 包世华,杨茂森.变截面高层筒体结构水平振动.土木工程学报,1996,(2):56～64

［11］ 王寿康,张毛心.厚度有突变的联肢剪力墙整体稳定.建筑结构学报,1996,(1):40～45

［12］ 胡启平,史三元.变刚度框-剪结构的自振特性分析.工程力学,1997,(增刊):405～407

［13］ 徐彬,梁启智,夏锋.变参数双肢剪力墙内力分析奇异函数法.昆明理工大学学报,1999,24(3):102～106

［14］ 徐彬,梁启智.双肢剪力墙分析的奇异函数法.华南理工大学学报,1999,(12):110～115

［15］ 李少云.高层建筑结构空间分析的连续-离散化方法[硕士学位论文].广州:华南理工大学

第 5 章　高层结构奇异函数分析法

本章分别对竖向构件和连续梁构件进行分析，构建了一整套高层结构分析的方法，提出了新的结构分析方程。

在满足竖向构件侧移相等的条件下，重点导出了竖向构件转角变量需满足的在整体和局部意义上的竖向构件方程。从杆件转角位移方程入手，以一个新的角度，建立了梁构件剪力与变形的关系式，梁端线位移与剪力的奇异函数表达式，得到了连梁约束弯矩的表达式。再由节点平衡和协调条件，导出了求解的基本矩阵方程，并通过实例计算分析进行了验证。由于求解方程中，系数矩阵包含有梁的刚度和竖向构件的柔度，作者称之为“刚柔相济”法。

5.1　基本构思概述

5.1.1　引言

结构分析离不开荷载与荷载效应、力与变形、刚度与柔度等几个方面的要素，离不开力的平衡关系、变形的协调关系和力与变形的物理关系等三大关系，离不开连续与离散两类求解的大方向。正如第 1 章绪论所言，结构分析的方法无不围绕上述几个根本点展开，演化出各种各样、丰富多彩的解题思路和技巧。

高层结构的分析方法中，常把工作性态有差异的结构体系分别对待，这样的处理有利于简化分析方法以及概念的讨论和理解，但事实上，若从杆系结构构件所满足的基本方程来理解，带剪力墙的结构体系和纯框架体系的受力性能是可以统一描述的。因此，在利用奇异函数建立竖向构件基本关系的基础上，作者提出的基本求解思想是把结构中的每个竖向构件(包括柱和剪力墙)视为基本的承受侧力单元，而把所有的水平梁构件作为竖向构件的约束来理解，即所谓的约束柱概念，而每个柱的转角变形则由受侧移和弯矩影响的整体性变形和受梁约束影响的局部性变形之和构成。

因此，从约束柱的角度来理解，竖向构件中剪力墙构件和框架柱构件的差别仅仅在于水平梁的约束程度不同、整体性变形和局部性变形所占比例不同而已。

本章的工作，是在第 3、4 章基础上发展起来的高层结构分析的一般性方法，集中反映了作者对高层结构分析方法，甚至是一般结构的分析思路的一种归纳、思考和判断，作者企图在总结和探讨过去方法的基础上有所作为，有所提高。为此，本章将绪论中所提出的一些新的观点和解题思路进一步具体化，重点阐述构建整个求解方程的详细过程[1~8]。

5.1.2　分析方程建立过程总述

主要思路是以竖向构件作为整个约束基本分析单元，以结构效应的整体性和局部性为主线，考虑连梁约束，把结构的节点转角作为基本未知量，导出解决结构分析问题的基本方程。

分析方程的构建过程如绪论所言，是以竖向构件的变形与外荷载的物理关系为一条线，水平梁构件剪力和变形之间的协调条件为另一条线进行的。

最后，通过结构节点平衡和转角协调条件导出基本求解方程。

5.2　竖向构件方程及推导

5.2.1　竖向构件节点弯曲变形矩阵方程

根据第 3 章推导结果式(3.13)，对任意阶形变参数竖向构件 j，受集中力和弯矩作用时，利用奇异函数可建立水平力向量 $\boldsymbol{N}_j$、弯矩向量 $\boldsymbol{M}_{cj}$ 与转角向量 $\boldsymbol{y}'_j$、位移向量 $\boldsymbol{y}_j$ 之间的基本矩阵关系式

$$\begin{cases} \boldsymbol{y}'_j = \boldsymbol{f}_{11j}\boldsymbol{M}_{cj} + \boldsymbol{f}_{12j}\boldsymbol{N}_j \\ \boldsymbol{y}_j = \boldsymbol{f}_{21j}\boldsymbol{M}_{cj} + \boldsymbol{f}_{22j}\boldsymbol{N}_j \end{cases} \quad j = 1,\cdots,m+1 \tag{5.1}$$

式中，$\boldsymbol{f}_{11j}$、$\boldsymbol{f}_{12j}$、$\boldsymbol{f}_{21j}$、$\boldsymbol{f}_{22j}$ 分别为构件的柔度子矩阵；m 为梁列数。下面将对矩阵方程进行变换，以便得到结构分析所需方程。

1. 整体方程建立

首先，由式(5.1)中的位移式解出内力向量 $\boldsymbol{N}_j$，得

$$\boldsymbol{f}_{22j}^{-1}\boldsymbol{y}_j = \boldsymbol{f}_{22j}^{-1}\boldsymbol{f}_{21j}\boldsymbol{M}_{cj} + \boldsymbol{N}_j \tag{5.2}$$

考虑到结构侧移相等的条件 $\boldsymbol{y}_j=\boldsymbol{y}$，对式(5.2)求和有

$$\sum_{j=1}^{m+1}\boldsymbol{f}_{22j}^{-1}\boldsymbol{y} = \sum_{j=1}^{m+1}\boldsymbol{f}_{22j}^{-1}\boldsymbol{f}_{21j}\boldsymbol{M}_{cj} + \boldsymbol{F}_p \tag{5.3}$$

式中，$\boldsymbol{F}_p = \sum_{j=1}^{m+1}\boldsymbol{N}_j$ 为整个平面结构受到的水平节点荷载向量。

令 $\boldsymbol{K}_n = \sum_{j=1}^{m+1}\boldsymbol{f}_{22j}^{-1}$，将式(5.3)同乘矩阵 $\boldsymbol{f}_{12j}\boldsymbol{f}_{22j}^{-1}\boldsymbol{K}_n^{-1}$，使方程具有转角量纲，则有

$$\boldsymbol{f}_{12j}\boldsymbol{f}_{22j}^{-1}\boldsymbol{y} = \boldsymbol{f}_{12j}\boldsymbol{f}_{22j}^{-1}\boldsymbol{K}_n^{-1}\sum_{i=1}^{m+1}\boldsymbol{f}_{22i}^{-1}\boldsymbol{f}_{21i}\boldsymbol{M}_{ci} + \boldsymbol{y}'_{pj} \tag{5.4}$$

式(5.4)意义为：第 j 个竖向构件因侧移产生的转角向量(方程左边项)，等于所有构件受到的弯矩引起的转角向量(方程右边第一项)与外荷载引起的转角向量(方程右边第二项)之和。其中外荷载引起的转角向量

$$\boldsymbol{y}'_{pj} = \boldsymbol{f}_{12j}\boldsymbol{f}_{22j}^{-1}\boldsymbol{K}_n^{-1}\boldsymbol{F}_p$$

2. 竖向构件局部方程建立

将式(5.2) $\boldsymbol{N}_j$ 解出后代入式(5.1)中第一式，整理后得

$$\boldsymbol{y}'_j = \boldsymbol{f}_{12j}\boldsymbol{f}_{22j}^{-1}\boldsymbol{y} + (\boldsymbol{f}_{11j} - \boldsymbol{f}_{12j}\boldsymbol{f}_{22j}^{-1}\boldsymbol{f}_{21j})\boldsymbol{M}_{cj}, \qquad j = 1,2,\cdots,m+1 \tag{5.5}$$

式(5.5)的意义为：对于 j 构件，其节点转角向量等于侧移产生的转角向量（方程右边第一项）与 j 构件弯矩产生的转角向量（方程右边第二项）之和。

式(5.4)、式(5.5)均为由基本关系式演绎出的竖向构件节点转角基本矩阵表达式，式中每一项的值都代表了结构的一种转角变形，但每一式所反映的意义却不同。

式(5.4)代表了在侧移相等的条件下，外荷载、结构侧移与平面结构所有节点弯矩之间的转角关系，公式具有结构整体变形的意义。

式(5.5)则反映出结构中每个竖向构件转角变形关系，即构件的转角变形等于侧移引起的转角与弯矩引起的转角之和，具有构件局部变形意义。

5.2.2 竖向构件矩阵方程

式(5.5)、式(5.4)分别扩写为整个结构矩阵方程，令 $\boldsymbol{F}_1 = \mathrm{diag}\,[\boldsymbol{f}_{12j}\boldsymbol{f}_{22j}^{-1}]$，$\boldsymbol{M}_c = [\boldsymbol{M}_{c1}{}^{\mathrm{T}}, \boldsymbol{M}_{c2}^{\mathrm{T}}, \cdots, \boldsymbol{M}_{cj}^{\mathrm{T}}, \cdots, \boldsymbol{M}_{cm+1}^{\mathrm{T}}]^{\mathrm{T}}$ 有

$$\boldsymbol{y}' = \boldsymbol{F}_1\boldsymbol{y} + \boldsymbol{F}_{c2}\boldsymbol{M}_c \tag{5.6}$$

$$\boldsymbol{F}_1\boldsymbol{y} = \boldsymbol{F}_{c1}\boldsymbol{M}_c + \boldsymbol{y}'_p \tag{5.7}$$

将式(5.7)代入式(5.6)，消去 $\boldsymbol{F}_1\boldsymbol{y}$ 可以得到

$$\boldsymbol{y}' = (\boldsymbol{F}_{c1} + \boldsymbol{F}_{c2})\boldsymbol{M}_c + \boldsymbol{y}'_p \tag{5.8}$$

矩阵方程中的 $\boldsymbol{F}_1$、$\boldsymbol{F}_{c1}$、$\boldsymbol{F}_{c2}$ 分别表示结构侧移、竖向构件所受弯矩与转角的关系矩阵。其中各参数意义以下分别给出。

(1) $\boldsymbol{F}_1$ 称为位移-转角关系矩阵，它为分块对角矩阵。

$$\boldsymbol{F}_1 = \begin{bmatrix} \boldsymbol{f}_{y1} & & & & \\ & \ddots & & & \\ & & \boldsymbol{f}_{yj} & & \\ & & & \ddots & \\ & & & & \boldsymbol{f}_{ym+1} \end{bmatrix}$$

每一子矩阵

$$\boldsymbol{f}_{yj} = \boldsymbol{f}_{12j}\boldsymbol{f}_{22j}^{-1}$$

(2) $\boldsymbol{F}_{c1}$ 为整体转动柔度矩阵。

$\boldsymbol{F}_{c1}$ 反映了每个竖向构件转角与结构弯矩的关系，各竖向构件之间是耦联的，故称之为结构的整体转动柔度矩阵，由 $(m+1)\times(m+1)$ 个子矩阵构成

$$\boldsymbol{F}_{c1} = [\boldsymbol{f}_{c1i,j}]$$

子矩阵

$$\boldsymbol{f}_{c1i,j} = \boldsymbol{f}_{12i}\boldsymbol{f}_{22i}^{-1}\boldsymbol{K}_n^{-1}\boldsymbol{f}_{22j}^{-1}\boldsymbol{f}_{21j}$$

(3) 构件局部转动柔度矩阵 $\boldsymbol{F}_{c2}$ 为分块对角矩阵。

$$\boldsymbol{F}_{c2} = \begin{bmatrix} \boldsymbol{B}_1 & & & & \\ & \ddots & & & \\ & & \boldsymbol{B}_j & & \\ & & & \ddots & \\ & & & & \boldsymbol{B}_{m+1} \end{bmatrix}$$

子矩阵 $\boldsymbol{B}_j = \boldsymbol{f}_{11j} - \boldsymbol{f}_{12j}\boldsymbol{f}_{22j}^{-1}\boldsymbol{f}_{21j}$ ，从矩阵 $\boldsymbol{F}_{c2}$ 看出，各竖向构件之间不是耦联的，因此，矩阵 $\boldsymbol{F}_{c2}$ 反映出各构件弯矩与构件转角之间的关系，故把 $\boldsymbol{F}_{c2}$ 矩阵称为局部转动柔度矩阵或构件转动柔度矩阵。

(4) 变形向量 $\boldsymbol{y}$、$\boldsymbol{y}'$、$\boldsymbol{y}'_p$ 。

$\boldsymbol{y}$ 结构水平位移向量

$$\boldsymbol{y} = [\boldsymbol{y}_1^{\mathrm{T}}, \boldsymbol{y}_2^{\mathrm{T}}, \cdots, \boldsymbol{y}_j^{\mathrm{T}}, \cdots, \boldsymbol{y}_{m+1}^{\mathrm{T}}]^{\mathrm{T}}$$

$\boldsymbol{y}'$ 节点转角向量

$$\boldsymbol{y}' = [\boldsymbol{y}'^{\mathrm{T}}_1, \boldsymbol{y}'^{\mathrm{T}}_2, \cdots, \boldsymbol{y}'^{\mathrm{T}}_j, \cdots, \boldsymbol{y}'^{\mathrm{T}}_{m+1}]^{\mathrm{T}}$$

$\boldsymbol{y}'_p$水平荷载引起的节点转角向量

$$\boldsymbol{y}'_p = [\boldsymbol{y}'^{\mathrm{T}}_{p1}, \boldsymbol{y}'^{\mathrm{T}}_{p2}, \cdots, \boldsymbol{y}'^{\mathrm{T}}_{pj}, \cdots, \boldsymbol{y}'^{\mathrm{T}}_{pm+1}]^{\mathrm{T}}$$

5.3　水平构件方程及推导

转角位移方程由梁弯曲的微分方程导出，它是杆系结构中构件最基本的关系之一，也是进行杆系结构位移法分析的基础。转角位移方程有多种表达方式，本节在此对转角位移方程作了一些新的变换，推出了几个重要的有关构件或节点的力与变形的基本关系式，为以后求解体系的建立奠定了基础。为方便理解，以下按小节来分别叙述。

5.3.1　梁和节点——剪力与变形基本关系式

首先考虑把结构中任意一个梁构件从结构中分离出来，给出它的转角位移关系。如图 5.1 所示，对于在第 j 个竖向构件与第 $j+1$ 个竖向构件间的梁，若规定梁列的编号与左侧竖向构件的编号相同，则称为第 j 列梁。于是 j 列梁中第 i 梁的转角位移方程可以表示为

$$\begin{cases} \overline{M}_{i,j} = 4i_{\mathrm{b}i,j}\,\bar{\theta}_{i,j} + 2i_{\mathrm{b}i,j}\,\bar{\theta}_{i,j+1} - 6i_{\mathrm{b}i,j}\left(\dfrac{\overline{\Delta}_{i,j}}{l_{i,j}}\right) \\ \overline{M}_{i,j+1} = 2i_{\mathrm{b}i,j}\,\bar{\theta}_{i,j} + 4i_{\mathrm{b}i,j}\,\bar{\theta}_{i,j+1} - 6i_{\mathrm{b}i,j}\left(\dfrac{\overline{\Delta}_{i,j}}{l_{i,j}}\right) \\ l_{i,j}t_{i,j} = \overline{M}_{i,j} + \overline{M}_{i,j+1} = 6i_{\mathrm{b}i,j}(\bar{\theta}_{i,j} + \bar{\theta}_{i,j+1}) - 12i_{\mathrm{b}i,j}\left(\dfrac{\overline{\Delta}_{i,j}}{l_{i,j}}\right) \end{cases} \tag{5.9}$$

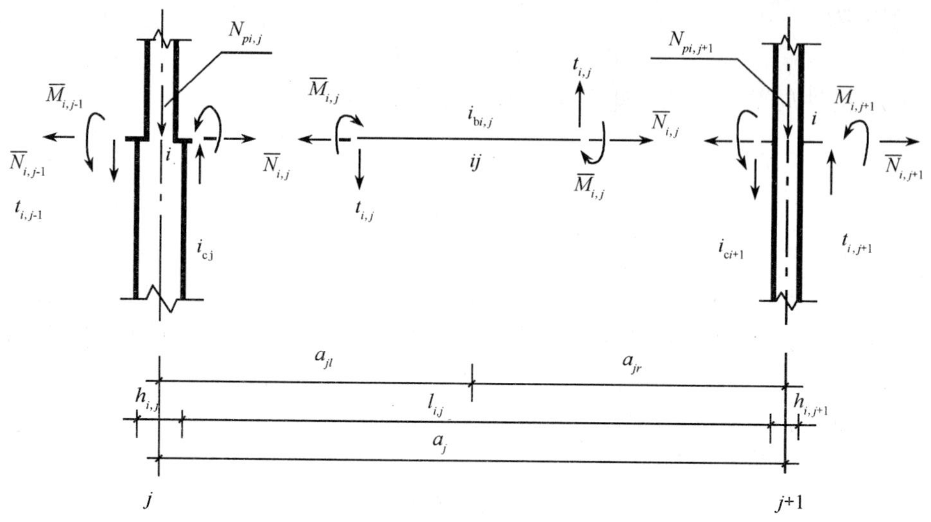

图 5.1　梁构件

式中，$i_{bi,j}$ 为 j 列第 i 梁的线刚度 $i_{bi,j}=\dfrac{EI_{bi,j}}{l_{i,j}}$。当考虑梁剪切变形时

$$I_{bi,j}=\frac{I_{b0i,j}}{1+28\dfrac{\mu_{bi,j}I_{b0i,j}}{A_{bi,j}l_{i,j}^2}}$$

式中，$\mu_{bi,j}$ 为截面剪应力不均匀系数；$I_{b0i,j}$ 为截面惯性矩；$A_{bi,j}$ 为截面面积；$\overline{M}_{i,j}$、$\overline{M}_{i,j+1}$、$t_{i,j}$ 分别代表梁构件两端的弯矩和剪力，弯矩规定以顺时针方向为正；$\bar{\theta}_{i,j}$、$\bar{\theta}_{i,j+1}$ 分别为梁两端的转角，同样以顺时针方向为正；$\overline{\Delta}_{i,j}$ 为梁两端的相对线位移；$l_{i,j}$ 为梁的净跨度。

对于 i,j 梁，将式(5.9)中第三式的剪力表达式写为

$$\frac{l_{i,j}}{2}(\overline{M}_{i,j}+\overline{M}_{i,j+1})=\frac{l_{i,j}^2}{2}t_{i,j} \tag{5.10}$$

再将式(5.9)中前两式的弯矩表达式代入式(5.10)整理后，可以得到一个新的梁端变形与梁剪力之间的关系式，即

$$\frac{l_{i,j}^2}{12i_{bi,j}}t_{i,j}+\overline{\Delta}_{i,j}=\frac{l_{i,j}}{2}(\bar{\theta}_{i,j}+\bar{\theta}_{i,j+1}) \tag{5.11}$$

这个方程给出的是梁构件剪切位移相等的条件，式中 $\dfrac{l_{i,j}^2}{12i_{bi,j}}$ 为连梁构件的剪切柔度系数，式(5.11)实质上为梁构件的剪切变形协调方程。

5.3.2　梁端位移与节点位移关系式

考虑到竖向构件有一定的宽度，尤其是对剪力墙构件梁端变形与墙肢轴线的

变形是有差异的，因此，需考虑梁端位移与竖向构件节点位移的关系，如图 5.2 所示，引入下列关系式：

$$\begin{cases}\bar{\theta}_{i,j}=\theta_{i,j}\\ \delta_{i,j}=\dfrac{h_{i,j}}{2}\theta_{i,j}\end{cases}\tag{5.12}$$

$$\Delta_{i,j}=\bar{\Delta}_{i,j}-\delta_{i,j}-\delta_{i,j+1}\tag{5.13}$$

式中，$\theta_{i,j}$ 为竖向构件 i,j 节点转角；$\bar{\theta}_{i,j}$ 为梁端转角；$\delta_{i,j}$ 表示由节点转动导致的梁端线位移；$h_{i,j}$ 为竖向构件在 i,j 节点处的宽度。

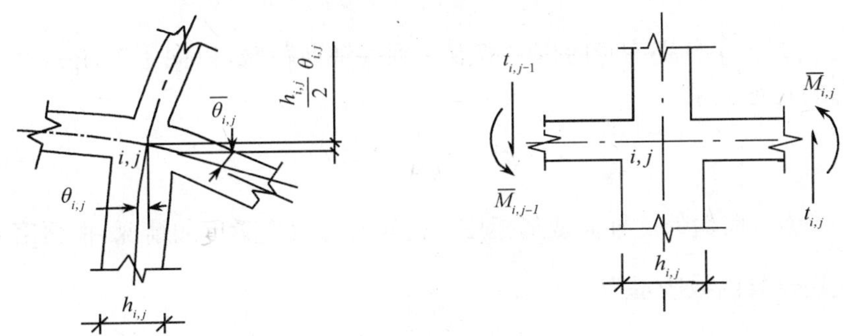

图 5.2　节点变形和平衡

将式(5.12)、式(5.13)代入式(5.11)有

$$\frac{l_{i,j}^2}{12i_{\mathrm{bi,j}}}t_{i,j}+\Delta_{i,j}=\left(\frac{l_{i,j}}{2}+\frac{h_{i,j}}{2}\right)\theta_{i,j}+\left(\frac{l_{i,j}}{2}+\frac{h_{i,j+1}}{2}\right)\theta_{i,j+1}\tag{5.14}$$

式中，$\Delta_{i,j}$ 为梁构件两端节点的相对线位移，当 $\theta_{i,j}=\theta_{i,j+1}=\theta$ 时，有

$$a_j=l_{i,j}+\frac{h_{i,j}}{2}+\frac{h_{i,j+1}}{2}$$

式(5.14)变为

$$\frac{l_{i,j}^2}{12i_{\mathrm{bi},j}}t_{i,j}+\Delta_{i,j}=a_j\theta\tag{5.15}$$

进一步地分析研究会发现，式(5.15)与剪力墙连续化分析方法中的基本方程的含义是一致的，为连梁跨中剪切相对位移等于零的条件，说明式(5.14)与连梁跨中的变形协调条件有同样的作用，只不过梁端转角条件不同而已。

5.3.3　梁线位移的表达式

在 5.2 节公式中，均出现了梁端线位移量，由变形协调条件，对于图 5.1 和图 5.2 所示情况的梁构件，其两端竖向构件节点的轴向相对位移值与梁端线位移量相等，于是有

$$\Delta_j(x)=u_j(x)-u_{j+1}(x)\tag{5.16}$$

式中，$u_j(x)$、$u_{j+1}(x)$ 分别为竖向构件的轴向位移函数。

下面将利用奇异函数来求出竖向构件轴向位移的函数表达式，坐标 x 以向下为正。

对于具有 n 个节点的底端固定的竖向构件 j 及 $j+1$，由于受到 n 个节点剪力 t 的作用而产生了阶形变化的轴向内力，该轴向内力同样可以用奇异函数来描述，即

$$\begin{cases}\overline{N_j}(x) = \sum_{i=1}^{n}(t_{i,j-1} - t_{i,j} + N_{pi,j})\langle x - x_i\rangle^0 \\ \overline{N}_{j+1}(x) = \sum_{i=1}^{n}(t_{i,j} - t_{i,j+1} + N_{pi,j+1})\langle x - x_i\rangle^0\end{cases} \tag{5.17}$$

式中，$N_{pi,j}$、$N_{pi,j+1}$ 分别为竖向构件节点受到的轴向荷载，以向下为正。由轴向内力与位移的物理关系

$$u'_j(x) = \frac{1}{EA_j}\overline{N_j}(x) \tag{5.18}$$

式中，$\frac{1}{EA_j}$ 为竖向构件的轴向变形柔度。对于有 k 次变柔度的情况，根据第 2 章介绍的方法用奇异函数表示为

$$\frac{1}{EA_j(x)} = \sum_{t=1}^{k}\alpha_{t,j}\langle x - x_t\rangle^0 \tag{5.19}$$

式中，$\alpha_{t,j}$ 称为构件轴向变柔度系数，$\alpha_{t,j} = \frac{1}{EA_{j,t}} - \frac{1}{EA_{j,t-1}}$，$\frac{1}{EA_{j,0}} = 0$。当 $k = 1$ 时为等柔度构件情况。

考虑底端固定的情况，将式(5.18)、式(5.19)分别代入式(5.17)并积分，再利用公式(2.26)，则可以得到竖向构件 j 和 $j+1$ 的轴向位移函数，写为

$$u_j(x) = \sum_{i=1}^{n}\sum_{t=1}^{k}\alpha_{t,j}(t_{i,j} - t_{i,j-1})[\langle H - x_s\rangle^1 - \langle x - x_s\rangle^1] + u_{pj} \tag{5.20}$$

$$u_{j+1}(x) = \sum_{i=1}^{n}\sum_{t=1}^{k}\alpha_{t,j+1}(t_{i,j+1} - t_{i,j})[\langle H - x_s\rangle^1 - \langle x - x_s\rangle^1] + u_{pj+1} \tag{5.21}$$

式中，u_{pj}、u_{pj+1} 为竖向节点荷载位移，分别为

$$\begin{aligned} u_{pj}(x) &= -\sum_{i=1}^{n}\sum_{t=1}^{k}\alpha_{t,j}N_{pi,j}[\langle H - x_s\rangle^1 - \langle x - x_s\rangle^1] \\ u_{pj+1}(x) &= -\sum_{i=1}^{n}\sum_{t=1}^{k}\alpha_{t,j+1}N_{pi,j+1}[\langle H - x_s\rangle^1 - \langle x - x_s\rangle^1] \end{aligned} \tag{5.22}$$

当 $x = x_i$ 时，将式(5.20)、式(5.21)轴向位移代入式(5.16)，则 j 与 $j+1$ 竖向构件间 i 节点的线位移可写为

$$\Delta_{i,j} = u_j(x_i) - u_{j+1}(x_i)$$

$$= \sum_{i=1}^{n} [f_{Nj}(x_i)(t_{i,j} - t_{i,j-1}) - f_{Nj+1}(x_i)(t_{i,j+1} - t_{i,j})] + u_{pi,j} - u_{pi,j+1} \tag{5.23}$$

式中

$$f_{Nj}(x_i) = \sum_{t=1}^{k} \alpha_{t,j} [\langle H - x_s \rangle^1 - \langle x_i - x_s \rangle^1]$$

$$f_{Nj+1}(x_i) = \sum_{t=1}^{k} \alpha_{t,j+1} [\langle H - x_s \rangle^1 - \langle x_i - x_s \rangle^1]$$

分别为竖向构件在 x_i 处的轴向柔度。x_s 取值见式(3.7)。

5.3.4　梁构件在节点 i 处的弯矩

如图 5.1 所示，将式(5.9)中梁弯矩的两式重写为

$$\begin{cases} \overline{M}_{i,j} = 3i_{bi,j}\bar{\theta}_{i,j} + 3i_{bi,j}\bar{\theta}_{i,j+1} - 6i_{bi,j}\left(\dfrac{\overline{\Delta}_{i,j}}{l_{i,j}}\right) + i_{bi,j}\bar{\theta}_{i,j} - i_{bi,j}\bar{\theta}_{i,j+1} \\ \overline{M}_{i,j+1} = 3i_{bi,j}\bar{\theta}_{i,j} + 3i_{bi,j}\bar{\theta}_{i,j+1} - 6i_{bi,j}\left(\dfrac{\overline{\Delta}_{i,j}}{l_{i,j}}\right) + i_{bi,j}\bar{\theta}_{i,j+1} - i_{bi,j}\bar{\theta}_{i,j} \end{cases} \tag{5.24}$$

剪力公式重写为

$$\frac{l_{i,j}t_{i,j}}{2} = 3i_{bi,j}\bar{\theta}_{i,j} + 3i_{bi,j}\bar{\theta}_{i,j+1} - 6i_{bi,j}\left(\frac{\overline{\Delta}_{i,j}}{l_{i,j}}\right) \tag{5.25}$$

代入式(5.24)有

$$\begin{cases} \overline{M}_{i,j} = \dfrac{l_{i,j}t_{i,j}}{2} + i_{bi,j}\bar{\theta}_{i,j} - i_{bi,j}\bar{\theta}_{i,j+1} \\ \overline{M}_{i,j+1} = \dfrac{l_{i,j}t_{i,j}}{2} + i_{bi,j}\bar{\theta}_{i,j+1} - i_{bi,j}\bar{\theta}_{i,j} \end{cases} \tag{5.26}$$

梁构件在节点处的弯矩值等于节点左右两侧梁端传来弯矩值之和，对第 i 节点的弯矩，由左侧 i,j 梁构件和右侧 $i,j-1$ 梁构件传来，写为

$$M_{i,j} = M_{i,j-1} + M_{i,j+1} \tag{5.27}$$

式中，$M_{i,j} = \overline{M}_{i,j} + \dfrac{h_{i,j}}{2}t_{i,j}$ 为节点左侧 i,j 梁的梁端传到节点的弯矩；$M_{i,j-1} = \overline{M}_{i,j-1} + \dfrac{h_{i,j}}{2}t_{i,j-1}$ 为节点右侧 $i,j-1$ 梁的梁端传给节点的弯矩，如图 5.2 所示。

利用式(5.26)的梁端弯矩关系，代入式(5.27)，得 i,j 节点所受弯矩为

$$M_{i,j} = a_{j-1r}t_{i,j-1} + a_{jl}t_{i,j} - i_{bi,j-1}\theta_{i,j-1} + (i_{bi,j-1} + i_{bi,j},)\theta_{i,j} - i_{bi,j}\theta_{i,j+1} \tag{5.28}$$

式中，$t_{i,j-1}$、$t_{i,j}$ 分别为第 $j-1$ 列梁和第 j 列梁的剪力；$\theta_{i,j-1}$、$\theta_{i,j}$、$\theta_{i,j+1}$ 分别表示梁构件上第 $i,j-1$、i,j 和 $i,j+1$ 节点的转角；$a_{j-1r} = \dfrac{l_{i,j-1}}{2} + \dfrac{h_{i,j}}{2}$ 为 $i,j-1$ 梁段中

点到右侧 j 竖向构件轴心的距离，如图 5.2 所示，其值为梁净跨长加上竖向构件宽度的一半，有关系式 $a_{j-1}=a_{i,j-1\mathrm{r}}+a_{i,j-1\mathrm{l}}$ 。同理，$a_{j\mathrm{l}}=\dfrac{l_{i,j}}{2}+\dfrac{h_{i,j}}{2}$ 为 i,j 梁段中点到左侧 j 竖向构件轴心的距离，有 $a_j=a_{j\mathrm{l}}+a_{j\mathrm{r}}$ 。

将式(5.28)写成矩阵形式，有

$$\boldsymbol{M}_j=\boldsymbol{A}_{j-1\mathrm{r}}\boldsymbol{t}_{j-1}+\boldsymbol{A}_{j\mathrm{l}}\boldsymbol{t}_j-\boldsymbol{K}_{\mathrm{b}j-1}\boldsymbol{\theta}_{j-1}+(\boldsymbol{K}_{\mathrm{b}j}+\boldsymbol{K}_{\mathrm{b}j-1})\boldsymbol{\theta}_j-\boldsymbol{K}_{\mathrm{b}j}\boldsymbol{\theta}_j \tag{5.29}$$

式中

$$\boldsymbol{K}_{\mathrm{b}j}=\begin{bmatrix} i_{\mathrm{b}1,j} & & & & & 0 \\ & i_{\mathrm{b}2,j} & & & & \\ & & \ddots & & & \\ & & & i_{\mathrm{b}i,j} & & \\ & & & & \ddots & \\ 0 & & & & & i_{\mathrm{b}n,j} \end{bmatrix}$$

为 j 梁列构件线刚度 i_{b} 组成的对角矩阵，$\boldsymbol{K}_{\mathrm{b}j-1}$ 矩阵与 $\boldsymbol{K}_{\mathrm{b}j}$ 形式相同只需把下标变量 j 换为 $j-1$ 即可。

$$\boldsymbol{A}_{j\mathrm{l}}=\begin{bmatrix} a_{1,j\mathrm{l}} & & & & & 0 \\ & a_{2,j\mathrm{l}} & & & & \\ & & \ddots & & & \\ & & & a_{i,j\mathrm{l}} & & \\ & & & & \ddots & \\ 0 & & & & & a_{n,j\mathrm{l}} \end{bmatrix}$$

为梁净跨中点到左竖向构件轴心距离为元素构成的对角矩阵，$\boldsymbol{A}_{j\mathrm{r}}$ 矩阵与 $\boldsymbol{A}_{j\mathrm{l}}$ 形式相同，只需把 $\boldsymbol{A}_{j\mathrm{l}}$ 中下标 l 换为 r 即可。

不难看出，对转角时 $\boldsymbol{\theta}_{j-1}=\boldsymbol{\theta}_j=\boldsymbol{\theta}_{j+1}=\boldsymbol{\theta}$ 的特殊情况，式(5.29)中的转角项部分自动变为零，节点弯矩完全由梁剪力决定，节点弯矩式为：

$$M_{i,j}=a_{j-1\mathrm{r}}t_{i,j-1}+a_{j\mathrm{l}}t_{i,j} \tag{5.30}$$

写成矩阵形式为

$$\boldsymbol{M}_j=\boldsymbol{A}_{j-1\mathrm{r}}\boldsymbol{t}_{j-1}+\boldsymbol{A}_{j\mathrm{l}}\boldsymbol{t}_j \tag{5.31}$$

由式(5.28)、式(5.30)给出了一个重要的信息：竖向构件间连梁传来的弯矩只与梁剪力和转角变量有关。换句话说，梁的转角位移方程共有三个式子，包含六个量值，可以完全由梁剪力和梁端转角三个量唯一确定。因此，在求解结构问题时，可以把梁剪力和转角作为三个基本未知量，用混合法来进行求解。甚至当能确定梁两端转角相等时，只取剪力为基本未知量即可进行结构分析，这实际上就是高层结构分析中连续化方法的根本出发点。

5.3.5　梁转动矩阵方程

由前述连梁变形和弯矩关系，将式(5.23)代入式(5.14)并考虑式(5.29)，有以下方程：

$$-\boldsymbol{f}_{Nj}\boldsymbol{t}_{j-1}+(\boldsymbol{f}_{bj}+\boldsymbol{f}_{Nj}+\boldsymbol{f}_{Nj+1})\boldsymbol{t}_j-\boldsymbol{f}_{Nj+1}\boldsymbol{t}_{j+1}+\boldsymbol{A}_{jl}\boldsymbol{\theta}_j+\boldsymbol{A}_{jr}\boldsymbol{\theta}_{j+1}=\boldsymbol{0} \tag{5.32}$$

$$\boldsymbol{M}_j=\mathbf{A}_{j-1r}\boldsymbol{t}_{j-1}+\mathbf{A}_{jl}\boldsymbol{t}_j-\mathbf{K}_{bj-1}\boldsymbol{\theta}_{j-1}+(\mathbf{K}_{bj}+\mathbf{K}_{bj-1})\boldsymbol{\theta}_j-\mathbf{K}_{bj}\boldsymbol{\theta}_j \tag{5.33}$$

将式(5.32)、式(5.33)合写为矩阵形式，得

$$\begin{bmatrix}
\boldsymbol{f}_1 & -\boldsymbol{f}_{N2} & & & & \boldsymbol{A}_{1l} & \boldsymbol{A}_{1r} & & & & \\
-\boldsymbol{f}_{N2} & \boldsymbol{f}_2 & -\boldsymbol{f}_{N3} & & & & \boldsymbol{A}_{2l} & \boldsymbol{A}_{2r} & & & \\
 & \ddots & \ddots & \ddots & & & & \ddots & \ddots & & \\
 & & -\boldsymbol{f}_{Nm-1} & \boldsymbol{f}_{m-1} & -\boldsymbol{f}_{Nm} & & & & \boldsymbol{A}_{m-1l} & \boldsymbol{A}_{m-1r} & \\
 & & & -\boldsymbol{f}_{Nm} & \boldsymbol{f}_m & 0 & & & & \boldsymbol{A}_{ml} & \boldsymbol{A}_{mr} \\
\boldsymbol{A}_{1l} & & & & 0 & \boldsymbol{k}_1 & -\boldsymbol{k}_{b1} & & & & \\
\boldsymbol{A}_{1r} & \boldsymbol{A}_{2l} & & & & -\boldsymbol{k}_{b1} & \boldsymbol{k}_2 & -\boldsymbol{k}_{b2} & & & \\
 & \ddots & & & & & \ddots & \ddots & \ddots & & \\
 & & & \boldsymbol{A}_{m-1r} & \boldsymbol{A}_{ml} & & & & -\boldsymbol{k}_{bm-1} & \boldsymbol{k}_m & -\boldsymbol{k}_{bm} \\
 & & & & \boldsymbol{A}_{mr} & & & & & -\boldsymbol{k}_{bm} & \boldsymbol{k}_{m+1}
\end{bmatrix}
\begin{bmatrix} t_1 \\ t_2 \\ \vdots \\ t_{m-1} \\ t_m \\ \theta_1 \\ \theta_2 \\ \vdots \\ \theta_m \\ \theta_{m+1} \end{bmatrix}
=
\begin{bmatrix} \boldsymbol{0} \\ \boldsymbol{0} \\ \vdots \\ \\ \boldsymbol{0} \\ \boldsymbol{M}_1 \\ \boldsymbol{M}_2 \\ \vdots \\ \boldsymbol{M}_m \\ \boldsymbol{M}_{m+1} \end{bmatrix} \tag{5.34}$$

式(5.34)中，未知变量为梁构件的剪力和节点转角，右端向量是连梁在节点处的弯矩，式中子矩阵

$$\boldsymbol{f}_j=\boldsymbol{f}_{bj}+\boldsymbol{f}_{Nj+1}+\boldsymbol{f}_{Nj},\quad j=1,2,\cdots,m$$
$$\boldsymbol{k}_j=\boldsymbol{k}_{bj}+\boldsymbol{k}_{bj+1},\quad j=1,2,\cdots,m+1$$

即有

$$\begin{bmatrix} \boldsymbol{F}_{Nb} & \boldsymbol{E} \\ \boldsymbol{E}^{\mathrm{T}} & \mathbf{K}_{b} \end{bmatrix}\begin{bmatrix} \boldsymbol{t} \\ \boldsymbol{\theta} \end{bmatrix}=\begin{bmatrix} \mathbf{0} \\ \boldsymbol{M}_{b} \end{bmatrix} \tag{5.35}$$

可以看出，方程组中同时包含有构件的刚度和柔度，未知量有力和位移，因此是一组混合法方程。

方程组中整体矩阵由四块组成，式(5.35)中各符号意义分别为，$\boldsymbol{F}_{Nb}$ 为有关梁构件剪切柔度和竖向构件轴向变形柔度的矩阵；$\mathbf{K}_b$ 为有关梁线刚度矩阵；$\boldsymbol{E}$ 为由梁构件净跨度 $l_{i,j}$ 和竖向构件宽度 $h_{i,j}$ 有关的 $\mathbf{A}$ 子矩阵构成的一个 $m\times(m+1)$ 矩阵；$\boldsymbol{t}$ 为未知梁构件剪力向量，由 m 个梁列的剪力向量组成

$$\boldsymbol{t}=[\boldsymbol{t}_1^{\mathrm{T}},\boldsymbol{t}_2^{\mathrm{T}},\cdots,\boldsymbol{t}_j^{\mathrm{T}},\cdots,\boldsymbol{t}_m^{\mathrm{T}}]^{\mathrm{T}}$$

$\boldsymbol{\theta}$ 为未知的梁构件节点转角向量，由 $m+1$ 个梁构件节点的转角向量组成

$$\boldsymbol{\theta}=[\boldsymbol{\theta}_1^{\mathrm{T}},\boldsymbol{\theta}_2^{\mathrm{T}},\cdots,\boldsymbol{\theta}_j^{\mathrm{T}},\cdots,\boldsymbol{\theta}_{m+1}^{\mathrm{T}}]^{\mathrm{T}}$$

$\boldsymbol{M}_b$ 为梁构件节点弯矩向量

$$\boldsymbol{M}_b=[\boldsymbol{M}_{b1}^{\mathrm{T}},\boldsymbol{M}_{b2}^{\mathrm{T}},\cdots,\boldsymbol{M}_{bj}^{\mathrm{T}},\cdots,\boldsymbol{M}_{bm+1}^{\mathrm{T}}]^{\mathrm{T}}$$

进一步地，从式(5.35)中消去未知向量 $\boldsymbol{t}$，整理后有

$$\boldsymbol{M}_{\mathrm{b}} = (\boldsymbol{K}_{\mathrm{Nb}} + \boldsymbol{K}_{\mathrm{b}})\boldsymbol{\theta} \tag{5.36}$$

式中，$\boldsymbol{K}_{\mathrm{Nb}} = \boldsymbol{E}^{\mathrm{T}}\boldsymbol{F}_{\mathrm{Nb}}^{-1}\boldsymbol{E}$，式(5.36)即为关于水平构件节点转角与弯矩的方程组。

5.4 求解方程及实例计算

5.4.1 求解基本矩阵方程

在前述的分析过程中，已分别讨论和推导出了竖向构件和水平构件的基本关系式，现将结构需满足条件概括，以确定结构的最终求解方程。

(1) 竖向构件转角与侧移和荷载关系。

$$\boldsymbol{y}' = (\boldsymbol{F}_{\mathrm{c1}} + \boldsymbol{F}_{\mathrm{c2}})\boldsymbol{M}_{\mathrm{c}} + \boldsymbol{y}'_{p} \tag{5.37}$$

(2) 水平构件节点转角与弯矩关系。

$$\boldsymbol{M}_{\mathrm{b}} = (\boldsymbol{K}_{\mathrm{Nb}} + \boldsymbol{K}_{\mathrm{b}})\boldsymbol{\theta} \tag{5.38}$$

(3) 竖向构件与水平构件在节点处的弯矩平衡关系和转角协调关系。

$$\boldsymbol{M}_{\mathrm{c}} + \boldsymbol{M}_{\mathrm{b}} = \boldsymbol{0} \tag{5.39}$$

$$\boldsymbol{y}' = \boldsymbol{\theta} \tag{5.40}$$

由以上三个基本关系解出节点转角，得

$$\left[\boldsymbol{I} + (\boldsymbol{F}_{\mathrm{c1}} + \boldsymbol{F}_{\mathrm{c2}})(\boldsymbol{K}_{\mathrm{Nb}} + \boldsymbol{K}_{\mathrm{b}})\right]\boldsymbol{y}' = \boldsymbol{y}'_{p} \tag{5.41}$$

$\boldsymbol{I}$ 为 $(m+1)\times n$ 阶单位矩阵，令

$$\boldsymbol{S} = I + (\boldsymbol{F}_{\mathrm{c1}} + \boldsymbol{F}_{\mathrm{c2}})(\boldsymbol{K}_{\mathrm{Nb}} + \boldsymbol{K}_{\mathrm{b}})$$

有基本求解方程

$$\boldsymbol{S}\boldsymbol{y}' = \boldsymbol{y}'_{p} \tag{5.42}$$

由关系式(5.38)、式(5.39)，可得到竖向构件节点受到的弯矩为

$$\boldsymbol{M}_{\mathrm{c}} = -(\boldsymbol{K}_{\mathrm{Nb}} + \boldsymbol{K}_{\mathrm{b}})\boldsymbol{S}^{-1}\boldsymbol{y}'_{p} \tag{5.43}$$

式(5.42)为求解问题基本方程，其中 $\boldsymbol{S}$ 矩阵很有特点，并且有明确的物理意义。它并非结构的刚度或柔度矩阵，而是一个由无量纲系数组成的系数矩阵，其每个元素值均为竖向构件柔度值与连梁刚度值的乘积，也就相当于连梁与竖向构件的刚度值之比。因此，$\boldsymbol{S}$ 矩阵可理解为结构的梁柱刚度比矩阵，同时也更明确地显示出结构中节点的转角与结构的梁柱刚度比有关这一规律。

5.4.2 实例计算

实例 5.1

如图 5.3 所示，一榀三跨 20 层框架算例[9]，考虑柱的轴向变形。受水平侧力作用。已知 $E = 30\times10^{6}\mathrm{kN/m^2}$，$P = 40\mathrm{kN}$，层高 $h = 4\mathrm{m}$，跨度 $l = 6\mathrm{m}$。梁截面尺寸均为 $0.25\mathrm{m}\times0.5\mathrm{m}$，柱截面尺寸列于表 5.1 中。

表 5.1

楼层数 n	柱截面尺寸 $A_c = b_c \times h_c/(\mathrm{m}\times\mathrm{m})$			
	柱 1	柱 2	柱 3	柱 4
1～4	0.4×0.8	0.4×1.0	0.4×1.0	0.4×0.8
5～8	0.4×0.6	0.4×0.75	0.4×0.75	0.4×0.6
9～20	0.4×0.4	0.4×0.5	0.4×0.5	0.4×0.4

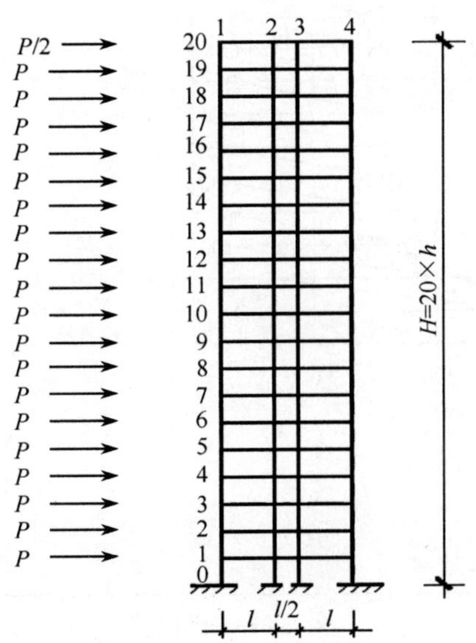

图 5.3　几何尺寸

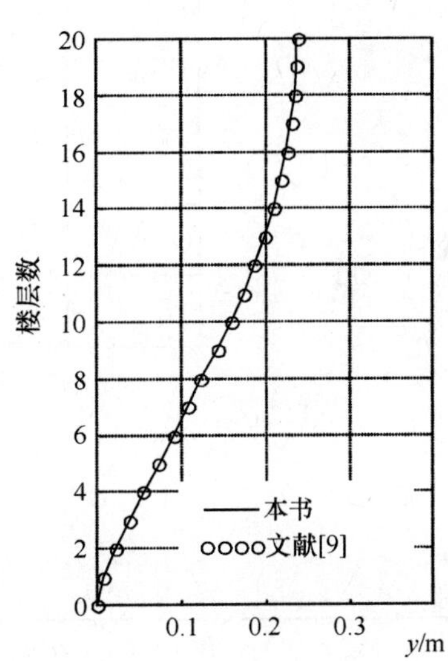

图 5.4　框架侧移

表 5.2　框架侧移 y　（单位：m）

楼层数 n	本书结果	文献[9]	楼层数 n	本书结果	文献[9]
20	0.2372	0.238	10	0.1577	0.158
19	0.2363	0.237	9	0.1410	0.141
18	0.2339	0.235	8	0.1226	0.122
17	0.2299	0.230	7	0.1075	0.107
16	0.2243	0.225	6	0.0914	0.091
15	0.2172	0.218	5	0.0741	0.073
14	0.2085	0.209	4	0.0558	0.055
13	0.1982	0.198	3	0.0385	0.038
12	0.1863	0.186	2	0.0216	0.021
11	0.1728	0.173	1	0.0071	0.007

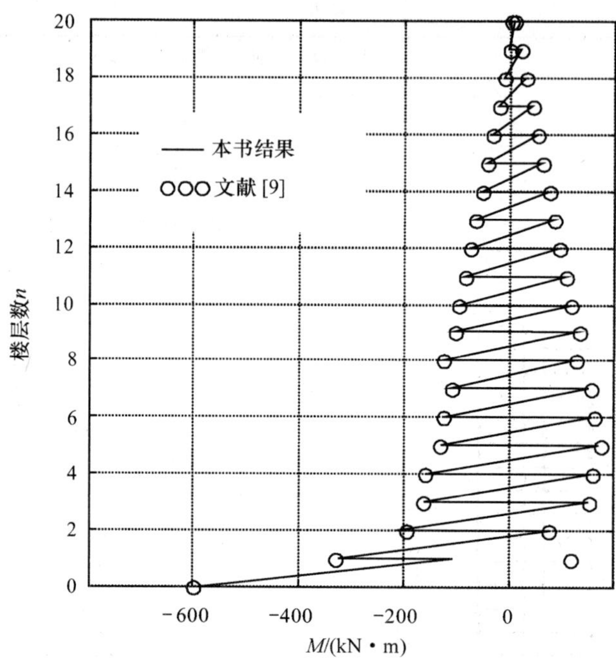

图 5.5 柱弯矩

表 5.3 柱弯矩

楼层数 n	柱 1 弯矩(柱顶)/(kN·m)		楼层数 n	柱 1 弯矩(柱底)/(kN·m)	
	文献[9]	本书结果		文献[9]	本书结果
20	7.80	7.775	20	1.65	1.59
19	20.81	20.52	19	11.61	11.49
18	31.4	31.23	18	22.19	21.99
17	42.16	41.92	17	32.91	32.64
16	52.88	52.57	16	43.63	43.29
15	63.61	63.23	15	54.35	53.94
14	74.33	73.88	14	65.06	64.59
13	85.05	84.53	13	75.80	75.25
12	95.76	95.66	12	86.46	85.83
11	106.62	105.94	11	97.56	96.87

续表

楼层数 n	柱 1 弯矩(柱顶)/(kN·m)		楼层数 n	柱 1 弯矩(柱底)/(kN·m)	
	文献[9]	本书结果		文献[9]	本书结果
10	116.72	115.96	10	106.00	105.28
9	131.66	130.79	9	127.60	126.82
8	126.47	124.62	8	112.38	110.94
7	154.92	153.41	7	126.41	125.8
6	160.43	158.81	6	132.61	131.12
5	173.48	171.96	5	160.84	158.52
4	154.09	155.02	4	165.16	161.25
3	151.57	151.82	3	198.43	215.51
2	74.17	77.43	2	332.73	324.09
1	52.89	59.15	1	602.17	591.53

高层框架计算的经典方法为矩阵位移法，文献[9]提出了采用传递矩阵的位移递归法，属另一种精确算法。从计算结果比较(图 5.4、图 5.5、表 5.2 和表 5.3)显示，本书采用方法的结果与文献[9]的结果几乎是一致的，但省去了矩阵的多次传递，未知量只有矩阵位移法的三分之一，证明方法可靠、简单。

实例 5.2

两跨五层不对称框架，其构件尺寸、线刚度见图 5.6。本例取自文献[9]。不考虑框架的轴向变形。

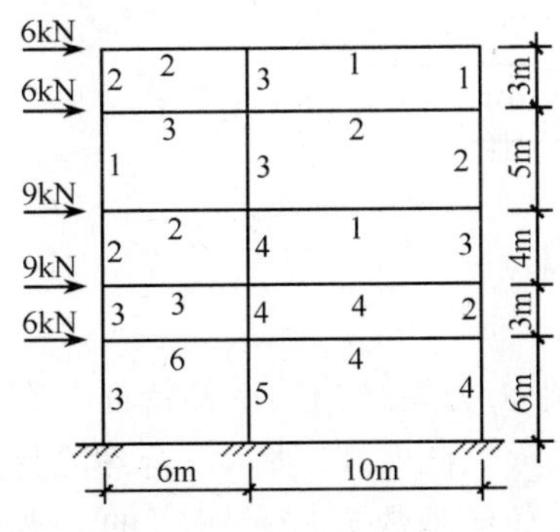

图 5.6　几何尺寸

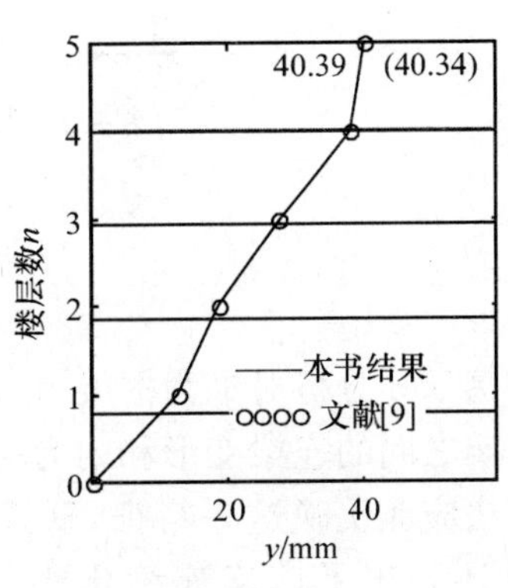

图 5.7　侧移

试验结果如图 5.7、表 5.4 所示。

本例重点考察本书方法对变参数问题的适应性，同文献[9]比较，结果令人满意。

表 5.4　柱弯矩

楼层数 n	柱顶弯矩/(kN·m)		楼层数 n	柱底弯矩/(kN·m)	
	本书结果	文献[9]		本书结果	文献[9]
5	5.591	5.591	5	2.943	2.943
4	18.807	18.806	4	12.905	12.906
3	17.348	17.344	3	22.776	22.780
2	22.965	22.917	2	23.257	23.000
1	43.059	43.000	1	53.180	53.121

实例 5.3

框架-剪力墙结构，受水平均布荷载 $q = 10\text{kN/m}$ 作用，考虑轴向变形。弹性模量 $E = 4 \times 10^6 \text{kN/m}^2$，剪力墙厚 0.3m，几何尺寸如图 5.8 所示[10]。

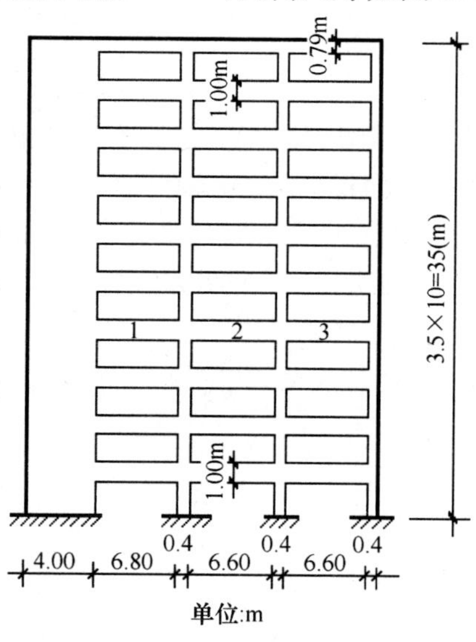

图 5.8　几何尺寸

实例 5.3 分析对象为框架-剪力墙结构，框架-剪力墙结构的重要特征是在剪力墙和框架之间的连梁变形和内力变化较大，如图 5.9、图 5.10 所示。合理的计算模型和方法应能反映这一特征，从计算结果显示，奇异函数方法是可行的。表 5.5 中同时还列出了广义连续化法（文献[11]）和文献[10]方法的计算结果。

表 5.5　梁端弯矩　　(单位:kN · m)

层数		梁列 1		梁列 2		梁列 3	
		左端	右端	左端	右端	左端	右端
9	文献[11]	100.3	21.8	31.1	42.6	4.55	30.6
	文献[10]	99.7	24.0	32.4	43.0	5.99	29.3
	本　书	94.98	19.94	30.82	40.86	4.58	29.88
6	文献[11]	141.5	43.7	22.0	41.7	13.6	39.0
	文献[10]	138.8	42.3	23.1	40.7	14.8	38.2
	本　书	139.94	43.50	20.39	39.85	13.80	38.02
3	文献[11]	151.8	56.9	6.83	30.4	20.4	38.8
	文献[10]	148.4	61.4	8.77	30.4	20.7	38.6
	本　书	148.01	56.28	4.13	27.85	20.03	38.85

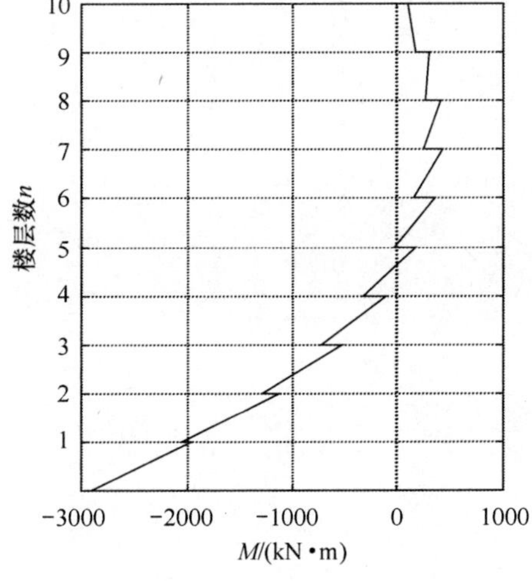

图 5.9　剪力墙弯矩

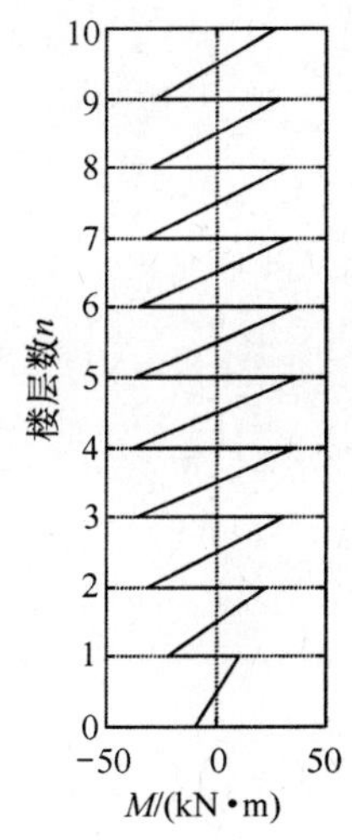

图 5.10　框架柱弯矩

参 考 文 献

[1] 徐彬,梁启智,夏锋. 变参数双肢剪力墙内力分析奇异函数法. 昆明理工大学学报,1999,24(3):102～106

[2] 徐彬,梁启智. 双肢剪力墙分析的奇异函数法. 华南理工大学学报, 1999,(12):110～115

[3] 徐彬,梁启智. 框架结构分析的奇异函数方法. 力学与实践,2001,23(4):47,48

[4] 徐彬. 奇异函数建立高层结构分析模型的方法及应用. 昆明理工大学学报,2000,25(6):

106～109
[5] 徐彬,梁启智.高层结构分析的奇异函数方法及程序介绍.第十六届全国高层建筑结构学术会议论文集,上海,2000：160～165
[6] 徐彬,梁启智.奇异函数建立侧移刚度矩阵的新方法.工程力学,2001,(增刊):363～367
[7] 徐彬.结构力学中转角位移方程的新关系式探讨.力学与实践,2001,23(5):64,65
[8] 徐彬.Matlab在高层结构分析中的应用.工程设计CAD与智能建筑,2001,(10)：64,65
[9] 吕子华,吕令毅.矩阵结构力学.北京:中国建筑工业出版社,1997:1～22
[10] 谢理.高层建筑的二阶连续化分析[硕士学位论文].广州:华南理工大学,1986：1～36
[11] 梁启智.高层建筑连续化方法(上、下).建筑结构学报,1984,(4)：1～11;(5)：57～62

第6章 侧移刚度矩阵与结构动力分析

本章介绍奇异函数法计算结构动力问题方法。重点推导出与奇异函数方法相适应的平面抗侧力结构的侧移刚度矩阵 $\boldsymbol{D}$，利用平面结构空间协调原理可把方法进一步推广到空间结构静、动力分析。通过实例求结构的动力特性和对结构时程响应计算，表明奇异函数法可靠有效。

6.1 结构的侧移刚度

推导平面结构的侧移刚度矩阵的目的，主要是为解决高层结构地震、风振等动力分析问题和结构的整体分析问题，提供一个比较精确的侧移计算方案。

由结构整体刚度矩阵确定侧移刚度的方法是经静力凝缩去掉部分自由度，保留结构的侧移自由度(空间问题保留整体转角自由度)，达到简化计算的目的，该方法需涉及整个结构的自由度，且要进行高阶方阵的求逆，比较麻烦[1,2]。而本章提供的方法，矩阵运算只在构件单元的水平进行，工作量自然减少了许多[3]。

6.1.1 侧移刚度阵推导

由第5章转角表达式(5.6)及连梁弯矩式(5.36)，考虑节点转角相等条件和节点平衡条件，有

$$\boldsymbol{y}' = \boldsymbol{F}_1\boldsymbol{y} + \boldsymbol{F}_{c2}\boldsymbol{M}_c \tag{6.1}$$

$$\boldsymbol{M}_b = (\boldsymbol{K}_{Nb} + \boldsymbol{K}_b)\boldsymbol{\theta} \tag{6.2}$$

将式(6.1)、式(6.2)代入节点平衡条件 $\boldsymbol{M}_c + \boldsymbol{M}_b = \boldsymbol{0}$ 和协调条件 $\boldsymbol{y}' = \boldsymbol{\theta}$，整理后得

$$\boldsymbol{F}_1\boldsymbol{y} = \boldsymbol{y}' + \boldsymbol{F}_{c2}(\boldsymbol{K}_{Nb} + \boldsymbol{K}_b)\boldsymbol{y}' \tag{6.3}$$

再将式(5.41)写为

$$\boldsymbol{y}' = [\boldsymbol{I} + (\boldsymbol{F}_{c1} + \boldsymbol{F}_{c2})(\boldsymbol{K}_{Nb} + \boldsymbol{K}_b)]^{-1}\boldsymbol{y}'_p$$

代入式(6.3)，同时令

$$\begin{cases}\boldsymbol{F} = \boldsymbol{F}_{c1} + \boldsymbol{F}_{c2} \\ \boldsymbol{K} = \boldsymbol{K}_{Nb} + \boldsymbol{K}_b\end{cases} \tag{6.4}$$

整理后得

$$\begin{aligned}\boldsymbol{F}_1\boldsymbol{y} &= (\boldsymbol{I} + \boldsymbol{FK} - \boldsymbol{F}_{c1}\boldsymbol{K})(\boldsymbol{I} + \boldsymbol{FK})^{-1}\boldsymbol{y}'_p \\ &= [\boldsymbol{I} - \boldsymbol{F}_{c1}\boldsymbol{K}(\boldsymbol{I} + \boldsymbol{FK})^{-1}]\boldsymbol{y}'_p\end{aligned} \tag{6.5}$$

式中，$\boldsymbol{I}$ 为 $(m+1)\times n$ 阶单位方阵。

因对竖向构件单元有关系式

$$\boldsymbol{y}'_{pj}=\boldsymbol{f}_{12j}\boldsymbol{f}_{22j}^{-1}\boldsymbol{K}_n^{-1}\boldsymbol{F}_p \tag{6.6}$$

所以对整个结构有

$$\boldsymbol{y}'_p=\boldsymbol{F}_1(\boldsymbol{K}_n^{-1}\boldsymbol{F}_p) \tag{6.7}$$

令

$$\boldsymbol{G}=[\boldsymbol{I}-\boldsymbol{F}_{c1}\boldsymbol{K}(\boldsymbol{I}+\boldsymbol{FK})^{-1}] \tag{6.8}$$

将式(6.7)、式(6.8)带入式(6.5)，得

$$\boldsymbol{F}_1\boldsymbol{y}=\boldsymbol{GF}_1(\boldsymbol{K}_n^{-1}\boldsymbol{F}_p) \tag{6.9}$$

式(6.9)为整个结构方程式，对有 m 列梁的结构，方程共有 $m+1$ 个子矩阵方程，若对子矩阵方程求和，有

$$\left(\sum_{j=1}^{m+1}\boldsymbol{f}_{12j}\boldsymbol{f}_{22j}^{-1}\right)\boldsymbol{y}=\left(\sum_{j=1}^{m+1}\sum_{i=1}^{m+1}\boldsymbol{g}_{i,j}\boldsymbol{f}_{12i}\boldsymbol{f}_{22i}^{-1}\right)\boldsymbol{K}_n^{-1}\boldsymbol{F}_p \tag{6.10}$$

令

$$\boldsymbol{D}=\boldsymbol{K}_n\left(\sum_j\sum_i\boldsymbol{g}_{i,j}\boldsymbol{f}_{12i}\boldsymbol{f}_{22i}^{-1}\right)^{-1}(\boldsymbol{f}_{12j}\boldsymbol{f}_{22j}^{-1}) \tag{6.11}$$

式(6.10)可以写为

$$\boldsymbol{Dy}=\boldsymbol{F}_p \tag{6.12}$$

由于在侧移刚度矩阵的整个推导过程中，并未增加任何的附加假设，所以该侧移刚度矩阵对平面框架结构、框剪结构或剪力墙结构均适用，具有很好的通用性。

6.1.2 侧移刚度阵特点

采用上述方法求侧移刚度有以下几个特点：

(1) 由于采用了由总体方程子矩阵求和聚缩的方法，使得矩阵运算中求逆过程只需在单元子矩阵的规模进行，提高了运算效率；

(2) 式(6.2)中的结构节点转角包含了竖向构件轴向变形、侧移变形和弯曲变形等三个部分，因此，无论对弯曲型、剪切型结构，对考虑或不考虑结构轴向变形的情况，$\boldsymbol{D}$ 矩阵均适用；

(3) 式(6.8)中的 $\boldsymbol{G}$ 矩阵与第 5 章中的 $\boldsymbol{S}$ 矩阵具有类似的物理意义，同样反映了结构的梁和竖向构件刚度比对结构侧移的影响。

(4) 由式(6.12)求出的结构侧移是准确值，而非近似解，因此 $\boldsymbol{D}$ 矩阵中的刚度元素代表了结构的准确侧移刚度值。

6.2 平面结构空间协调分析法

本节的方法取自文献[4]的介绍，但侧移刚度引入了 6.1 节导出的新矩阵。

6.2.1 对结构无扭转的情况

结构的荷载向量 $\boldsymbol{F}_p$ 应当等于各子结构的荷载向量之和，即有

$$\boldsymbol{F}_p = \sum_{s=1}^{m} F_{ps} \tag{6.13}$$

式中，F_{ps} 为第 s 个子结构受到的荷载，可直接由式(6.12)增加子结构下标 s 得到。将式(6.12)代入式(6.13)有

$$\sum_{s=1}^{m} \boldsymbol{D}_s \boldsymbol{y} = \boldsymbol{F}_p \tag{6.14}$$

$\boldsymbol{D} = \sum_{s=1}^{m} \boldsymbol{D}_s$ 即为空间结构体系的侧移刚度矩阵，由式(6.14)可求出空间结构侧移。

6.2.2　结构产生扭转的情况

整个结构共有三个刚体位移向量 $\boldsymbol{u}$、$\boldsymbol{v}$、$\boldsymbol{\theta}$，如图 6.1 所示。第 s 个子结构的侧移可表示为

$$\boldsymbol{u}_s = \boldsymbol{u} - y_s \boldsymbol{\theta} \tag{6.15a}$$

$$\boldsymbol{v}_s = \boldsymbol{v} + x_s \boldsymbol{\theta} \tag{6.15b}$$

式中，x_s 为 y 方向第 s 个子结构到 y 轴的距离；y_s 为 x 方向第 s 个子结构到 x 轴的距离。

若 $\boldsymbol{D}_{xs}$ 代表 x 方向第 s 个子结构的侧向刚度，$\boldsymbol{D}_{ys}$ 代表 y 方向第 s 个子结构的侧向刚度，则在 x 和 y 方向分别有下列方程式：

$$\sum_{s=1}^{m_x} \boldsymbol{D}_{xs}(\boldsymbol{u} - y_s \boldsymbol{\theta}) = \sum_{s=1}^{m_x} \boldsymbol{F}_{xs} = \boldsymbol{F}_x \tag{6.16a}$$

$$\sum_{s=1}^{m_y} \boldsymbol{D}_{ys}(\boldsymbol{v} + x_s \boldsymbol{\theta}) = \sum_{s=1}^{m_y} \boldsymbol{F}_{ys} = \boldsymbol{F}_y \tag{6.16b}$$

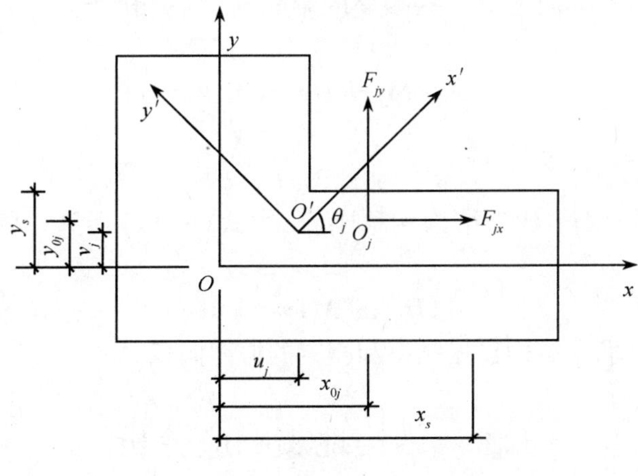

图 6.1

对坐标原点写出力矩平衡条件 $\sum M=0$，可得到下列方程：

$$\sum_{s=1}^{m_x} y_s \boldsymbol{F}_{xs} - \sum_{s=1}^{m_y} x_s \boldsymbol{F}_{ys} - \sum \boldsymbol{M}_{\mathrm{t}} = \boldsymbol{Y}_0 \boldsymbol{F}_x - \boldsymbol{X}_0 \boldsymbol{F}_y \tag{6.16c}$$

式中，$\boldsymbol{Y}_0$、$\boldsymbol{X}_0$ 为对角矩阵，其对角元素分别为各层水平荷载合力作用点的坐标 y_0、x_0；$\boldsymbol{F}_x$、$\boldsymbol{F}_y$ 分别为各层水平荷载向量；$\boldsymbol{M}_{\mathrm{t}}$ 为结构竖向构件的抗扭力矩总和，有

$$\sum \boldsymbol{M}_{\mathrm{t}} = \sum \boldsymbol{k}_{\mathrm{t}} \boldsymbol{\theta} \tag{6.17}$$

式中，$\boldsymbol{\theta}$ 为各楼层刚体转角向量；$\sum \boldsymbol{k}_{\mathrm{t}}$ 为结构的纯扭转刚度矩阵。将式(6.15)～式(6.17)整理后得

$$\begin{bmatrix} \sum_{s=1}^{m_x} \boldsymbol{D}_{xs} & \boldsymbol{0} & -\sum_{s=1}^{m_x} y_s \boldsymbol{D}_{xs} \\ \boldsymbol{0} & \sum_{s=1}^{m_y} \boldsymbol{D}_{ys} & \sum_{s=1}^{m_y} \boldsymbol{D}_{ys} \\ -\sum_{s=1}^{m_x} y_s \boldsymbol{D}_{xs} & \sum_{s=1}^{m_y} x_s \boldsymbol{D}_{ys} & \sum_{s=1}^{m_y} y_s^2 \boldsymbol{D}_{xs} + \sum_{s=1}^{m_x} x_s^2 \boldsymbol{D}_{ys} + \sum \boldsymbol{k}_{\mathrm{t}} \end{bmatrix} \begin{bmatrix} \boldsymbol{u} \\ \boldsymbol{v} \\ \boldsymbol{\theta} \end{bmatrix} = \begin{bmatrix} \boldsymbol{F}_x \\ \boldsymbol{F}_y \\ -\boldsymbol{Y}_0 \boldsymbol{F}_x + \boldsymbol{X}_0 \boldsymbol{F}_y \end{bmatrix} \tag{6.18}$$

$$\boldsymbol{D\delta} = P \tag{6.19}$$

式(6.18)、式(6.19)即为平面结构空间协调分析的基本方程式。

6.3 结构自由振动分析

对高层结构，实际阻尼对自振频率的影响甚微，一般可忽略不计，结构自由振动方程可写为

$$\boldsymbol{M\ddot{y}} + \boldsymbol{Dy} = \boldsymbol{0} \tag{6.20}$$

设有解

$$\boldsymbol{y} = \boldsymbol{y}_0 \sin(\omega t + \varphi) \tag{6.21}$$

式中，$\boldsymbol{y}_0$ 为振幅向量；$\boldsymbol{D}$ 为结构侧移刚度，由式(6.11)得到。将式(6.21)代入式(6.20)，有特征方程

$$(\boldsymbol{D} - \omega^2 \boldsymbol{M})\boldsymbol{y}_0 = \boldsymbol{0} \tag{6.22}$$

解特征值问题，可求出结构自振频率和相应的振型向量。

6.4 结构地震响应分析

6.4.1 动力学基本方程

在地震作用下，高层结构的动力分析模型结构一般取楼层侧移为自由度，通过

动平衡的方法建立动力分析方程,可写为[2,4]

$$M\ddot{y} + C\dot{y} + Dy = -M\ddot{u}_g \tag{6.23}$$

式中,y 为结构的侧移向量;D 为结构侧移刚度矩阵;M 为质量矩阵;C 为阻尼矩阵,一般由质量矩阵和刚度矩阵的线性组合得到;$\ddot{u}_g$ 为地震地面运动水平加速度值。

6.4.2 分析方法介绍和基本公式

式(6.23)的求解途径一般有两种:一是利用结构振型的正交性,通过正交变换把方程化为单自由度问题,直接积分求得各振型的反应,通过振型叠加求出结构的楼层位移反应及相应的荷载作用效应,再对各振型效应进行组合,求出结构的地震作用效应,此方法称之为振型叠加法;二是动力方程直接求解法,有直接积分法[2,4]、传递矩阵法[1,5,6]、迭代法[7]等。

直接积分法是将连续的积分时段划分为许多微小时域(步长),由初始状态开始,逐步积分求出结构的动力响应。直接积分法的好处在于可求出结构在地震作用下振动的全过程,对线性和非线性问题均可求解。

常用的直接积分法有线性加速度法、Wilson -θ 法和中心加速度法等。

下面给出计算的基本公式[4]。

(1) 基本运动方程的半增量形式,时间从 $i\Delta t$ 时刻到 $(i+1)\Delta t$ 时刻

$$M\ddot{y}_{i+1} + C\Delta\dot{y}_i^{i+1} + D\Delta y_i^{i+1} + Q_i = -M\ddot{u}_{g,i+1} \tag{6.24}$$

式中

$$\begin{cases} Q_i = Q_{i-1} + D\Delta y_{i-1}^i + C\Delta\dot{y}_{i-1}^i \\ Q_0 = 0 \end{cases}$$

其中,Δy_{i-1}^i、$\Delta\dot{y}_{i-1}^i$、$\Delta\ddot{y}_{i-1}^i$分别为位移、速度和加速度增量。

(2) 拟静力方程

$$K_i^{*\,i+1}\Delta y_i^{i+1} = \Delta P_i^{*\,i+1} \tag{6.25}$$

(3) 积分法基本计算公式(Wilson -θ 法)

$$\begin{cases} K_i^{*\,i+1} = D + \dfrac{6}{\tau^2}M + \dfrac{3}{\tau}C \\ \Delta P_i^{*\,i+1} = -M[\ddot{u}_{g,i+1} + (\theta-1)\Delta\ddot{u}_{g,i+1} - \dfrac{6}{\tau}\dot{y}_i - 2\ddot{y}_i] + C(3\dot{y}_i + \dfrac{\tau}{2}\ddot{y}_i) - Q_i \end{cases} \tag{6.26}$$

$$\Delta\ddot{y}_\tau = \frac{6}{\tau^2} - \frac{6}{\tau}\dot{y}_i - 3\ddot{y}_i \tag{6.27}$$

$$\begin{cases} \ddot{y}_{i+1} = \ddot{y}_i + \dfrac{1}{\theta}\Delta\ddot{y}_\tau \\ y_{i+1} = y_i + \Delta t\dot{y}_i + \dfrac{\Delta t^2}{2}\ddot{y}_i + \dfrac{\Delta t^2}{6\theta}\Delta\ddot{y}_\tau \\ \dot{y}_{i+1} = \dot{y}_i + \Delta t\ddot{y}_i + \dfrac{\Delta t}{2\theta}\Delta\ddot{y}_\tau \end{cases} \tag{6.28}$$

式中,系数 θ 一般取 1.4。其余方法有类似的公式,在此不再罗列。

6.5 实例计算

实例 6.1 结构自振特性分析。

实例选自文献[6]。

1. 剪力墙结构的自振特性

双肢剪力墙,几何尺寸如图 6.2(a)所示,$E=4.171\times10^4\text{kN/m}^2$,$\gamma=0.38$,$\rho=1.197\times10^{-4}\text{kN/m}^3$,计算结果见表 6.1 及图 6.3。

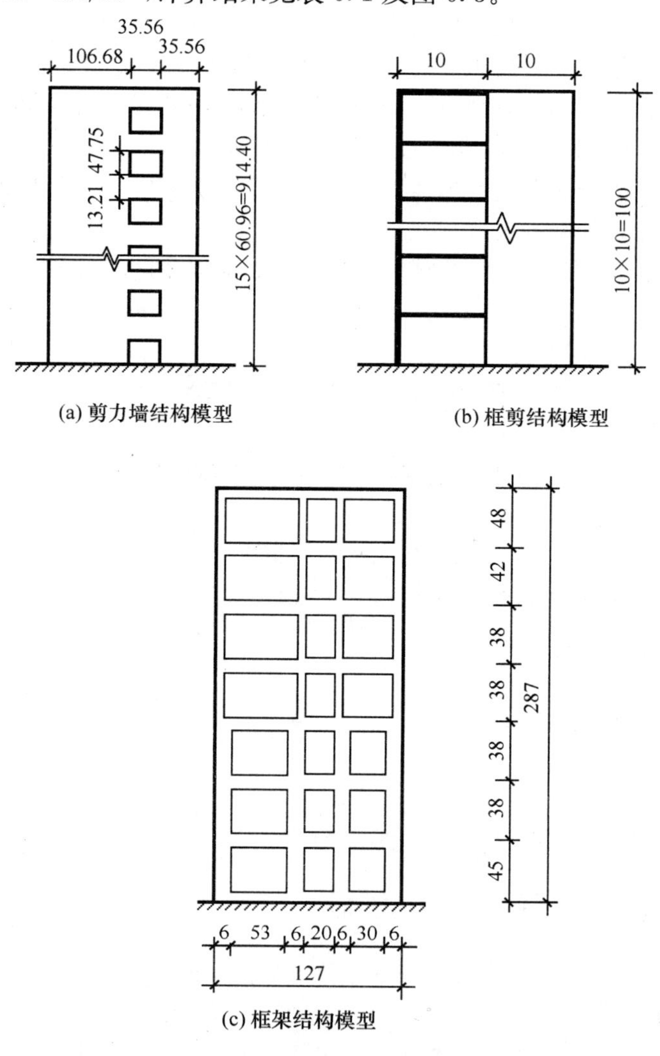

图 6.2　结构模型(单位:m)

表 6.1　频率　（单位:Hz）

方法	f_1	f_2	f_3
文献[6]方法	62.677	340.023	841.514
弯曲理论	64.068	401.272	1124.617
能 量 法	60.539	300.650	721.790
有限元法	60.611	287.039	668.328
本书结果	60.640	317.700	783.650

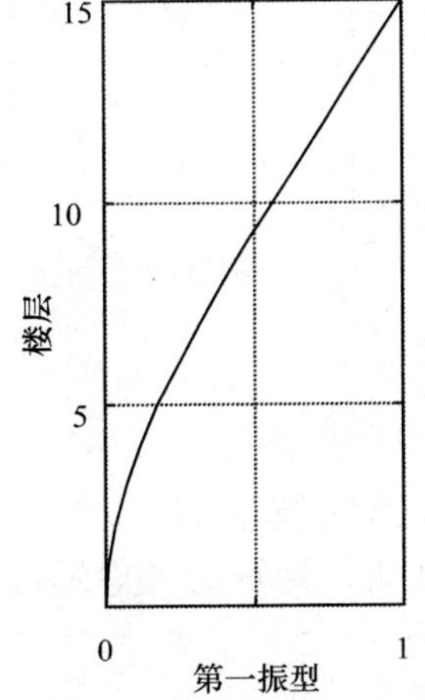

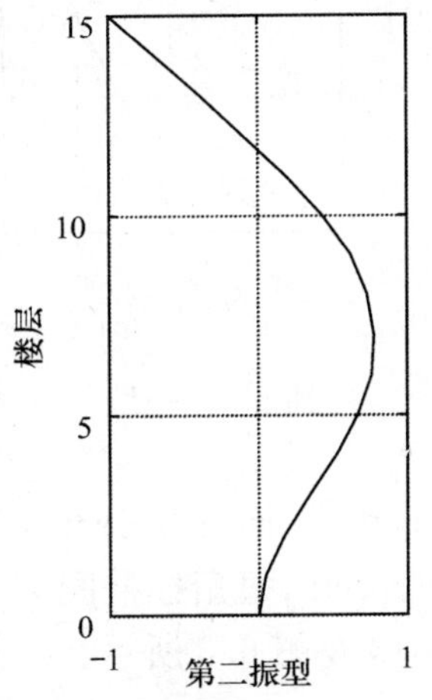

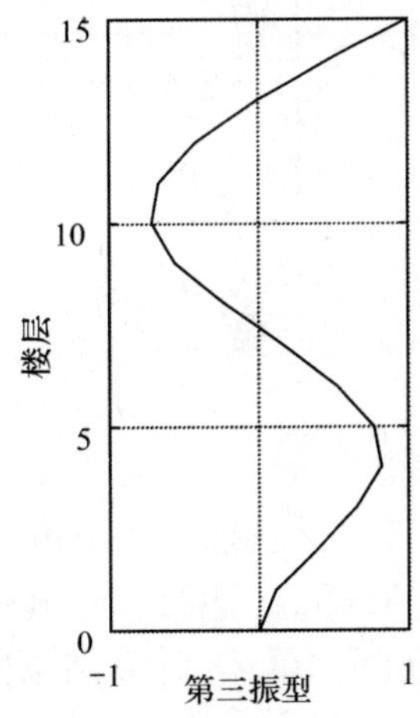

图 6.3　振型

2. 框架剪力墙结构的自振特性

结构模型如图 6.2(b)所示,结果如图 6.4 及表 6.2 所示。结构参数 $E = 1.0\text{kN/m}^2$,$\gamma = 2$,$\rho = 1.0\times10^9\text{kN/m}^3$,$A_b = A_c = 0.09\text{m}^2$,$I_b = I_c = 0.000972\text{m}^3$ 。

表 6.2　频率　（单位:Hz）

方法	f_1	f_2	f_3
文献[6]方法	1.561	9.790	27.40
有限条法	1.595	9.459	21.61
本书结果	1.599	9.788	27.085

3. 框架结构的自振特性

变截面七层框架试验模型,如图 6.2(c)所示。1～3 层柱截面为 6cm×6cm,

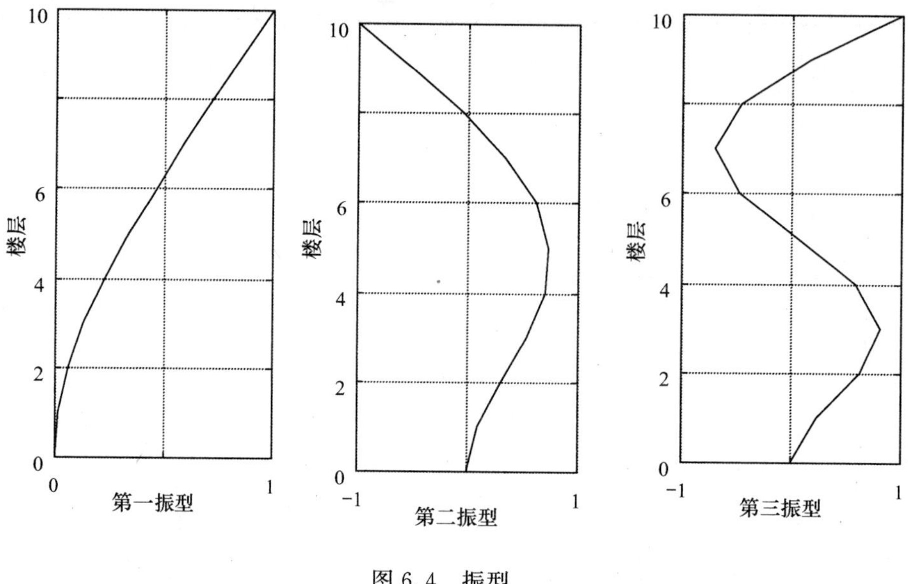

图 6.4　振型

4～7 层柱截面为 4cm×6cm，梁截面为 3.5cm×7cm，弹性模量 $E=20.3\times10^6\mathrm{kN/m^2}$。边跨有砖填充墙，厚 6cm，每角柱处配 25kg 铁块。计算时考虑结构每层自重 10kg。计算结果如表 6.3 及图 6.5 所示。

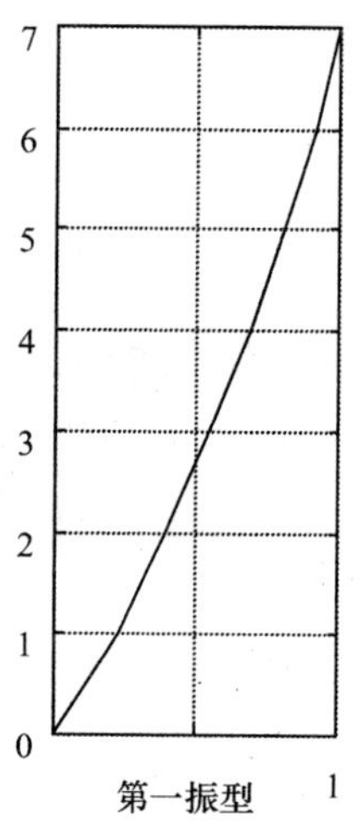

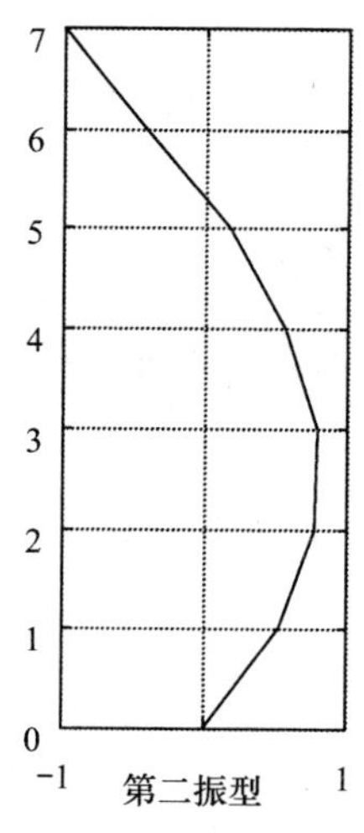

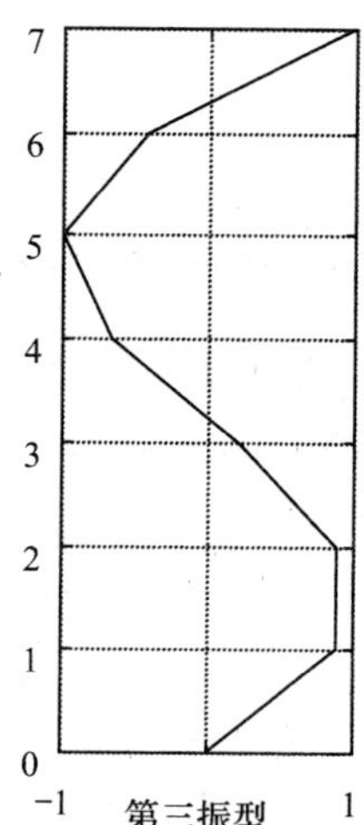

图 6.5　振型

表 6.3　频率　　(单位:Hz)

方法	f_1	f_2	f_3
文献[6]方法	7.313	21.65	36.51
试　验	8.3	—	—
本书结果	7.873	22.214	36.957

比较后可知,按本书侧移刚度计算的频率与有限元、有限条法结果的第一频率很接近,而在高频则与文献[6]——同时考虑弯曲和剪切效应的等效厚板解析解很接近,说明了本书公式的可靠性。再从振型来分析,由本章给出的刚度阵计算出的剪力墙与框架结构的第一振型,明显代表了弯曲型和剪切型变形的特征,再次验证了刚度矩阵具有通用性。

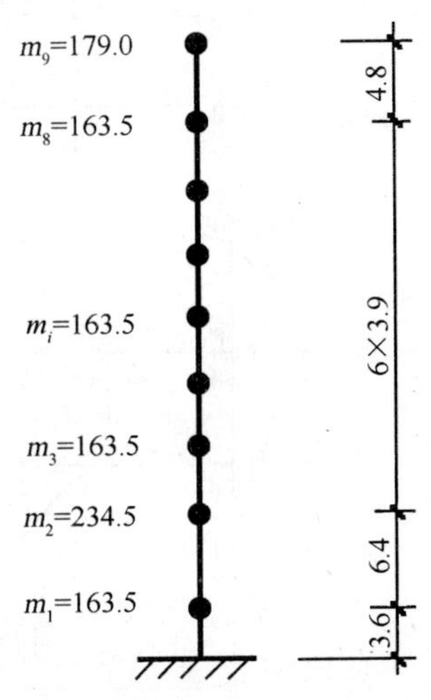

图 6.6　计算模型

实例 6.2　动力响应分析。

九层框架结构[8],采用协同工作方法计算结构的基本分析参数,计算模型及质量如图 6.6 所示,质量 m_i 单位为 kN, $EI_i = 3.92 \times 10^{12}$ kN/m^2, $GA_1 = 43.1 \times 10^8$ kN, $GA_2 = 17.6 \times 10^8$ kN,其余为 27.4×10^8 kN,分别输入 EL centro 地震波和我国宁河地震波计算,动力响应结果如表 6.4、图 6.7 所示。

表 6.4　圆频率　　(单位:rad/s)

ω_1	ω_2	ω_3	ω_4
2.923	8.775	15.420	21.669

计算时阻尼比取 $\xi = 0.05$,加速度最大值 $A_{max} = 200$Gal* ,持续时间为 8s。用 Wilson-θ 法进行数值积分运算。

输入我国宁河地震加速度记录计算,在 $t = 1.48$s 时刻,结构位移最大,顶点位移为 0.211m。

输入美国 EL centro 南北向地震加速度记录计算,约在 $t = 5.6$s 时刻出现结构最大位移,顶点位移值为 0.161m。

* 1Gal = 1cm/s^2。

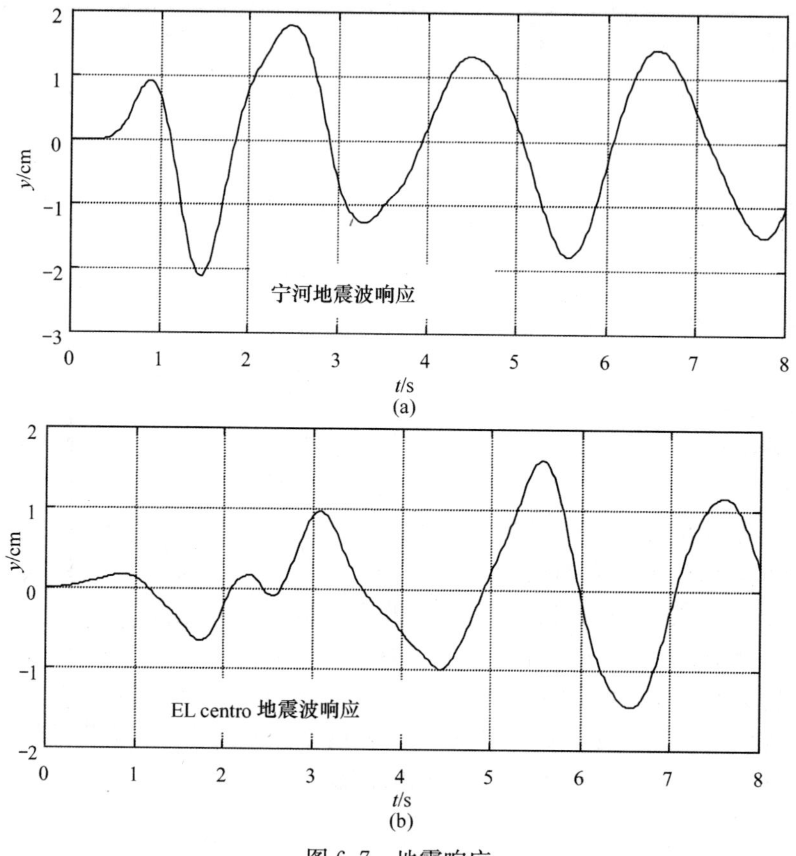

图 6.7 地震响应

参 考 文 献

[1] 吕子华,吕令毅. 矩阵结构力学. 北京:中国建筑工业出版社,1997:1～22

[2] 帕兹 M. 结构动力学——理论与计算. 李裕澈等译. 北京:地震出版社,1993:99～277

[3] 徐彬,梁启智. 奇异函数建立侧移刚度矩阵的新方法. 工程力学,2001,(增刊):363～367

[4] 梁启智. 高层建筑结构分析与设计. 广州:华南理工大学出版社,1992

[5] 李延和,薛祖卫. 状态递归法在建筑抗震分析中的应用. 建筑结构学报, 1993,(4): 17～23

[6] 刘宗贤,曹志远. 多层与高层工业及民用建筑结构自振特性分析. 建筑结构学报,1994,(4): 62～75

[7] 沈小璞,肖卓. 高层建筑结构动力时程响应分析的状态空间迭代法. 建筑结构学报,1998,(5):16～18

[8] 中国建筑科学研究院建筑结构研究所. 高层建筑结构设计. 北京:科学出版社,1982:255～293

第 7 章　变刚度杆结构奇异函数有限元法

在建筑结构体系中，经常会碰到由于构件截面尺寸或材料性能发生阶梯形或线性变化而形成变刚度梁、柱构件（如单层厂房柱、加腋梁、壁式框架等）。对于这类构件组成的结构，如果采用有限元法求解，需要将变刚度构件段划分为多个单元，必然会导致自由度增多，总体刚度矩阵规模庞大，影响求解效率[1~10]。

为解决这一问题，本章将有限元方法和奇异函数相结合，采用奇异函数描述分段变刚度构件，将变刚度构件统一作为一个单元处理，用奇异函数求得单元的形函数，再由最小势能原理建立单元的刚度矩阵及节点力的表达式。本章分别推导了变刚度轴心受力杆和梁（考虑轴向变形和剪切变形）单元刚度矩阵、两端加腋梁单元刚度矩阵，且给出了单元刚度矩阵显式表达式。

采用本章提出的计算方法，由于构造出了新的单元，对于由变刚度杆或梁所组成的结构可以大量减少单元数和自由度数，为变刚度杆系结构分析求解提供方便，减小了计算量。对加腋梁，避免了常规方法中形常数和载常数求解的困难和常规有限元法中采用等截面单元近似所带来的误差，直接得到加腋梁单元的精确刚度矩阵。最后通过多个算例验证了方法的正确性。

7.1　变刚度杆单元

7.1.1　轴向受力杆单元

杆单元如图 7.1 所示，已知单元长度为 L，共有 n 段变截面，所受轴向分布荷载为 $p(x)$，其杆端轴向位移分别为 u_1、u_2，杆端轴向力分别为 F_1、F_2。杆每段的抗拉刚度分别为 $EA_1, EA_2, \cdots, EA_i, \cdots, EA_n$，杆长分别为 $L_1, L_2, \cdots, L_i, \cdots, L_n$。

利用第 2 章式(2.35)，变刚度杆件的柔度可表示为

$$\frac{1}{EA} = \sum_{i=1}^{n} \beta_i \langle x - x_i \rangle^0 \tag{7.1}$$

式中

$$\beta_i = \frac{1}{EA_i} - \frac{1}{EA_{i-1}}, \quad \frac{1}{EA_0} = 0$$

x_i 为变参数的位置，$x_1 = 0$；$\langle x - x_i \rangle^0$ 为单位阶跃函数，表示其在 $x = x_i$ 处有突变；$\beta_i \langle x - x_i \rangle^0$ 表示在 $x = x_i$ 处有改变量 β_i。可见，单位阶跃函数在处理变刚度问题时，能将构件的物理、几何参数用一个解析式来表达，从而避免了分段的困难，使求解得以简化。

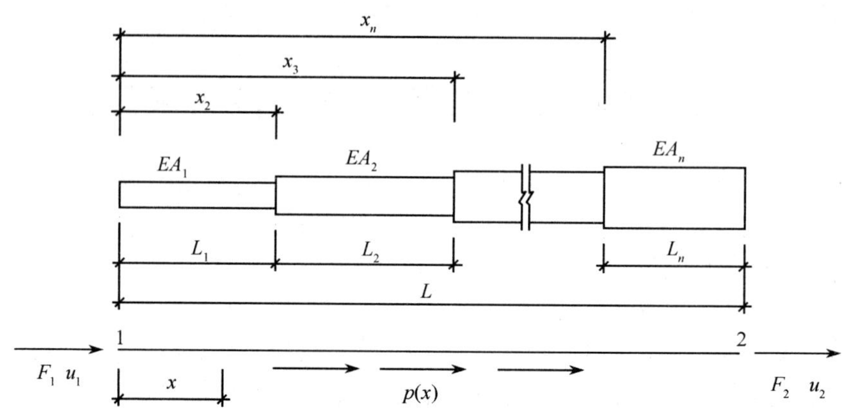

图 7.1 阶梯形轴向受力杆单元

1. 位移模式

对图 7.1 所示的变截面杆单元，由于其抗拉刚度为阶梯形变化，因此其位移模式与等截面杆单元不再相同，而是分段线性变化。根据单元的平衡条件有 $\frac{\mathrm{d}F}{\mathrm{d}x}=0$，以及力与位移关系 $F=EA\frac{\mathrm{d}u}{\mathrm{d}x}$，有

$$\frac{\mathrm{d}F}{\mathrm{d}x}=\frac{\mathrm{d}}{\mathrm{d}x}\left(EA\frac{\mathrm{d}u}{\mathrm{d}x}\right)=0 \tag{7.2}$$

将式(7.2)积分一次，并代入式(7.1)得

$$\frac{\mathrm{d}u}{\mathrm{d}x}=a_2\frac{1}{EA}=a_2\sum_{i=1}^{n}\beta_i\langle x-x_i\rangle^0 \tag{7.3}$$

再积分一次，得到杆的轴向位移为

$$u=a_1+a_2\sum_{i=1}^{n}\beta_i\langle x-x_i\rangle^1=\left[1,\sum_{i=1}^{n}\beta_i\langle x-x_i\rangle^1\right]\begin{bmatrix}a_1\\a_2\end{bmatrix} \tag{7.4}$$

式中，a_1、a_2 为积分常数，于是单元节点位移 u_1、u_2 可表示为

$$\begin{bmatrix}u_1\\u_2\end{bmatrix}=\begin{bmatrix}1&0\\1&f\end{bmatrix}\begin{bmatrix}a_1\\a_2\end{bmatrix} \tag{7.5}$$

对式(7.5)求逆得到

$$\begin{bmatrix}a_1\\a_2\end{bmatrix}=\frac{1}{f}\begin{bmatrix}f&0\\-1&1\end{bmatrix}\begin{bmatrix}u_1\\u_2\end{bmatrix} \tag{7.6}$$

式中，$f=\sum_{i=1}^{n}\beta_i(L-x_i)$，将式(7.6)代入式(7.4)可得单元杆端位移为

$$u=\boldsymbol{N}\boldsymbol{u}_{\mathrm{e}} \tag{7.7}$$

式中

$$\boldsymbol{N}=\frac{1}{f}\left[1,\sum_{i=1}^{n}\beta_i\langle x-x_i\rangle^1\right]\begin{bmatrix} f & 0 \\ -1 & 1 \end{bmatrix}$$

为杆单元的形函数矩阵

$$\boldsymbol{u}_{\mathrm{e}}=[u_1,u_2]_{\mathrm{e}}^{\mathrm{T}}$$

为杆单元的杆端位移。

2. 应变分析

对式(7.7)微分可得单元的应变为

$$\varepsilon=\frac{\mathrm{d}u}{\mathrm{d}x}=\left(-\frac{1}{f}u_1+\frac{1}{f}u_2\right)\sum_{i=1}^{n}\beta_i\langle x-x_i\rangle^0=\boldsymbol{B}\boldsymbol{u}_{\mathrm{e}} \tag{7.8}$$

式中，$\boldsymbol{B}=\frac{1}{f}\sum_{i=1}^{n}\beta_i\langle x-x_i\rangle^0[-1,1]$ 为应变向量。

3. 应力分析

将式(7.8)代入物理方程可得

$$\sigma=E\varepsilon=E\boldsymbol{B}\boldsymbol{u}_{\mathrm{e}} \tag{7.9}$$

4. 单元刚度矩阵

单元的应变能 U 为

$$U=\frac{1}{2}\int_0^L EA\left(\frac{\mathrm{d}u}{\mathrm{d}x}\right)^2\mathrm{d}x=\frac{1}{2}\int_0^L EA\boldsymbol{u}_{\mathrm{e}}^{\mathrm{T}}\boldsymbol{B}^{\mathrm{T}}\boldsymbol{B}\boldsymbol{u}_{\mathrm{e}}\mathrm{d}x \tag{7.10}$$

外力势能为

$$V=-\left(\boldsymbol{F}_{\mathrm{e}}\boldsymbol{u}_{\mathrm{e}}+\int_0^L p(x)u(x)\mathrm{d}x\right)=-\left(\boldsymbol{F}_{\mathrm{e}}+\int_0^L p(x)\boldsymbol{N}\mathrm{d}x\right)\boldsymbol{u}_{\mathrm{e}} \tag{7.11}$$

式中，$\boldsymbol{F}_{\mathrm{e}}=[F_1,F_2]^{\mathrm{T}}$ 。

由此可得单元总势能为

$$\Pi=U+V=\frac{1}{2}\int_0^L EA\boldsymbol{u}_{\mathrm{e}}^{\mathrm{T}}\boldsymbol{B}^{\mathrm{T}}\boldsymbol{B}\boldsymbol{u}_{\mathrm{e}}\mathrm{d}x-\left(\boldsymbol{F}_{\mathrm{e}}+\int_0^L p(x)\boldsymbol{N}\mathrm{d}x\right)\boldsymbol{u}_{\mathrm{e}} \tag{7.12}$$

若令局部坐标下单元刚度矩阵为 $\boldsymbol{k}_{\mathrm{e}}$，单元等效节点荷载为 $\boldsymbol{F}_{\mathrm{e}}^{\mathrm{E}}$，则式(7.12)可写为

$$\Pi=U+V=\frac{1}{2}\boldsymbol{u}_{\mathrm{e}}^{\mathrm{T}}\boldsymbol{k}_{\mathrm{e}}\boldsymbol{u}_{\mathrm{e}}-(\boldsymbol{F}_{\mathrm{e}}+\boldsymbol{F}_{\mathrm{e}}^{\mathrm{E}})\boldsymbol{u}_{\mathrm{e}} \tag{7.13}$$

式中

$$\boldsymbol{F}_{\mathrm{e}}^{\mathrm{E}}=\int_0^L p(x)\,\boldsymbol{N}^{\mathrm{T}}\mathrm{d}x \tag{7.14}$$

$$\boldsymbol{k}_{\mathrm{e}}=\int_0^L EA\boldsymbol{B}^{\mathrm{T}}\boldsymbol{B}\mathrm{d}x \tag{7.15}$$

对总势能变分，即对 $\boldsymbol{u}_{\mathrm{e}}$ 的偏导数等于零，可得单元刚度矩阵方程

$$\boldsymbol{k}_e \boldsymbol{u}_e = \boldsymbol{F}_e + \boldsymbol{F}_e^E \tag{7.16}$$

将式(7.1)和应变矩阵 $\boldsymbol{B}$ 代入式(7.15)得

$$\begin{aligned}\boldsymbol{k}_e &= \int_0^L \frac{1}{\sum_{i=1}^{n} \beta_i \langle x - x_i \rangle^0} \boldsymbol{B}^T \boldsymbol{B} dx \\ &= \frac{1}{f^2} \int_0^L \sum_{i=1}^{n} \beta_i \langle x - x_i \rangle^0 dx \begin{bmatrix} 1 & -1 \\ -1 & 1 \end{bmatrix}\end{aligned} \tag{7.17}$$

式(7.17)即为变刚度轴向受力杆单元刚度矩阵，可以看出变刚度截面杆与等直杆差别主要反映在系数上，而矩阵元素不变。

当 $n = 1$ 时，式(7.17)变为

$$\boldsymbol{k}_e = \frac{EA}{L} \begin{bmatrix} 1 & -1 \\ -1 & 1 \end{bmatrix}$$

当杆单元有 n 段时，刚度矩阵

$$\boldsymbol{k}_e = \frac{1}{\sum_{i=1}^{n} \frac{L_i}{EA_i}} \begin{bmatrix} 1 & -1 \\ -1 & 1 \end{bmatrix} \tag{7.18}$$

式(7.18)即为变刚度杆单元刚度矩阵。

当单元上受有均布满跨轴向荷载 p 时，由式(7.14)和形函数矩阵可得

$$\boldsymbol{F}_e^E = p\left[L - \sum_{i=1}^{n} \frac{\beta_i}{2f}(L - x_i)^2, \sum_{i=1}^{n} \frac{\beta_i}{2f}(L - x_i)^2\right]^T \tag{7.19}$$

当单元上距节点 1 为 x_p 处有一集中力 F_p 作用时，由 $p(x) = F_p \langle x - x_p \rangle^{-1}$，可得

$$\boldsymbol{F}_e^E = \int_0^L F_p \langle x - x_p \rangle^{-1} \boldsymbol{N}^T dx = F_p \left[1 - \sum_{i=1}^{n} \frac{\beta_i}{f}(x_p - x_i), \sum_{i=1}^{n} \frac{\beta_i}{f}(x_p - x_i)\right]^T \tag{7.20}$$

7.1.2 变刚度扭转圆杆单元

扭转圆杆单元如图 7.2 所示，已知单元长度为 L，共分为 n 段，所受轴向分布扭转荷载集度为 $m(x)$。杆端扭转角分别为 θ_1、θ_2，杆端扭矩分别为 M_1、M_2。以图 7.2 所示杆端转角和扭矩方向为正。每段抗扭刚度为 $(GI_p)_1$，$(GI_p)_2$，…，$(GI_p)_n$，用奇异函数表示为

$$\frac{1}{GI_p} = \sum_{i=1}^{n} \beta_i \langle x - x_i \rangle^0 \tag{7.21}$$

式中

$$\beta_i = \frac{1}{(GI_p)_i} - \frac{1}{(GI_p)_{i-1}}, \quad \frac{1}{(GI_p)_0} = 0$$

与 7.1.1 节相同，x_i 为抗拉刚度改变处的位置，$\langle x - x_i \rangle^0$ 为单位阶跃函数，表

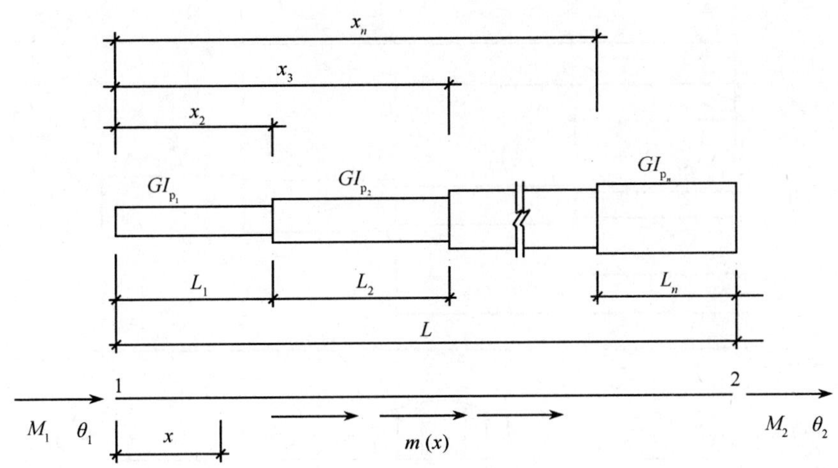

图 7.2　扭转圆杆单元

示其在 $x = x_i$ 处有突变。$\beta_i \langle x - x_i \rangle^0$ 表示在 $x = x_i$ 处有突变量 β_i 。相同的推导可得 n 段扭转圆杆单元的刚度矩阵为

$$\boldsymbol{k}_{\mathrm{e}} = \frac{1}{\sum_{i=1}^{n} \frac{L_i}{(GI_{\mathrm{p}})_i}} \begin{bmatrix} 1 & -1 \\ -1 & 1 \end{bmatrix} \tag{7.22}$$

7.2　变刚度梁单元

7.2.1　变刚度梁单元

如图 7.3 所示阶梯形梁，设其长度为 L ，共分为 n 段，每段抗弯刚度为 EI_1，EI_2，…，EI_n ，用奇异函数表示为

$$\frac{1}{EI} = \sum_{i=1}^{n} \beta_i \langle x - x_i \rangle^0 \tag{7.23}$$

式中

$$\beta_i = \frac{1}{(EI)_i} - \frac{1}{(EI)_{i-1}}, \quad \frac{1}{(EI)_0} = 0$$

x_i 为抗弯刚度改变处的位置，$x_1 = 0$ 。两端节点编号为 1、2，不计轴力影响，剪力以向上为正，弯矩和转角以逆时针为正。如图 7.3 所示，梁端位移为 v_1、θ_1、v_2、θ_2 ，其位移边界条件为

$$\begin{cases} y = v_1, & \dfrac{\mathrm{d}y}{\mathrm{d}x} = \theta_1, \quad x = 0 \\ y = v_2, & \dfrac{\mathrm{d}y}{\mathrm{d}x} = \theta_2, \quad x = L \end{cases} \tag{7.24}$$

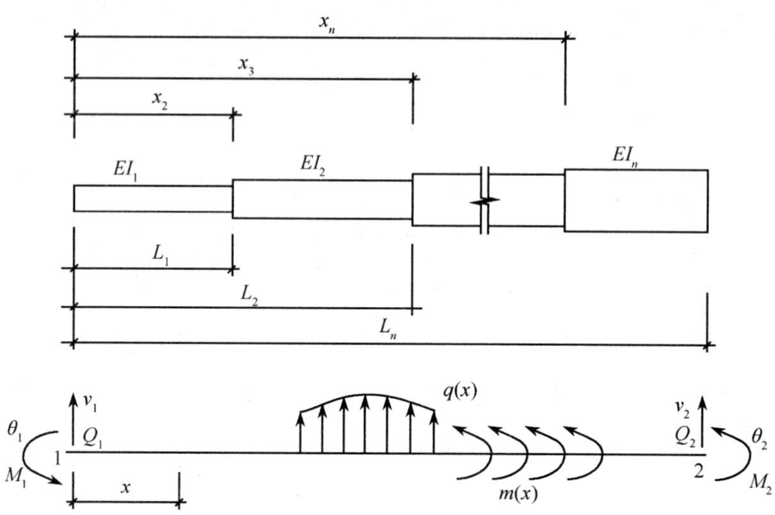

图 7.3　阶梯形梁单元

1. 位移模式

由梁微段的弯矩平衡有

$$\frac{\mathrm{d}^2 M}{\mathrm{d}x^2}=\frac{\mathrm{d}Q}{\mathrm{d}x}=0 \tag{7.25}$$

将材料力学公式 $EI\,\frac{\mathrm{d}^2 y}{\mathrm{d}x^2}=M$ 代入式(7.25)可得

$$\frac{\mathrm{d}^2}{\mathrm{d}x^2}\left(EI\,\frac{\mathrm{d}^2 y}{\mathrm{d}x^2}\right)=0 \tag{7.26}$$

对式(7.26)积分两次得

$$\frac{\mathrm{d}^2 y}{\mathrm{d}x^2}=\frac{1}{EI}(a_3+a_4 x) \tag{7.27}$$

将式(7.23)代入式(7.27)得

$$\frac{\mathrm{d}^2 y}{\mathrm{d}x^2}=a_3\sum_{i=1}^{n}\beta_i\langle x-x_i\rangle^0+a_4 x\sum_{i=1}^{n}\beta_i\langle x-x_i\rangle^0 \tag{7.28}$$

再对式(7.28)积分,并利用 2.2 节定理 2.2 有

$$\theta=\frac{\mathrm{d}y}{\mathrm{d}x}=a_2+a_3\sum_{i=1}^{n}\beta_i\langle x-x_i\rangle^1+\frac{1}{2}a_4\sum_{i=1}^{n}\beta_i\langle x-x_i\rangle^0(x^2-x_i^2) \tag{7.29}$$

$$y=a_1+a_2 x+\frac{1}{2}a_3\sum_{i=1}^{n}\beta_i\langle x-x_i\rangle^2+\frac{1}{6}a_4\sum_{i=1}^{n}\beta_i\langle x-x_i\rangle^0(x^3-3x_i^2 x+2x_i^3) \tag{7.30}$$

式中，a_1、a_2、a_3、a_4 为积分常数，由式(7.29)、式(7.30)代入单元边界条件式(7.24)有

$$\begin{bmatrix} v_1 \\ \theta_1 \\ v_2 \\ \theta_2 \end{bmatrix} = \begin{bmatrix} 1 & 0 & 0 & 0 \\ 0 & 1 & 0 & 0 \\ 1 & L & G & H \\ 0 & 1 & g & h \end{bmatrix} \begin{bmatrix} a_1 \\ a_2 \\ a_3 \\ a_4 \end{bmatrix} \tag{7.31}$$

式中，G、H、g、h 为常数，分别为

$$G = \frac{1}{2}\sum_{i=1}^{n}\beta_i (L - x_i)^2$$

$$H = \frac{1}{6}\sum_{i=1}^{n}\beta_i (L^3 - 3Lx_i^2 + 2x_i^3)$$

$$g = \sum_{i=1}^{n}\beta_i (L - x_1)$$

$$h = \frac{1}{2}\sum_{i=1}^{n}\beta_i (L^2 - x_i^2)$$

对式(7.31)求逆得

$$\begin{bmatrix} a_1 \\ a_2 \\ a_3 \\ a_4 \end{bmatrix} = \begin{bmatrix} c_{11} & c_{12} & c_{13} & c_{14} \\ c_{21} & c_{22} & c_{23} & c_{24} \\ c_{31} & c_{32} & c_{33} & c_{34} \\ c_{41} & c_{42} & c_{43} & c_{44} \end{bmatrix} \begin{bmatrix} v_1 \\ \theta_1 \\ v_2 \\ \theta_2 \end{bmatrix} = \boldsymbol{C}\boldsymbol{r}_{\mathrm{e}} \tag{7.32}$$

式中，$\boldsymbol{r}_{\mathrm{e}} = [v_1, \theta_1, v_2, \theta_2]^{\mathrm{T}}$ 为梁端位移向量，$\boldsymbol{C}$ 矩阵系数值分别为

$$\begin{cases} c_{11} = 1, c_{12} = 0, c_{13} = c_{14} = 0 \\ c_{21} = 0, c_{22} = 1, c_{23} = c_{24} = 0 \\ c_{31} = \dfrac{-h}{Gh - Hg}, c_{32} = \dfrac{H - hL}{Gh - Hg}, c_{33} = \dfrac{h}{Gh - Hg}, c_{34} = \dfrac{-H}{Gh - Hg} \\ c_{41} = \dfrac{g}{Gh - Hg}, c_{42} = \dfrac{gL - G}{Gh - Hg}, c_{43} = \dfrac{-g}{Gh - Hg}, c_{44} = \dfrac{G}{Gh - Hg} \end{cases} \tag{7.33}$$

将式(7.33)代入式(7.28)中，得到

$$\frac{\mathrm{d}^2 y}{\mathrm{d}x^2} = \boldsymbol{B}\boldsymbol{r}_{\mathrm{e}} \tag{7.34}$$

式中，$\boldsymbol{B}$ 称为应变向量

$$\boldsymbol{B} = \sum_{i=1}^{n}\beta_i \langle x - x_i \rangle^0 [c_{31} + c_{41}x, c_{32} + c_{42}x, c_{33} + c_{43}x, c_{34} + c_{44}x] \tag{7.35}$$

将式(7.33)代入式(7.30)可得

$$y=\boldsymbol{N}\boldsymbol{r}_{\mathrm{e}} \tag{7.36}$$

$$\boldsymbol{N}=\left[1, x, \frac{1}{2}\sum_{i=1}^{n}\beta_i\langle x-x_i\rangle^2, \frac{1}{6}\sum_{i=1}^{n}\beta_i\langle x-x_i\rangle^0(x^3-3x_i^2x+2x_i^3)\right]\boldsymbol{C} \tag{7.37}$$

式中，$\boldsymbol{N}$ 称为形函数矩阵。

2. 单元刚度矩阵

梁单元总势能为

$$\Pi=\frac{1}{2}\boldsymbol{r}_{\mathrm{e}}^{\mathrm{T}}\int_0^L EI\boldsymbol{B}^{\mathrm{T}}\boldsymbol{B}\mathrm{d}x\boldsymbol{r}_{\mathrm{e}}-\left[\int_0^L q(x)\boldsymbol{N}\mathrm{d}x+\int_0^L m(x)\frac{\mathrm{d}\boldsymbol{N}}{\mathrm{d}x}\mathrm{d}x+\boldsymbol{F}\right]\boldsymbol{r}_{\mathrm{e}} \tag{7.38}$$

由最小势能原理可得单元刚度方程为

$$\boldsymbol{k}_{\mathrm{e}}\boldsymbol{r}_{\mathrm{e}}=\boldsymbol{F}_{\mathrm{e}}+\boldsymbol{F}_{\mathrm{e}}^{\mathrm{E}} \tag{7.39}$$

式中

$$\boldsymbol{F}_{\mathrm{e}}^{\mathrm{E}}=\int_0^L q(x)\boldsymbol{N}^{\mathrm{T}}\mathrm{d}x+\int_0^L m(x)\frac{\mathrm{d}\boldsymbol{N}^{\mathrm{T}}}{\mathrm{d}x}\mathrm{d}x \tag{7.40}$$

$$\boldsymbol{k}_{\mathrm{e}}=\int_0^L EI\boldsymbol{B}^{\mathrm{T}}\boldsymbol{B}\mathrm{d}x \tag{7.41}$$

将式(7.23)代入式(7.41)可得

$$\boldsymbol{k}_{\mathrm{e}}=\int_0^L\frac{1}{\sum_{i=1}^{n}\beta_i\langle x-x_i\rangle^0}\boldsymbol{B}^{\mathrm{T}}\boldsymbol{B}\mathrm{d}x \tag{7.42}$$

由式(7.42)整理后可得梁单元刚度矩阵为

$$\boldsymbol{k}_{\mathrm{e}}=\sum_{m=1}^{n}\boldsymbol{k}_{m\mathrm{e}} \tag{7.43}$$

式中

$$\boldsymbol{k}_{m\mathrm{e}}=\frac{1}{(EI)_m}\begin{bmatrix}k_{11} & k_{12} & k_{13} & k_{14}\\ & k_{22} & k_{23} & k_{24}\\ \text{对称} & & k_{33} & k_{34}\\ & & & k_{44}\end{bmatrix} \tag{7.44}$$

其中

$$\begin{cases}k_{11}=\frac{1}{3}c_{41}^2(L_m^3-L_{m-1}^3)+c_{31}c_{41}(L_m^2-L_{m-1}^2)+c_{31}^2(L_m-L_{m-1})\\ k_{12}=k_{21}=\frac{1}{3}c_{41}c_{42}(L_m^3-L_{m-1}^3)+\frac{1}{2}(c_{31}c_{42}+c_{41}c_{32})(L_m^2-L_{m-1}^2)+c_{31}c_{32}(L_m-L_{m-1})\\ k_{13}=k_{31}=\frac{1}{3}c_{41}c_{43}(L_m^3-L_{m-1}^3)+\frac{1}{2}(c_{31}c_{43}+c_{41}c_{33})(L_m^2-L_{m-1}^2)+c_{31}c_{33}(L_m-L_{m-1})\\ k_{14}=k_{41}=\frac{1}{3}c_{41}c_{44}(L_m^3-L_{m-1}^3)+\frac{1}{2}(c_{31}c_{44}+c_{41}c_{34})(L_m^2-L_{m-1}^2)+c_{31}c_{34}(L_m-L_{m-1})\end{cases}$$

$$
\begin{cases}
k_{22}=\dfrac{1}{3}c_{42}^2(L_m^3-L_{m-1}^3)+c_{32}c_{42}(L_m^2-L_{m-1}^2)+c_{32}^2(L_m-L_{m-1})\\
k_{23}=k_{32}=\dfrac{1}{3}c_{42}c_{43}(L_m^3-L_{m-1}^3)+\dfrac{1}{2}(c_{32}c_{43}+c_{42}c_{33})(L_m^2-L_{m-1}^2)+c_{32}c_{33}(L_m-L_{m-1})\\
k_{24}=k_{42}=\dfrac{1}{3}c_{42}c_{44}(L_m^3-L_{m-1}^3)+\dfrac{1}{2}(c_{32}c_{44}+c_{42}c_{34})(L_m^2-L_{m-1}^2)+c_{32}c_{34}(L_m-L_{m-1})\\
k_{33}=\dfrac{1}{3}c_{43}^2(L_m^3-L_{m-1}^3)+c_{33}c_{43}(L_m^2-L_{m-1}^2)+c_{33}^2(L_m-L_{m-1})\\
k_{34}=k_{43}=\dfrac{1}{3}c_{43}c_{44}(L_m^3-L_{m-1}^3)+\dfrac{1}{2}(c_{33}c_{44}+c_{43}c_{34})(L_m^2-L_{m-1}^2)+c_{33}c_{34}(L_m-L_{m-1})\\
k_{44}=\dfrac{1}{3}c_{44}^2(L_m^3-L_{m-1}^3)+c_{44}c_{34}(L_m^2-L_{m-1}^2)+c_{34}^2(L_m-L_{m-1})
\end{cases}
\tag{7.45}
$$

式中，L_m 为原点 i 至第 m 段末的距离，$L_0=0$，$m=1,2,\cdots,n$；c_{ij} 由式(7.33)确定。

下面求变截面梁单元的等效节点荷载。

结构承受非节点荷载作用时，按节点位移等效的原则将其转换为等效节点荷载，即节点荷载作用产生的节点位移与非节点荷载作用产生的节点位移相同。

如图 7.4(a)所示，一变截面梁单元在 x_i 处作用有集中力 F，荷载正向如图 7.5 所示，将集中力 F 用奇异函数表示为

$$q(x)=F\langle x-x_i\rangle^{-1} \tag{7.46}$$

将式(7.46)代入式(7.40)后可得

$$
\begin{bmatrix} Q_1\\ M_1\\ Q_2\\ M_2 \end{bmatrix}=F\begin{bmatrix} c_{11}+c_{21}x_i+c_{31}\alpha+c_{41}\beta\\ c_{12}+c_{22}x_i+c_{32}\alpha+c_{42}\beta\\ c_{13}+c_{23}x_i+c_{33}\alpha+c_{43}\beta\\ c_{14}+c_{24}x_i+c_{34}\alpha+c_{44}\beta \end{bmatrix} \tag{7.47}
$$

式中

$$\alpha=\frac{1}{2}\sum_{j=1}^{n}\beta_i\langle x_i-x_j\rangle^2,\quad \beta=\frac{1}{6}\sum_{j=1}^{n}\beta_i\langle x_i-x_j\rangle^0(x_i^3-3x_j^2x_i+2x_j^3)$$

c_{mn} 见式(7.33)。

同理，对如图 7.5 所示的均布荷载和三角形荷载同样有以下结果：均布荷载

$$
\begin{bmatrix} Q_1\\ M_1\\ Q_2\\ M_2 \end{bmatrix}=q\begin{bmatrix} c_{11}L+\dfrac{1}{2}c_{21}L^2+c_{31}\alpha+c_{41}\beta\\ c_{12}L+\dfrac{1}{2}c_{22}L^2+c_{32}\alpha+c_{42}\beta\\ c_{13}L+\dfrac{1}{2}c_{23}L^2+c_{33}\alpha+c_{43}\beta\\ c_{14}L+\dfrac{1}{2}c_{24}L^2+c_{34}\alpha+c_{44}\beta \end{bmatrix} \tag{7.48}
$$

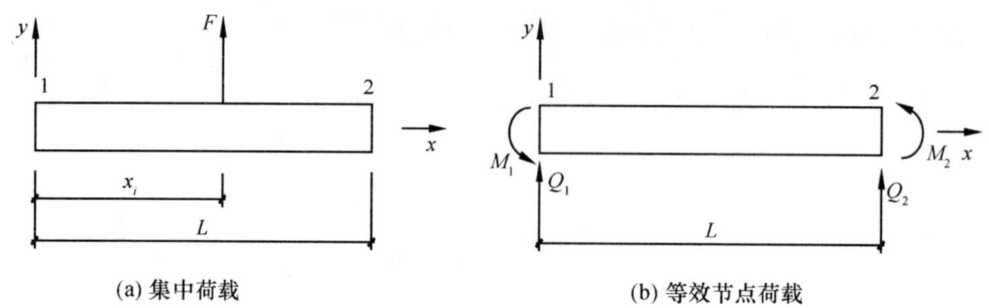

图 7.4 梁单元等效节点荷载

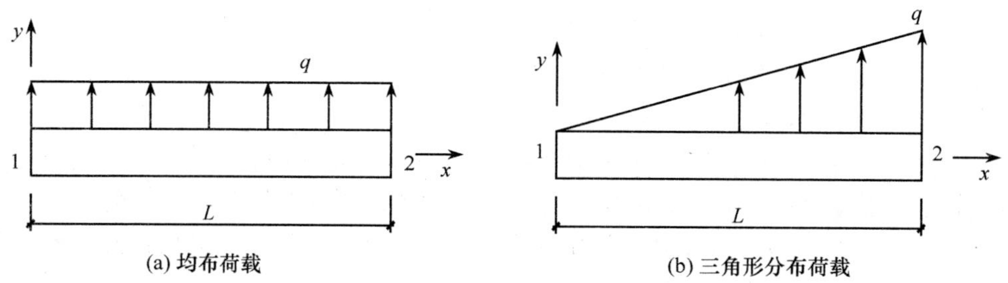

图 7.5 均布荷载和三角形分布荷载

式中

$$\alpha=\frac{1}{6}\sum_{i=1}^{n}\beta_i\langle L-x_i\rangle^3,\quad \beta=\frac{1}{6}\sum_{i=1}^{n}\beta_i\langle x-x_i\rangle^0\left(\frac{1}{4}L^4-\frac{3}{2}x_i^2L^2+2x_i^3L-\frac{3}{4}x_i^4\right)$$

c_{mn} 由式(7.33)确定。

三角形荷载

$$\begin{bmatrix}Q_1\\M_1\\Q_2\\M_2\end{bmatrix}=q\begin{bmatrix}\frac{1}{2}c_{11}L^2+\frac{1}{3}c_{21}L^3+c_{31}\alpha+c_{41}\beta\\\frac{1}{2}c_{12}L^2+\frac{1}{3}c_{22}L^3+c_{32}\alpha+c_{42}\beta\\\frac{1}{2}c_{13}L^2+\frac{1}{3}c_{23}L^3+c_{33}\alpha+c_{43}\beta\\\frac{1}{2}c_{14}L^2+\frac{1}{3}c_{24}L^3+c_{34}\alpha+c_{44}\beta\end{bmatrix}\tag{7.49}$$

式中

$$\alpha=\frac{1}{2}\sum_{i=1}^{n}\beta_i\int_0^L x\langle x-x_i\rangle^2\mathrm{d}x,\quad \beta=\frac{1}{6}\sum_{i=1}^{n}\beta_i\int_0^L\langle x-x_i\rangle^0(x^4-3x_i^2x^2+2x_i^3x)\mathrm{d}x$$

c_{nm} 由式(7.33)确定。

7.2.2　考虑轴向变形的变刚度梁单元

考虑轴向变形的弯曲单元如图 7.6 所示。

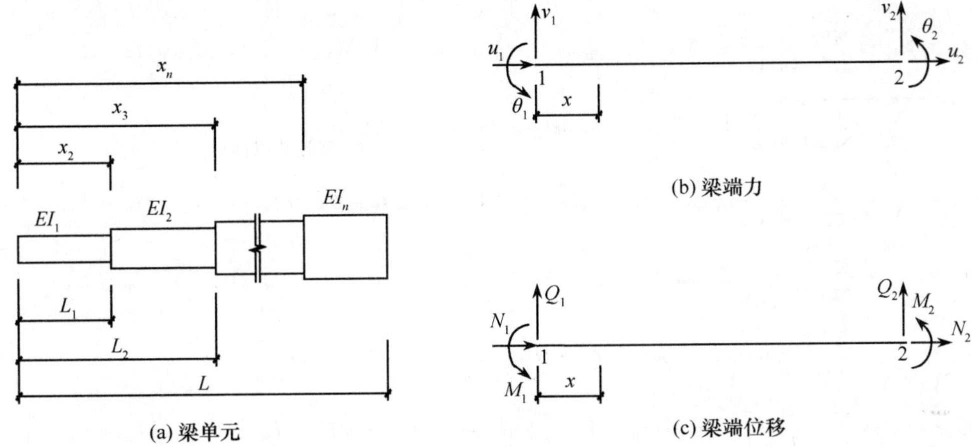

图 7.6　变刚度梁单元

其梁端位移和梁端力向量分别为

$$\boldsymbol{r}_{\mathrm{e}}=[u_1,v_1,\theta_1,u_2,v_2,\theta_2]^{\mathrm{T}}$$

$$\boldsymbol{F}_{\mathrm{e}}=[N_1,Q_1,M_1,N_2,Q_2,M_2]^{\mathrm{T}}$$

综合式(7.18)、式(7.44)可得考虑轴向变形的变刚度单元弹性刚度矩阵

$$\boldsymbol{k}_{\mathrm{e}}=\begin{bmatrix} k_{11} & k_{12} & k_{13} & k_{14} & k_{15} & k_{16} \\ & k_{22} & k_{23} & k_{24} & k_{25} & k_{26} \\ & & k_{33} & k_{34} & k_{35} & k_{36} \\ & & & k_{44} & k_{45} & k_{46} \\ & \text{对称} & & & k_{55} & k_{56} \\ & & & & & k_{66} \end{bmatrix} \tag{7.50}$$

式中

$$\begin{cases} k_{11}=k_{44}=\dfrac{1}{\sum\limits_{m=1}^{n}(L_m-L_{m-1})/(EA)_m},k_{14}=k_{41}=-\dfrac{1}{\sum\limits_{m=1}^{n}(L_m-L_{m-1})/(EA)_m} \\ k_{12}=k_{21}=0,k_{13}=k_{31}=0,k_{15}=k_{51}=0,k_{16}=k_{61}=0 \\ k_{24}=k_{42}=0,k_{34}=k_{43}=0,k_{45}=k_{54}=0,k_{46}=k_{64}=0 \\ k_{22}=\sum\limits_{m=1}^{n}\dfrac{1}{(EI)_m}\left[\dfrac{1}{3}c_{41}^2(L_m^3-L_{m-1}^3)+c_{31}c_{41}(L_m^2-L_{m-1}^2)+c_{31}^2(L_m-L_{m-1})\right] \end{cases}$$

$$\begin{cases} k_{23}=k_{32}=\sum_{m=1}^{n}\frac{1}{(EI)_m}\left[\frac{1}{3}c_{41}c_{42}(L_m^3-L_{m-1}^3)+\frac{1}{2}(c_{31}c_{42}+c_{41}c_{32})(L_m^2-L_{m-1}^2)+c_{31}c_{32}(L_m-L_{m-1})\right] \\ k_{25}=k_{25}=\sum_{m=1}^{n}\frac{1}{(EI)_m}\left[\frac{1}{3}c_{41}c_{43}(L_m^3-L_{m-1}^3)+\frac{1}{2}(c_{31}c_{43}+c_{41}c_{33})(L_m^2-L_{m-1}^2)+c_{31}c_{33}(L_m-L_{m-1})\right] \\ k_{26}=k_{62}=\sum_{m=1}^{n}\frac{1}{(EI)_m}\left[\frac{1}{3}c_{41}c_{44}(L_m^3-L_{m-1}^3)+\frac{1}{2}(c_{31}c_{44}+c_{41}c_{34})(L_m^2-L_{m-1}^2)+c_{31}c_{34}(L_m-L_{m-1})\right] \\ k_{33}=\sum_{m=1}^{n}\frac{1}{(EI)_m}\left[\frac{1}{3}c_{42}^2(L_m^3-L_{m-1}^3)+c_{32}c_{42}(L_m^2-L_{m-1}^2)+c_{32}^2(L_m-L_{m-1})\right] \\ k_{35}=k_{53}=\sum_{m=1}^{n}\frac{1}{(EI)_m}\left[\frac{1}{3}c_{42}c_{43}(L_m^3-L_{m-1}^3)+\frac{1}{2}(c_{32}c_{43}+c_{42}c_{33})(L_m^2-L_{m-1}^2)+c_{32}c_{33}(L_m-L_{m-1})\right] \\ k_{36}=k_{63}=\sum_{m=1}^{n}\frac{1}{(EI)_m}\left[\frac{1}{3}c_{42}c_{44}(L_m^3-L_{m-1}^3)+\frac{1}{2}(c_{32}c_{44}+c_{42}c_{34})(L_m^2-L_{m-1}^2)+c_{32}c_{34}(L_m-L_{m-1})\right] \\ k_{55}=\sum_{m=1}^{n}\frac{1}{(EI)_m}\left[\frac{1}{3}c_{43}^2(L_m^3-L_{m-1}^3)+c_{33}c_{43}(L_m^2-L_{m-1}^2)+c_{33}^2(L_m-L_{m-1})\right] \\ k_{56}=k_{65}=\sum_{m=1}^{n}\frac{1}{(EI)_m}\left[\frac{1}{3}c_{43}c_{44}(L_m^3-L_{m-1}^3)+\frac{1}{2}(c_{33}c_{44}+c_{43}c_{34})(L_m^2-L_{m-1}^2)+c_{33}c_{34}(L_m-L_{m-1})\right] \\ k_{66}=\sum_{m=1}^{n}\frac{1}{(EI)_m}\left[\frac{1}{3}c_{44}^2(L_m^3-L_{m-1}^3)+c_{44}c_{34}(L_m^2-L_{m-1}^2)+c_{34}^2(L_m-L_{m-1})\right] \end{cases} \tag{7.51}$$

式中，L_m 为原点 i 至第 m 段末的距离，$L_0=0$；$m=1,2,\cdots,n$，c_{mn} 由式(7.33)确定。

7.2.3 考虑剪切变形的变刚度梁单元

当梁的截面高度与梁长的比值较大时，剪切变形的影响也较大，不能忽略。在7.2.1节，7.2.2节所推导的变刚度梁单元刚度矩阵时没有考虑剪切变形的影响。本节将推导考虑剪切变形的梁单元刚度矩阵。对图7.3变刚度梁单元，将抗弯刚度和抗剪刚度表示成奇异函数

$$\begin{cases} \frac{1}{EI}=\sum_{i=1}^{n}\beta_i\langle x-x_i\rangle^0 \\ \frac{1}{GA}=\sum_{i=1}^{n}\alpha_i\langle x-x_i\rangle^0 \end{cases} \tag{7.52}$$

式中

$\beta_i=\frac{1}{(EI)_i}-\frac{1}{(EI)_{i-1}}$，　$\frac{1}{(EI)_0}=0$，　$\alpha_i=\frac{1}{(GA)_i}-\frac{1}{(GA)_{i-1}}$，$x_i$ 为抗弯刚度改变处的位置，$x_1=0$。两端节点编号为1、2，不计轴力影响，剪力以向上为正，弯矩和转角以逆时针为正。由式(7.28)～式(7.30)，梁弯曲的挠度、转角及曲率分别为

$$y_M = a_1 + a_2 x + \frac{1}{2} a_3 \sum_{i=1}^{n} \beta_i \langle x - x_i \rangle^2 + \frac{1}{6} a_4 \sum_{i=1}^{n} \beta_i \langle x - x_i \rangle^0 (x^3 - 3x_i^2 x + 2x_i^3) \tag{7.53}$$

$$\frac{\mathrm{d}y_M}{\mathrm{d}x} = a_2 + a_3 \sum_{i=1}^{n} \beta_i \langle x - x_i \rangle^1 + \frac{1}{2} a_4 \sum_{i=1}^{n} \beta_i \langle x - x_i \rangle^0 (x^2 - x_i^2) \tag{7.54}$$

$$\frac{\mathrm{d}^2 y_M}{\mathrm{d}x^2} = a_3 \sum_{i=1}^{n} \beta_i \langle x - x_i \rangle^0 + a_4 x \sum_{i=1}^{n} \beta_i \langle x - x_i \rangle^0 \tag{7.55}$$

由材料力学公式有

$$\frac{\mathrm{d}y_V}{\mathrm{d}x} = -\frac{kQ(x)}{GA} \tag{7.56}$$

式中，y_M 、y_V 分别为由弯曲和剪力所产生的挠度；μ 为剪应力不均匀系数，对矩形截面 $\mu = 1.2$ ，对圆形截面 $\mu = 10/9$ 。由 $\frac{\mathrm{d}Q}{\mathrm{d}x} = 0$ 得

$$\frac{\mathrm{d}}{\mathrm{d}x}\left(\frac{GA}{\mu}\frac{\mathrm{d}y_V}{\mathrm{d}x}\right) = 0 \tag{7.57}$$

式(7.57)积分，代入式(7.52)可得

$$\frac{\mathrm{d}y_V}{\mathrm{d}x} = ka_6 \frac{1}{GA} = ka_6 \sum_{i=1}^{n} \alpha_i \langle x - x_i \rangle^0 \tag{7.58}$$

$$y_V = a_5 + ka_6 \sum_{i=1}^{n} \alpha_i \langle x - x_i \rangle^1 \tag{7.59}$$

由式(7.53)及式(7.59)可得梁的挠度为

$$y = a_1 + a_2 x + \frac{1}{2} a_3 \sum_{i=1}^{n} \beta_i \langle x - x_i \rangle^2 + \frac{1}{6} a_4 \sum_{i=1}^{n} \beta_i \langle x - x_i \rangle^0 (x^3 - 3x_i^2 x + 2x_i^3) + a_5 + ka_6 \sum_{i=1}^{n} \alpha_i \langle x - x_i \rangle^1 \tag{7.60}$$

根据平衡条件 $M_1 + M_2 = -Q_2 L$ ，同时考虑

$$M = EI \frac{\mathrm{d}^2 y_M}{\mathrm{d}x^2}, \quad Q = -\frac{GA}{\mu}\frac{\mathrm{d}y_V}{\mathrm{d}x}$$

可得

$$2a_3 + a_4 L = La_6 \tag{7.61}$$

在式(7.60)中的两个常数 a_1、a_5 可统一为一个，为了与前面符号统一，设统一后为 a_1 ，然后将式(7.61)代入式(7.60)后可得

$$y = a_1 + a_2 x + a_3 \left[\frac{1}{2} \sum_{i=1}^{n} \beta_i \langle x - x_i \rangle^2 + \frac{2\mu}{L} \sum_{i=1}^{n} \alpha_i \langle x - x_i \rangle^1\right] + a_4 \left[\frac{1}{6} \sum_{i=1}^{n} \beta_i \langle x - x_i \rangle^0 (x^3 - 3x_i^2 x + 2x_i^3) + \mu \sum_{i=1}^{n} \alpha_i \langle x - x_i \rangle^1\right] \tag{7.62}$$

将式(7.54)与式(7.58)相加,并将式(7.62)代入得

$$\theta = \frac{\mathrm{d}y}{\mathrm{d}x} = a_2 + a_3\left[\sum_{i=1}^{n}\beta_i\langle x - x_i\rangle^1 + \frac{2\mu}{L}\sum_{i=1}^{n}\alpha_i\langle x - x_i\rangle^0\right]$$
$$+ a_4\left[\frac{1}{2}\sum_{i=1}^{n}\beta_i\langle x - x_i\rangle^0(x^2 - x_i^2) + \mu\sum_{i=1}^{n}\alpha_i\langle x - x_i\rangle^0\right] \tag{7.63}$$

将边界条件(7.24)代入式(7.62)和式(7.63)可得

$$\begin{bmatrix} v_1 \\ \theta_1 \\ v_2 \\ \theta_2 \end{bmatrix} = \begin{bmatrix} 1 & 0 & 0 & 0 \\ 0 & 1 & g_1 & h_1 \\ 1 & L & G_2 & H_2 \\ 0 & 1 & g_2 & h_2 \end{bmatrix} \begin{bmatrix} a_1 \\ a_2 \\ a_3 \\ a_4 \end{bmatrix} \tag{7.64}$$

式中

$$\begin{cases} g_1 = \dfrac{2\mu}{L(GA)_1}, h_1 = \dfrac{\mu}{(GA)_1} \\ G_2 = \dfrac{1}{2}\displaystyle\sum_{i=1}^{n}\left[\beta_i\langle L - x_i\rangle^2 + \frac{2\mu}{L}\alpha_i\langle L - x_i\rangle^1\right] \\ H_2 = \dfrac{1}{6}\displaystyle\sum_{i=1}^{n}\left[\beta_i\langle L - x_i\rangle^0(L^3 - 3x_i^2L + 2x_i^3) + 6\mu\,\alpha_i\langle L - x_i\rangle^1\right] \\ g_2 = \displaystyle\sum_{i=1}^{n}\left[\beta_i\langle L - x_i\rangle^1 + \frac{2\mu}{L}\alpha_i\langle L - x_i\rangle^0\right] \\ h_2 = \dfrac{1}{2}\displaystyle\sum_{i=1}^{n}\left[\beta_i\langle x - x_i\rangle^0(x^2 - x_i^2) + 2\mu\alpha_i\langle x - x_i\rangle^0\right] \end{cases} \tag{7.65}$$

由式(7.64)可得

$$\begin{bmatrix} a_1 \\ a_2 \\ a_3 \\ a_4 \end{bmatrix} = \begin{bmatrix} c_{11} & c_{12} & c_{13} & c_{14} \\ c_{21} & c_{22} & c_{23} & c_{24} \\ c_{31} & c_{32} & c_{33} & c_{34} \\ c_{41} & c_{42} & c_{43} & c_{44} \end{bmatrix} \begin{bmatrix} v_1 \\ \theta_1 \\ v_2 \\ \theta_2 \end{bmatrix} = \boldsymbol{Cr}_\mathrm{e} \tag{7.66}$$

式中

$$\begin{cases} c_{11} = 1, c_{12} = c_{13} = c_{14} = 0 \\ c_{21} = \dfrac{h_1g_2 - g_1h_2}{S}, c_{22} = \dfrac{H_2g_2 - G_2h_2}{S}, c_{23} = \dfrac{g_1h_2 - h_1g_2}{S}, c_{24} = \dfrac{h_1G_2 - g_1H_2}{S} \\ c_{31} = \dfrac{h_2 - h_1}{S}, c_{32} = \dfrac{h_2L - H_2}{S}, c_{33} = \dfrac{h_1 - h_2}{S}, c_{34} = \dfrac{H_2 - h_1L}{S} \\ c_{41} = \dfrac{g_1 - g_2}{S}, c_{42} = \dfrac{G_2 - g_2L}{S}, c_{43} = \dfrac{g_2 - g_1}{S}, c_{44} = \dfrac{g_1L - G_2}{S} \\ S = H_2g_2 - G_2h_2 + h_2g_1L - h_1g_2L - g_1H_2 + h_1G_2 \end{cases} \tag{7.67}$$

$$\boldsymbol{r}_{\mathrm{e}}=[v_1,\theta_1,v_2,\theta_2]^{\mathrm{T}} \tag{7.68}$$

将式(7.66)代入式(7.55)、式(7.58)可得

$$\frac{\mathrm{d}^2 y_M}{\mathrm{d}x^2}=\boldsymbol{B}\boldsymbol{r}_{\mathrm{e}} \tag{7.69}$$

$$\frac{\mathrm{d}y_V}{\mathrm{d}x}=\boldsymbol{G}\boldsymbol{r}_{\mathrm{e}} \tag{7.70}$$

式中

$$\boldsymbol{B}=\sum_{i=1}^{n}\beta_i\langle x-x_i\rangle^0[c_{31}+c_{41}x,c_{32}+c_{42}x,c_{33}+c_{43}x,c_{34}+c_{44}x] \tag{7.71}$$

$$\boldsymbol{G}=\mu\sum_{i=1}^{n}\alpha_i\langle x-x_i\rangle^0\left[\frac{2c_{31}}{L}+c_{41},\frac{2c_{32}}{L}+c_{42},\frac{2c_{33}}{L}+c_{43},\frac{2c_{34}}{L}+c_{44}\right] \tag{7.72}$$

将式(7.66)代入式(7.62)可得

$$y=\boldsymbol{N}\boldsymbol{r}_{\mathrm{e}} \tag{7.73}$$

$$\boldsymbol{N}=[1,x,G_2(x),H_2(x)]\boldsymbol{C} \tag{7.74}$$

式中

$$G_2(x)=\frac{1}{2}\sum_{i=1}^{n}\left[\beta_i\langle x-x_i\rangle^2+\frac{2\mu}{L}\alpha_i\langle x-x_i\rangle^1\right] \tag{7.75}$$

$$H_2(x)=\frac{1}{6}\sum_{i=1}^{n}[\beta_i\langle x-x_i\rangle^0(x^3-3x_i^2x+2x_i^3)+6\mu\,\alpha_i\langle x-x_i\rangle^1] \tag{7.76}$$

考虑剪切变形梁单元总势能为

$$\Pi=\frac{1}{2}\int_0^L EI\left(\frac{\mathrm{d}^2 y_M}{\mathrm{d}x^2}\right)^2\mathrm{d}x+\frac{1}{2}\int_0^L GA\left(\frac{\mathrm{d}y_V}{\mathrm{d}x}\right)^2\mathrm{d}x-\left[\int_0^L q(x)\boldsymbol{N}\mathrm{d}x+\int_0^L m(x)\frac{\mathrm{d}\boldsymbol{N}}{\mathrm{d}x}\mathrm{d}x+\boldsymbol{F}_{\mathrm{e}}\right]\boldsymbol{r}_{\mathrm{e}} \tag{7.77}$$

将式(7.69)、式(7.70)代入式(7.77)可得

$$\begin{aligned}\Pi=&\frac{1}{2}\boldsymbol{r}_{\mathrm{e}}^{\mathrm{T}}\int_0^L EI\boldsymbol{B}^{\mathrm{T}}\boldsymbol{B}\mathrm{d}x\boldsymbol{r}_{\mathrm{e}}+\frac{1}{2}\boldsymbol{r}_{\mathrm{e}}^{\mathrm{T}}\int_0^L GA\boldsymbol{G}^{\mathrm{T}}\boldsymbol{G}\mathrm{d}x\boldsymbol{r}_{\mathrm{e}}-\left[\int_0^L q(x)\boldsymbol{N}\mathrm{d}x\right.\\&\left.+\int_0^L m(x)\frac{\mathrm{d}\boldsymbol{N}}{\mathrm{d}x}\mathrm{d}x+\boldsymbol{F}_{\mathrm{e}}\right]\boldsymbol{r}_{\mathrm{e}}\end{aligned} \tag{7.78}$$

由最小势能原理可得单元刚度方程为

$$\boldsymbol{k}_{\mathrm{e}}\boldsymbol{r}_{\mathrm{e}}=\boldsymbol{F}_{\mathrm{e}}+\boldsymbol{F}_{\mathrm{e}}^{\mathrm{E}} \tag{7.79}$$

式中

$$\boldsymbol{F}_{\mathrm{e}}^{\mathrm{E}}=\int_0^L q(x)\boldsymbol{N}^{\mathrm{T}}\mathrm{d}x+\int_0^L m(x)\frac{\mathrm{d}\boldsymbol{N}^{\mathrm{T}}}{\mathrm{d}x}\mathrm{d}x \tag{7.80}$$

$$\boldsymbol{k}_{\mathrm{e}}=\int_0^L(EI\boldsymbol{B}^{\mathrm{T}}\boldsymbol{B}+GA\boldsymbol{G}^{\mathrm{T}}\boldsymbol{G})\mathrm{d}x \tag{7.81}$$

将式(7.52)代入式(7.81)可得

$$\boldsymbol{k}_{\mathrm{e}}=\int_{0}^{L}\left(\frac{1}{\sum_{i=1}^{n}\beta_{i}\langle x-x_{i}\rangle^{0}}\boldsymbol{B}^{\mathrm{T}}\boldsymbol{B}+\frac{1}{\sum_{i=1}^{n}\alpha_{i}\langle x-x_{i}\rangle^{0}}\boldsymbol{G}^{\mathrm{T}}\boldsymbol{G}\right)\mathrm{d}x \tag{7.82}$$

由式(7.82)可得考虑剪切变形梁单元刚度矩阵为

$$\boldsymbol{k}_{\mathrm{e}}=\sum_{m=1}^{n}\boldsymbol{k}_{m\mathrm{e}} \tag{7.83}$$

式中

$$\boldsymbol{k}_{m\mathrm{e}}=\frac{1}{(EI)_{m}}\begin{bmatrix}k_{11}&k_{12}&k_{13}&k_{14}\\&k_{22}&k_{23}&k_{24}\\\text{对称}&&k_{33}&k_{34}\\&&&k_{44}\end{bmatrix}+\frac{\mu}{(GA)_{m}}\begin{bmatrix}k'_{11}&k'_{12}&k'_{13}&k'_{14}\\&k'_{22}&k'_{23}&k'_{24}\\\text{对称}&&k'_{33}&k'_{34}\\&&&k'_{44}\end{bmatrix} \tag{7.84}$$

其中

$$\left\{\begin{aligned}
k_{11}&=\frac{1}{3}c_{41}^{2}(L_{m}^{3}-L_{m-1}^{3})+c_{31}c_{41}(L_{m}^{2}-L_{m-1}^{2})+c_{31}^{2}(L_{m}-L_{m-1})\\
k_{12}&=k_{21}=\frac{1}{3}c_{41}c_{42}(L_{m}^{3}-L_{m-1}^{3})+\frac{1}{2}(c_{31}c_{42}+c_{41}c_{32})(L_{m}^{2}-L_{m-1}^{2})+c_{31}c_{32}(L_{m}-L_{m-1})\\
k_{13}&=k_{31}=\frac{1}{3}c_{41}c_{43}(L_{m}^{3}-L_{m-1}^{3})+\frac{1}{2}(c_{31}c_{43}+c_{41}c_{33})(L_{m}^{2}-L_{m-1}^{2})+c_{31}c_{33}(L_{m}-L_{m-1})\\
k_{14}&=k_{41}=\frac{1}{3}c_{41}c_{44}(L_{m}^{3}-L_{m-1}^{3})+\frac{1}{2}(c_{31}c_{44}+c_{41}c_{34})(L_{m}^{2}-L_{m-1}^{2})+c_{31}c_{34}(L_{m}-L_{m-1})\\
k_{22}&=\frac{1}{3}c_{42}^{2}(L_{m}^{3}-L_{m-1}^{3})+c_{32}c_{42}(L_{m}^{2}-L_{m-1}^{2})+c_{32}^{2}(L_{m}-L_{m-1})\\
k_{23}&=k_{32}=\frac{1}{3}c_{42}c_{43}(L_{m}^{3}-L_{m-1}^{3})+\frac{1}{2}(c_{32}c_{43}+c_{42}c_{33})(L_{m}^{2}-L_{m-1}^{2})+c_{32}c_{33}(L_{m}-L_{m-1})\\
k_{24}&=k_{42}=\frac{1}{3}c_{42}c_{44}(L_{m}^{3}-L_{m-1}^{3})+\frac{1}{2}(c_{32}c_{44}+c_{42}c_{34})(L_{m}^{2}-L_{m-1}^{2})+c_{32}c_{34}(L_{m}-L_{m-1})\\
k_{33}&=\frac{1}{3}c_{43}^{2}(L_{m}^{3}-L_{m-1}^{3})+c_{33}c_{43}(L_{m}^{2}-L_{m-1}^{2})+c_{33}^{2}(L_{m}-L_{m-1})\\
k_{34}&=k_{43}=\frac{1}{3}c_{43}c_{44}(L_{m}^{3}-L_{m-1}^{3})+\frac{1}{2}(c_{33}c_{44}+c_{43}c_{34})(L_{m}^{2}-L_{m-1}^{2})+c_{33}c_{34}(L_{m}-L_{m-1})\\
k_{44}&=\frac{1}{3}c_{44}^{2}(L_{m}^{3}-L_{m-1}^{3})+c_{44}c_{34}(L_{m}^{2}-L_{m-1}^{2})+c_{34}^{2}(L_{m}-L_{m-1})
\end{aligned}\right. \tag{7.85}$$

$$
\begin{cases}
k'_{11}=\left(\dfrac{4}{L^2}c_{31}^2+4\,\dfrac{c_{31}c_{41}}{L}+c_{41}^2\right)(L_m-L_{m-1})\\
k'_{12}=\left[\dfrac{2}{L}\left(\dfrac{2c_{32}}{L}+c_{42}\right)c_{31}+c_{41}\left(\dfrac{2c_{32}}{L}+c_{42}\right)\right](L_m-L_{m-1})\\
k'_{13}=\left[\dfrac{2}{L}\left(\dfrac{2c_{33}}{L}+c_{43}\right)c_{31}+c_{41}\left(\dfrac{2c_{33}}{L}+c_{43}\right)\right](L_m-L_{m-1})\\
k'_{14}=\left[\dfrac{2}{L}\left(\dfrac{2c_{34}}{L}+c_{44}\right)c_{31}+c_{41}\left(\dfrac{2c_{34}}{L}+c_{44}\right)\right](L_m-L_{m-1})\\
k'_{21}=\left[\dfrac{2}{L}\left(\dfrac{2c_{32}}{L}+c_{42}\right)c_{31}+c_{41}\left(\dfrac{2c_{32}}{L}+c_{42}\right)\right](L_m-L_{m-1})\\
k'_{22}=\left(\dfrac{4}{L^2}c_{32}^2+\dfrac{4c_{32}c_{42}}{L}+c_{42}^2\right)(L_m-L_{m-1})\\
k'_{23}=\left[\dfrac{2}{L}\left(\dfrac{2c_{33}}{L}+c_{43}\right)c_{32}+c_{42}\left(\dfrac{2c_{33}}{L}+c_{43}\right)\right](L_m-L_{m-1})\\
k'_{24}=\left[\dfrac{2}{L}\left(\dfrac{2c_{34}}{L}+c_{44}\right)c_{32}+c_{42}\left(\dfrac{2c_{34}}{L}+c_{44}\right)\right](L_m-L_{m-1})\\
k'_{31}=\left[\dfrac{2}{L}\left(\dfrac{2c_{33}}{L}+c_{43}\right)c_{31}+c_{41}\left(\dfrac{2c_{33}}{L}+c_{43}\right)\right](L_m-L_{m-1})\\
k'_{32}=\left[\dfrac{2}{L}\left(\dfrac{2c_{33}}{L}+c_{43}\right)c_{32}+c_{42}\left(\dfrac{2c_{33}}{L}+c_{43}\right)\right](L_m-L_{m-1})\\
k'_{33}=\left(\dfrac{4}{L^2}c_{33}^2+\dfrac{4c_{33}c_{43}}{L}+c_{43}^2\right)(L_m-L_{m-1})\\
k'_{34}=\left[\dfrac{2}{L}\left(\dfrac{2c_{34}}{L}+c_{44}\right)c_{33}+c_{43}\left(\dfrac{2c_{34}}{L}+c_{44}\right)\right](L_m-L_{m-1})\\
k'_{41}=\left[\dfrac{2}{L}\left(\dfrac{2c_{34}}{L}+c_{44}\right)c_{31}+c_{41}\left(\dfrac{2c_{34}}{L}+c_{44}\right)\right](L_m-L_{m-1})\\
k'_{42}=\left[\dfrac{2}{L}\left(\dfrac{2c_{34}}{L}+c_{44}\right)c_{32}+c_{42}\left(\dfrac{2c_{34}}{L}+c_{44}\right)\right](L_m-L_{m-1})\\
k'_{43}=\left[\dfrac{2}{L}\left(\dfrac{2c_{34}}{L}+c_{44}\right)c_{33}+c_{43}\left(\dfrac{2c_{34}}{L}+c_{44}\right)\right](L_m-L_{m-1})\\
k'_{44}=\left(\dfrac{4}{L^2}c_{34}^2+\dfrac{4c_{34}c_{44}}{L}+c_{44}^2\right)(L_m-L_{m-1})
\end{cases}
\tag{7.86}
$$

式中，L_m 为原点 i 至第 m 段末的距离，$L_0=0$，$m=1,2,\cdots,n$；c_{ij} 由式(7.67)确定。

7.3　加腋梁单元

图 7.7 为两端加腋梁单元图，设其长度为 L，共分为三段，第一段和第三加腋

段为宽度不变而高度线性变化,因此其抗弯刚度为 x 的三次函数,中间段为等截面段,其几何参数如图 7.7 所示。

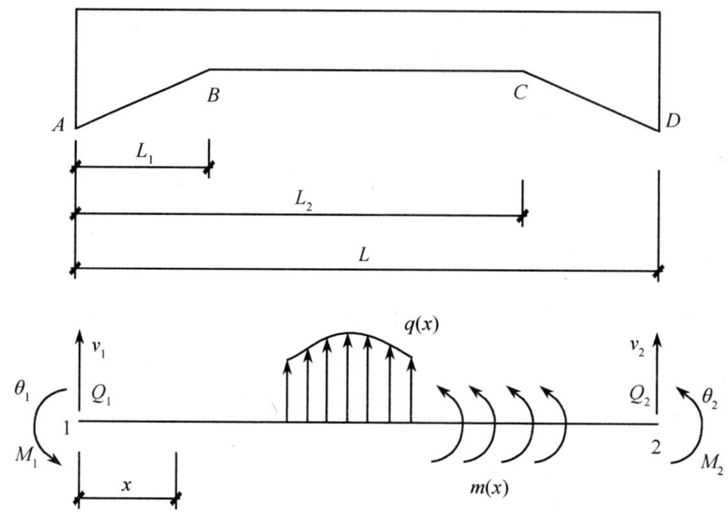

图 7.7　加腋梁单元

梁单元的抗弯刚度用奇异函数可表示为

$$\frac{1}{EI(x)}=\sum_{i=1}^{3}g_i(x)\langle x-L_{i-1}\rangle^0=g_1(x)+g_2(x)\langle x-L_1\rangle^0+g_3(x)\langle x-L_2\rangle^0 \tag{7.87}$$

式中

$$g_i(x)=\frac{1}{EI(x)_i}-\frac{1}{EI(x)_{i-1}},\quad L_0=0,\quad \frac{1}{EI(x)_0}=0$$

考虑单元内微段体的平衡(图 7.7),由微段体的弯矩平衡有

$$\frac{\mathrm{d}Q}{\mathrm{d}x}=\frac{\mathrm{d}^2M}{\mathrm{d}x^2}=0 \tag{7.88}$$

式中,Q、M 为微段体的剪力和弯矩。

由材料力学公式 $EI\dfrac{\mathrm{d}^2y}{\mathrm{d}x^2}=M$ 可得

$$\frac{\mathrm{d}^2}{\mathrm{d}x^2}\left(EI\frac{\mathrm{d}^2y}{\mathrm{d}x^2}\right)=0 \tag{7.89}$$

式(7.89)积分可得

$$\frac{\mathrm{d}^2y}{\mathrm{d}x^2}=a_3\frac{1}{EI}+a_4x\frac{1}{EI} \tag{7.90}$$

将式(7.87)代入式(7.90)得

$$\frac{\mathrm{d}^2 y}{\mathrm{d}x^2} = a_3 \sum_{i=1}^{3} g_i(x)\langle x - L_{i-1}\rangle^0 + a_4 x \sum_{i=1}^{3} g_i(x)\langle x - L_{i-1}\rangle^0 \tag{7.91}$$

$$\theta = \frac{\mathrm{d}y}{\mathrm{d}x} = a_2 + a_3 \sum_{i=1}^{3} \langle x - L_{i-1}\rangle^0 \int_{L_{i-1}}^{x} g_i(x)\mathrm{d}x + a_4 \sum_{i=1}^{3} \langle x - L_{i-1}\rangle^0 \int_{L_{i-1}}^{x} x g_i(x)\mathrm{d}x \tag{7.92}$$

$$y = a_1 + a_2 x + a_3 \sum_{i=1}^{3} \langle x - L_{i-1}\rangle^0 \int_{L_{i-1}}^{x}\int_{L_{i-1}}^{x} g_i(x)\mathrm{d}x^2 + a_4 \sum_{i=1}^{3} \langle x - L_{i-1}\rangle^0 \int_{L_{i-1}}^{x}\int_{L_{i-1}}^{x} x g_i(x)\mathrm{d}x^2 \tag{7.93}$$

由式(7.92)和式(7.93)及单元边界条件式(7.24)可得

$$\begin{bmatrix} v_1 \\ \theta_1 \\ v_2 \\ \theta_2 \end{bmatrix} = \begin{bmatrix} 1 & 0 & 0 & 0 \\ 0 & 1 & 0 & 0 \\ 1 & L & G_2 & H_2 \\ 0 & 1 & g_2 & h_2 \end{bmatrix} \begin{bmatrix} a_1 \\ a_2 \\ a_3 \\ a_4 \end{bmatrix} \tag{7.94}$$

式中

$$\begin{cases} G_2 = \sum_{i=1}^{3} \int_{L_{i-1}}^{L}\int_{L_{i-1}}^{x} g_i(x)\mathrm{d}x^2 \\ H_2 = \sum_{i=1}^{3} \int_{L_{i-1}}^{L}\int_{L_{i-1}}^{x} x g_i(x)\mathrm{d}x^2 \\ g_2 = \sum_{i=1}^{3} \int_{L_{i-1}}^{L} g_i(x)\mathrm{d}x \\ h_2 = \sum_{i=1}^{3} \int_{L_{i-1}}^{L} x g_i(x)\mathrm{d}x \end{cases} \tag{7.95}$$

由式(7.94)求逆可得

$$\begin{bmatrix} a_1 \\ a_2 \\ a_3 \\ a_4 \end{bmatrix} = \begin{bmatrix} c_{11} & c_{12} & c_{13} & c_{14} \\ c_{21} & c_{22} & c_{23} & c_{24} \\ c_{31} & c_{32} & c_{33} & c_{34} \\ c_{41} & c_{42} & c_{43} & c_{44} \end{bmatrix} \begin{bmatrix} v_1 \\ \theta_1 \\ v_2 \\ \theta_2 \end{bmatrix} = \boldsymbol{C}\boldsymbol{r}_{\mathrm{e}} \tag{7.96}$$

式中

$$\begin{cases} c_{11} = 1, c_{12} = c_{13} = c_{14} = 0 \\ c_{21} = 0, c_{22} = 1, c_{23} = c_{24} = 0 \\ c_{31} = -\dfrac{h_2}{S}, c_{32} = \dfrac{H_2 - h_2 L}{S}, c_{33} = \dfrac{h_2}{S}, c_{34} = -\dfrac{H_2}{S} \\ c_{41} = \dfrac{g_2}{S}, c_{42} = \dfrac{g_2 L - G_2}{S}, c_{43} = -\dfrac{g_2}{S}, c_{44} = \dfrac{G_2}{S} \\ S = G_2 h_2 - H_2 g_2 \end{cases} \tag{7.97}$$

$$\boldsymbol{r}_{\mathrm{e}}=[v_1,\theta_1,v_2,\theta_2]^{\mathrm{T}} \tag{7.98}$$

将式(7.96)代入式(7.91)中,得到

$$\frac{\mathrm{d}^2 y}{\mathrm{d}x^2}=\boldsymbol{B}\boldsymbol{r}_{\mathrm{e}} \tag{7.99}$$

式中,$\boldsymbol{B}$ 称为应变矩阵

$$\boldsymbol{B}=\sum_{i=1}^{3} g_i(x)\langle x-L_{i-1}\rangle^0[c_{31}+c_{41}x,c_{32}+c_{42}x,c_{33}+c_{43}x,c_{34}+c_{44}x] \tag{7.100}$$

将式(7.96)代入式(7.93)可得

$$y=\boldsymbol{N}\boldsymbol{r}_{\mathrm{e}} \tag{7.101}$$

$$\boldsymbol{N}=\Big[1,x,\sum_{i=1}^{3}\langle x-L_{i-1}\rangle^0\int_{L_{i-1}}^{x}\int_{L_{i-1}}^{x} g_i(x)\mathrm{d}x\mathrm{d}x, \\ \sum_{i=1}^{3}\langle x-L_{i-1}\rangle^0\int_{L_{i-1}}^{x}\int_{L_{i-1}}^{x} xg_i(x)\mathrm{d}x\mathrm{d}x\Big]\boldsymbol{C} \tag{7.102}$$

式中,$\boldsymbol{N}$ 为形函数矩阵。

梁单元总势能为

$$\Pi=\frac{1}{2}\boldsymbol{r}_{\mathrm{e}}^{\mathrm{T}}\int_0^L EI\boldsymbol{B}^{\mathrm{T}}\boldsymbol{B}\mathrm{d}x\boldsymbol{r}_{\mathrm{e}}-\Big[\int_0^L q(x)\boldsymbol{N}\mathrm{d}x+\int_0^L m(x)\frac{\mathrm{d}\boldsymbol{N}}{\mathrm{d}x}\mathrm{d}x+\boldsymbol{F}_{\mathrm{e}}\Big]\boldsymbol{r}_{\mathrm{e}} \tag{7.103}$$

由最小势能原理可得单元刚度方程为

$$\boldsymbol{k}_{\mathrm{e}}\boldsymbol{r}_{\mathrm{e}}=\boldsymbol{F}_{\mathrm{e}}+\boldsymbol{F}_{\mathrm{e}}^{\mathrm{E}} \tag{7.104}$$

式中

$$\boldsymbol{F}_{\mathrm{e}}^{\mathrm{E}}=\int_0^L q(x)\boldsymbol{N}^{\mathrm{T}}\mathrm{d}x+\int_0^L m(x)\frac{\mathrm{d}\boldsymbol{N}^{\mathrm{T}}}{\mathrm{d}x}\mathrm{d}x \tag{7.105}$$

$$\boldsymbol{k}_{\mathrm{e}}=\int_0^L EI\boldsymbol{B}^{\mathrm{T}}\boldsymbol{B}\mathrm{d}x \tag{7.106}$$

将式(7.87)代入式(7.106)可得

$$\boldsymbol{k}_{\mathrm{e}}=\int_0^L\frac{1}{\sum_{i=1}^{3} g_i(x)\langle x-L_{i-1}\rangle^0}\boldsymbol{B}^{\mathrm{T}}\boldsymbol{B}\mathrm{d}x \tag{7.107}$$

可得梁单元刚度矩阵为

$$\boldsymbol{k}_{\mathrm{e}}=\sum_{m=1}^{3}\boldsymbol{k}_{m\mathrm{e}} \tag{7.108}$$

式中

$$\begin{cases} \boldsymbol{k}_{1e} = \int_{0}^{L_1} \boldsymbol{B}^{\mathrm{T}}\boldsymbol{B}/g_1(x)\mathrm{d}x \\ \boldsymbol{k}_{2e} = \int_{L_1}^{L_2} \boldsymbol{B}^{\mathrm{T}}\boldsymbol{B}/g_2(x)\mathrm{d}x \\ \boldsymbol{k}_{3e} = \int_{L_2}^{L} \boldsymbol{B}^{\mathrm{T}}\boldsymbol{B}/g_3(x)\mathrm{d}x \end{cases} \tag{7.109}$$

7.4　杆系结构有限元法

有了单元特性分析的结果，将局部坐标下各单元的刚度矩阵通过坐标变换成整体坐标下的单元刚度矩阵。然后对各单元仅在节点相互连接的单元集合体用虚位移原理或最小势能原理进行推导，建立起可以表示整个结构(更确切地说是单元集合体)节点平衡的方程组，即整体刚度方程

$$\boldsymbol{K\Delta} = \boldsymbol{P}_{\mathrm{D}} + \boldsymbol{P}_{\mathrm{E}} = \boldsymbol{P} \tag{7.110}$$

式中，$\boldsymbol{K}$ 为整体刚度矩阵；$\boldsymbol{P}$ 为节点荷载矩阵(它包括直接节点荷载 $\boldsymbol{P}_{\mathrm{D}}$ 与等效节点荷载 $\boldsymbol{P}_{\mathrm{E}}$ 两部分)；$\boldsymbol{\Delta}$ 为结构整体节点位移矩阵。通过直接刚度法，可以用“对号入座”的方式由各单元的单元刚度矩阵和单元等效节点荷载矩阵集成整体刚度矩阵和整体等效节点荷载矩阵。通过解静力平衡线性方程组可以求得结构各节点的位移，根据节点位移，由各单元弹性刚度矩阵可以求出单元内力[11]。

7.5　实 例 计 算

实例 7.1　如图 7.8 所示，一两端固定，分为四段的轴心受压杆。$EA=3.5\times10^6\mathrm{N/m^2}$，$P=250\mathrm{kN}$，$L=4\mathrm{m}$。

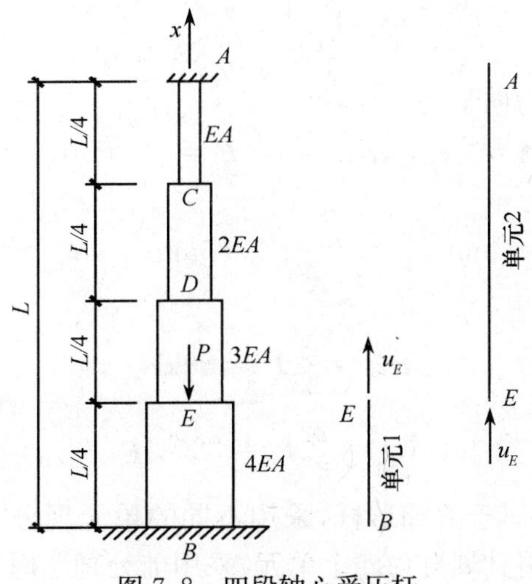

图 7.8　四段轴心受压杆

(1) 将 BE 段看作一个单元，而 ED、DC、CA 三段看作一个单元，刚度矩阵为

$$\boldsymbol{k}_1 = \frac{16EA}{L}\begin{bmatrix} 1 & -1 \\ -1 & 1 \end{bmatrix}$$

$$\boldsymbol{k}_2 = \frac{1}{\dfrac{L}{4EA}+\dfrac{L}{8EA}+\dfrac{L}{12EA}}\begin{bmatrix} 1 & -1 \\ -1 & 1 \end{bmatrix} = \frac{24EA}{11L}\begin{bmatrix} 1 & -1 \\ -1 & 1 \end{bmatrix}$$

将两个单元刚度矩阵集合成整体刚度矩阵，去掉位移边界条件后结构刚度矩阵为

$$\boldsymbol{K} = \frac{EA}{L}\begin{bmatrix} \dfrac{300}{11} \end{bmatrix}$$

最后求得 C、D、E 点的位移

$$u_C = -8.57\text{mm}, \quad u_D = -12.86\text{mm}, \quad u_E = -15.7\text{mm}$$

支座反力为

$$\begin{cases} R_A = \dfrac{3}{25}P = 30\text{kN} \\ R_B = \dfrac{22}{25}P = 220\text{kN} \end{cases}$$

(2) 如果将分为四段的阶梯形杆划分为四个单元，则 BE、ED、DC、CA 四段的单元刚度矩阵分别为 $\boldsymbol{k}'_1$、$\boldsymbol{k}'_2$、$\boldsymbol{k}'_3$、$\boldsymbol{k}'_4$，且有

$$\boldsymbol{k}'_1 = \frac{16EA}{L}\begin{bmatrix} 1 & -1 \\ -1 & 1 \end{bmatrix}, \quad \boldsymbol{k}'_2 = \frac{12EA}{L}\begin{bmatrix} 1 & -1 \\ -1 & 1 \end{bmatrix}$$

$$\boldsymbol{k}'_3 = \frac{8EA}{L}\begin{bmatrix} 1 & -1 \\ -1 & 1 \end{bmatrix}, \quad \boldsymbol{k}'_4 = \frac{4EA}{L}\begin{bmatrix} 1 & -1 \\ -1 & 1 \end{bmatrix}$$

将 4 个单元刚度矩阵集合成整体刚度矩阵，去掉位移边界条件后结构刚度矩阵为

$$\boldsymbol{K} = \frac{EA}{L}\begin{bmatrix} 28 & -12 & 0 \\ -12 & 20 & -8 \\ 0 & -8 & 12 \end{bmatrix}$$

节点位移向量和节点力向量为

$$\boldsymbol{\Delta} = [u_C, u_D, u_E]^{\mathrm{T}}, \quad \boldsymbol{F} = [-P, 0, 0]^{\mathrm{T}}$$

可以求得节点位移为

$$u_C = -8.57\text{mm}, \quad u_D = -12.86\text{mm}, \quad u_E = -15.7\text{mm}$$

支座反力为

$$\begin{cases} R_A = \dfrac{3}{25}P = 30\text{kN} \\ R_B = \dfrac{22}{25}P = 220\text{kN} \end{cases}$$

从以上比较可以看出，对于阶梯形杆，采用不同的单元划分方式，求得的结果完全相同。普通有限元法将其划分为四个单元，采用前处理法时其有三个自由度，组装

后的总刚度矩阵为 3×3 阶矩阵，而采用本书的计算方法，则只有两个单元和一个自由度，其组装后的总刚度矩阵为 1×1 阶矩阵。因此，采用本章方法能够有效减少自由度的数量，压缩总刚度矩阵的大小，当段数更多时，本章方法的优越性更明显。

实例 7.2　求图 7.9 所示超静定阶梯形梁的内力。

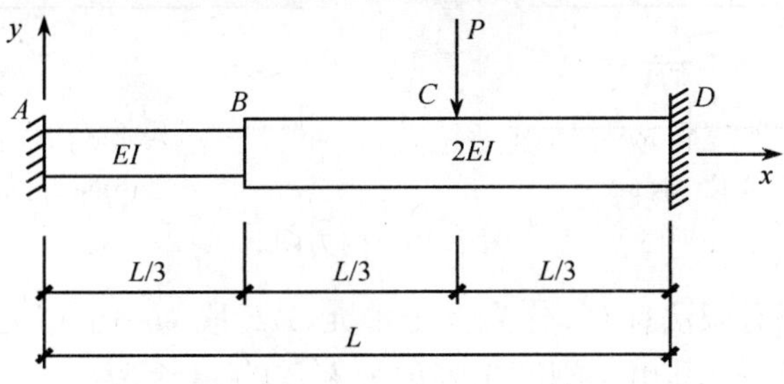

图 7.9　超静定阶梯形梁

(1) 将 AC 段作为第一个单元 $\boldsymbol{k}_1$，CD 段作为第二个单元 $\boldsymbol{k}_2$。根据前面结果，两个单元的刚度矩阵和组装后的整体刚度矩阵分别为

$$\boldsymbol{k}_1=\begin{bmatrix}\dfrac{648EI}{11L^3} & \dfrac{180EI}{11L^2} & -\dfrac{648EI}{11L^3} & \dfrac{252EI}{11L^2}\\ \dfrac{180EI}{11L^2} & \dfrac{72EI}{11L} & -\dfrac{180EI}{11L^2} & \dfrac{48EI}{11L}\\ -\dfrac{648EI}{11L^3} & -\dfrac{180EI}{11L^2} & \dfrac{648EI}{11L^3} & -\dfrac{252EI}{11L^2}\\ \dfrac{252EI}{11L^2} & \dfrac{48EI}{11L} & -\dfrac{252EI}{11L^2} & \dfrac{120EI}{11L}\end{bmatrix}$$

$$\boldsymbol{k}_2=\begin{bmatrix}\dfrac{648EI}{L^3} & \dfrac{108EI}{L^2} & -\dfrac{648EI}{L^3} & \dfrac{108EI}{L^2}\\ \dfrac{108EI}{L^2} & \dfrac{24EI}{L} & -\dfrac{108EI}{L^2} & \dfrac{12EI}{L}\\ -\dfrac{648EI}{L^3} & -\dfrac{108EI}{L^2} & \dfrac{648EI}{L^3} & -\dfrac{108EI}{L^2}\\ \dfrac{108EI}{L^2} & \dfrac{12EI}{L} & -\dfrac{108EI}{L^2} & \dfrac{24EI}{L}\end{bmatrix}$$

$$\boldsymbol{K}=\begin{bmatrix}\dfrac{7776EI}{11L^3} & \dfrac{936EI}{11L^2}\\ \dfrac{936EI}{11L^2} & \dfrac{384EI}{11L}\end{bmatrix}$$

由总体刚度矩阵，可以求出自由节点位移，然后得节点力，计算结果为

$$R_A=\frac{17}{74}P,\quad R_B=\frac{57}{74}P,\quad M_A=\frac{2}{37}PL,\quad M_B=-\frac{35}{222}PL$$

内力图如图 7.10 所示。

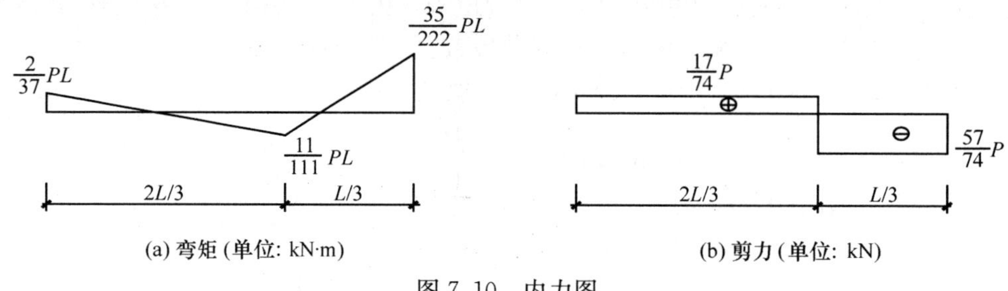

(a) 弯矩 (单位: kN·m)　(b) 剪力 (单位: kN)

图 7.10　内力图

(2) 采用常规有限法计算，分为三个单元，AB 段为一个单元，BC 段为一个单元，CD 段为一个单元，其单元刚度矩阵记为 $\boldsymbol{k}'_1$、$\boldsymbol{k}'_2$、$\boldsymbol{k}'_3$，为

$$\boldsymbol{k}'_1 = \begin{bmatrix} \frac{324EI}{L^3} & \frac{54EI}{L^2} & -\frac{324EI}{L^3} & \frac{54EI}{L^2} \\ \frac{54EI}{L^2} & \frac{12EI}{L} & -\frac{54EI}{L^2} & \frac{6EI}{L} \\ -\frac{324EI}{L^3} & -\frac{54EI}{L^2} & \frac{324EI}{L^3} & -\frac{54EI}{L^2} \\ \frac{54EI}{L^2} & \frac{6EI}{L} & -\frac{54EI}{L^2} & \frac{12EI}{L} \end{bmatrix}$$

$$\boldsymbol{k}'_2 = \boldsymbol{k}'_3 = \begin{bmatrix} \frac{648EI}{L^3} & \frac{108EI}{L^2} & -\frac{648EI}{L^3} & \frac{108EI}{L^2} \\ \frac{108EI}{L^2} & \frac{24EI}{L} & -\frac{108EI}{L^2} & \frac{12EI}{L} \\ -\frac{648EI}{L^3} & -\frac{108EI}{L^2} & \frac{648EI}{L^3} & -\frac{108EI}{L^2} \\ \frac{108EI}{L^2} & \frac{12EI}{L} & -\frac{108EI}{L^2} & \frac{24EI}{L} \end{bmatrix}$$

将单元刚度矩阵组装为总体刚度矩阵为

$$\boldsymbol{K} = \begin{bmatrix} \frac{972EI}{L^3} & \frac{54EI}{L^2} & -\frac{648EI}{L^3} & \frac{108EI}{L^2} \\ \frac{54EI}{L^2} & \frac{36EI}{L} & -\frac{108EI}{L^2} & \frac{12EI}{L} \\ -\frac{648EI}{L^3} & -\frac{108EI}{L^2} & \frac{1296EI}{L^3} & 0 \\ \frac{108EI}{L^2} & \frac{12EI}{L} & 0 & \frac{48EI}{L} \end{bmatrix}$$

节点位移向量和节点力向量为 $\boldsymbol{\Delta} = [v_B, \theta_B, v_C, \theta_C]^{\mathrm{T}}$，$\boldsymbol{F} = [0, 0, -P, 0]^{\mathrm{T}}$

可求得支反力为

$$R_A=\frac{17}{74}P,\quad R_B=\frac{57}{74}P,\quad M_A=\frac{2}{37}PL,\quad M_B=-\frac{35}{222}PL$$

在上面的计算过程中，比较两种方法，所求得的结果完全相同，但繁简程度却相差很大。由此可以看出本章方法的优势。

实例 7.3　求柱顶受集中力作用的排架的内力。$F=18\text{kN}$，$EI_1=2.13\times10^9$ $\text{N}\cdot\text{m}^2$，$EI_2=14.38\times10^9\text{N}\cdot\text{m}^2$，$EI_3=4.62\times10^9\text{N}\cdot\text{m}^2$，具体尺寸如图 7.11 所示。

(1) 将变截面柱作为一个单元，横梁作为一个单元。其单元局部坐标系分别以 A、B、C 为始端。因左柱和右柱物理和几何参数均相同，故其单元刚度矩阵也相同。

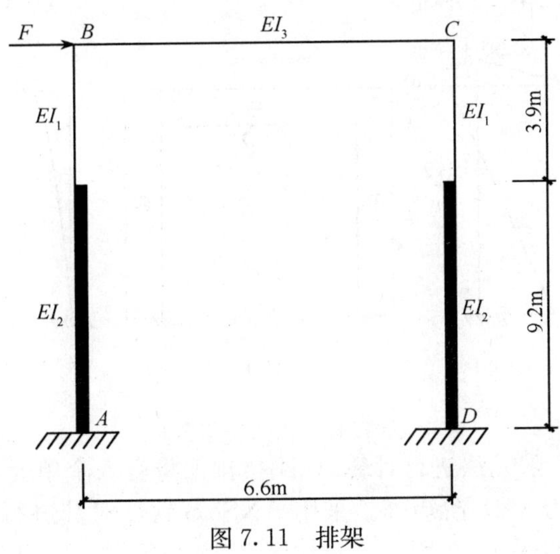

图 7.11　排架

结构的节点位移列向量为

$$\boldsymbol{\Delta}=[\Delta_1,\Delta_2,\Delta_3]^{\mathrm{T}}=[\Delta,\varphi_B,\varphi_C]^{\mathrm{T}}$$

式中，$\boldsymbol{\Delta}$ 为节点 B、C 的水平线位移，其正向与竖柱单元局部坐标系 y 轴一致；φ_B、φ_C 为节点 B、C 的角位移，以逆时针方向为正。

各个单元刚度矩阵为

$$\boldsymbol{k}_1=\boldsymbol{k}_3=10^8\times\begin{bmatrix}0.3680 & 1.3417 & -0.3680 & 3.4790\\ 1.3417 & 8.9394 & -1.3417 & 8.6374\\ -0.3680 & -1.3417 & 0.3680 & -3.4790\\ 3.4790 & 8.6374 & -3.4790 & 36.938\end{bmatrix}$$

$$\boldsymbol{k}_2=10^9\times\begin{bmatrix}0.1928 & 0.6364 & -0.1928 & 0.6364\\ 0.6364 & 2.8000 & -0.6364 & 1.4000\\ -0.1928 & -0.6364 & 0.1928 & -0.6364\\ 0.6364 & 1.400 & -0.6364 & 2.8000\end{bmatrix}$$

将各单元刚度矩阵根据节点 B、C 的平衡条件组装成整体刚度矩阵为

$$\boldsymbol{K}=10^{8}\times\begin{bmatrix}0.736 & 1.342 & 1.342\\ 1.342 & 36.939 & 14.000\\ 1.342 & 14.000 & 36.939\end{bmatrix}$$

有了整体刚度矩阵，可以求出节点位移，然后可以求出节点力，具体过程省略。计算结果为

$Q_A=-9.0\text{kN}$，$M_A=87.97\text{kN}\cdot\text{m}$，$Q_D=-9.0\text{kN}$，$M_D=87.97\text{kN}\cdot\text{m}$

内力图和位移图如图 7.12 所示。

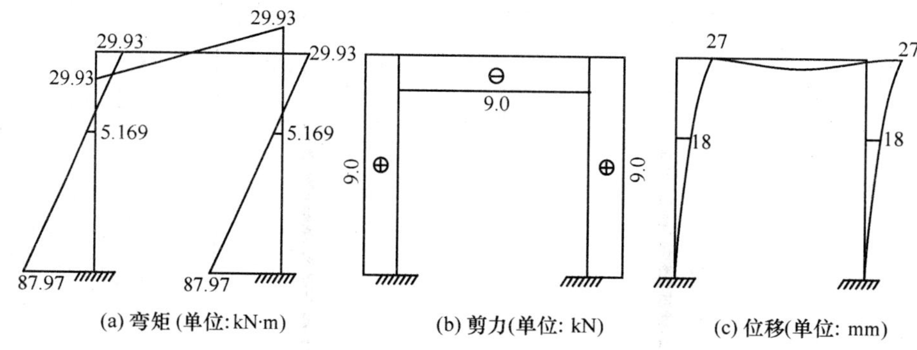

(a) 弯矩 (单位: kN·m)　(b) 剪力(单位: kN)　(c) 位移(单位: mm)

图 7.12　内力位移图

(2) 采用常规有限元法进行计算，该刚接排架将有 5 个单元，8 个位移自由度，形成的总刚度矩阵为 8×8 阶矩阵。采用 ANSYS 软件对其进行了计算，其对应的内力图和侧移曲线如图 7.13 所示。对比图 7.12 与图 7.13 可以看出，采用本章方法与 ANSYS 软件计算结果是吻合的，但本章方法所形成的总刚矩阵阶数要比 ANSYS 小得多。

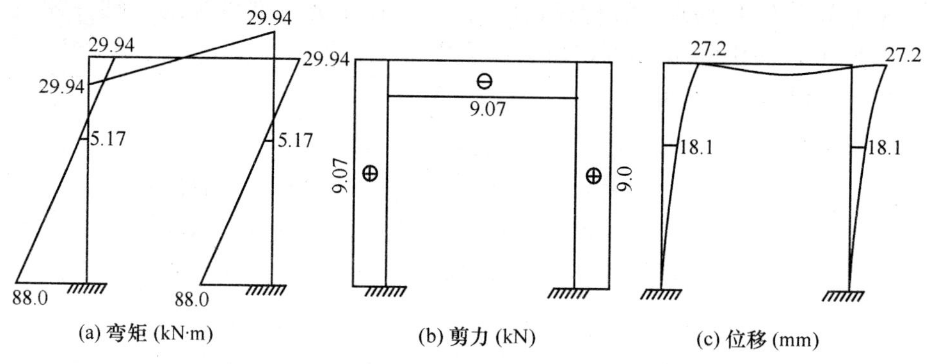

(a) 弯矩 (kN·m)　(b) 剪力 (kN)　(c) 位移 (mm)

图 7.13　内力位移图

实例 7.4　求受楼层集中力作用的壁式框架的内力和位移，不计轴向变形和剪切变形，具体尺寸见图 7.14。梁截面为 200mm×1200mm，柱截面为 200mm×1600mm。梁、

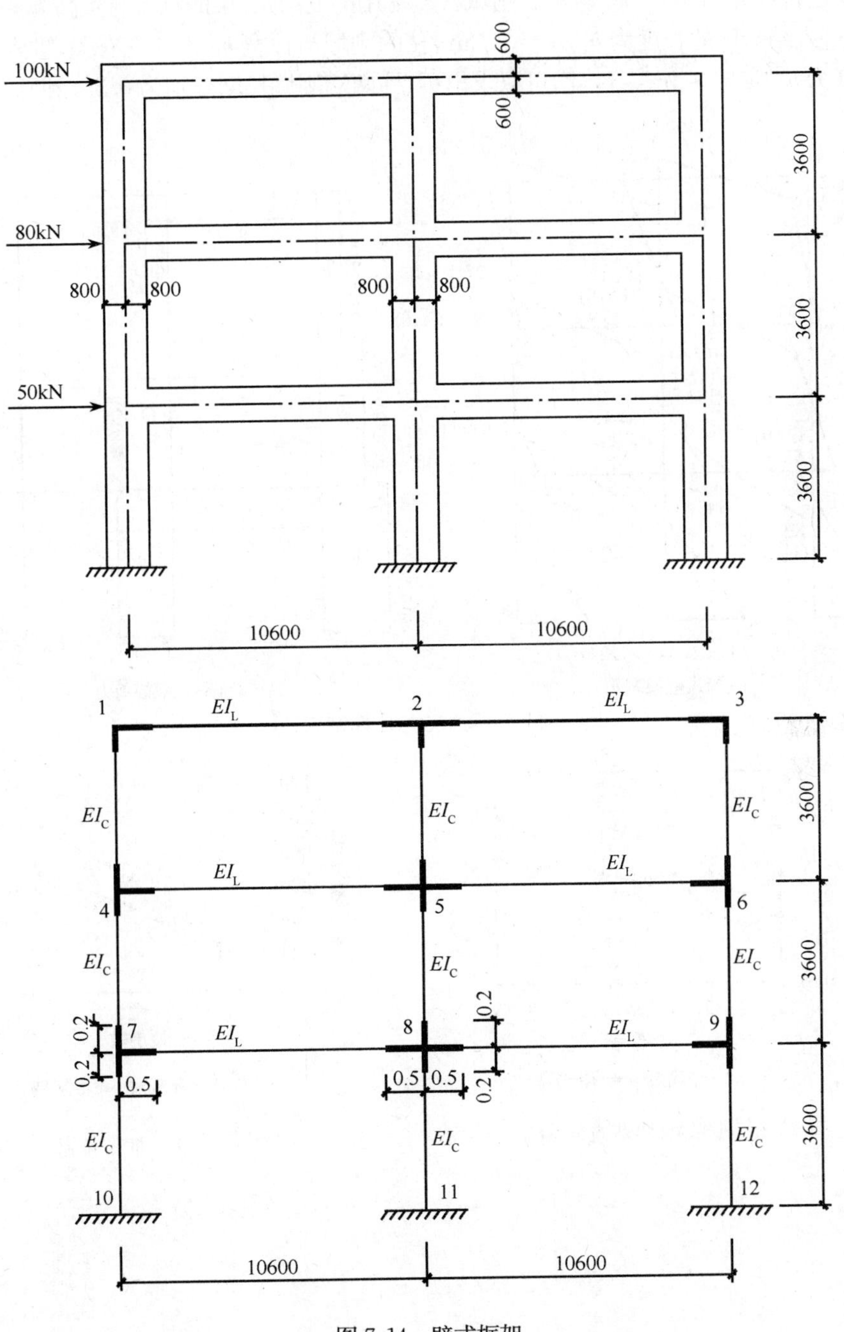

图 7.14　壁式框架

柱抗弯刚度分别为 $EI_L = 7.488 \times 10^5 N/m^2$，$EI_C = 1.7758 \times 10^6 N/m^2$ 。

由于梁和柱截面都较宽，在梁柱相交处形成一个结合区(不再是一个节点)，这个结合区可以视作不产生变形的刚域，或不产生弯曲变形和剪切变形的刚域，通常简化为壁式框架进行计算，如图 7.14 所示。刚域长度常用的取法是：梁的刚域与梁高 $h_L = 1.2m$ 有关，进入结合区的长度为 $h_L/4 = 0.3m$，柱的刚域与柱宽 $h_C = 1.6$ 有关，进入结合区的长度为 $h_C/4 = 0.4m$ 。因此，可以求出梁、柱两端刚域长度分别为 0.5m 和 0.2m。

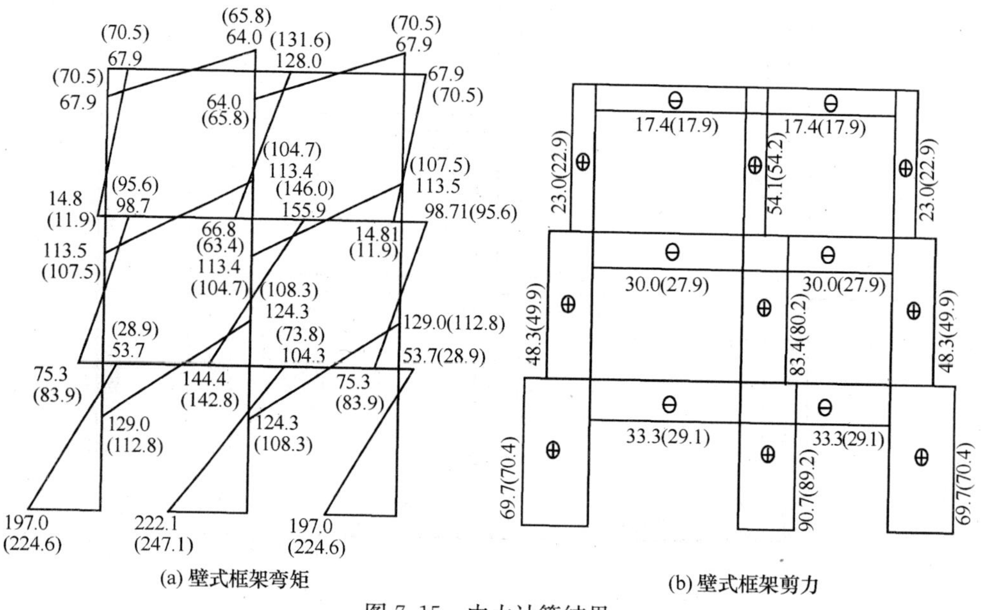

图 7.15　内力计算结果

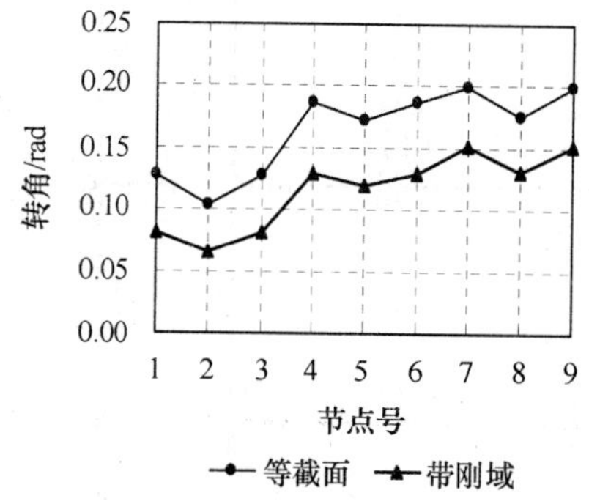

图 7.16　壁式框架节点转角

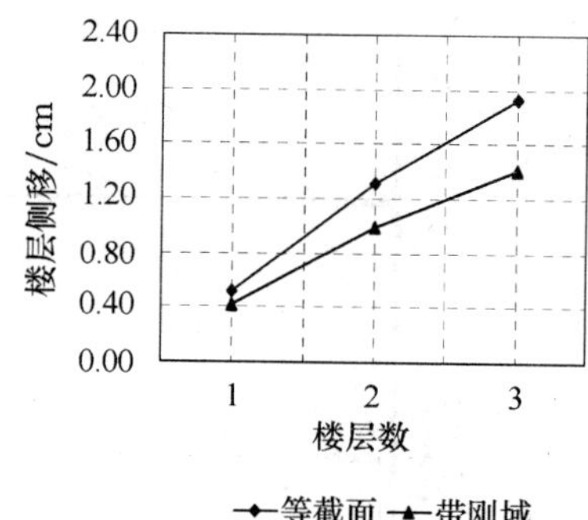

图 7.17　壁式框架侧移

图 7.15 给出了框架结构不考虑梁、柱端刚域和考虑梁、柱端刚域两种情况下结构的弯矩和剪力(括号内数值为不考虑刚域影响时的内力)。图 7.16、图 7.17 分别给出了壁式框架各节点转角及框架侧移。图中给出了框架梁柱截面为等截面及考虑带刚域两种情况的比较。

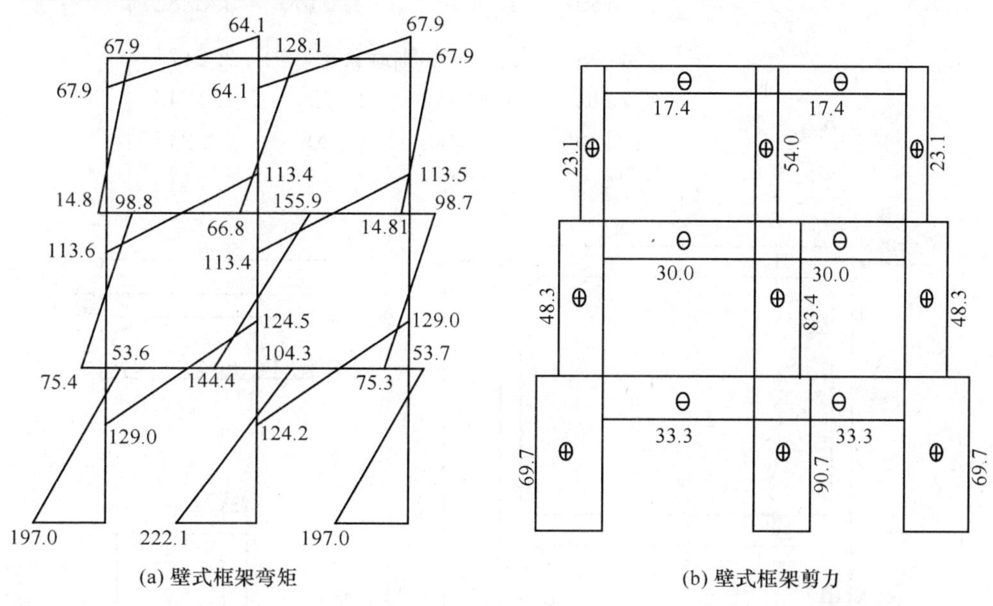

图 7.18　内力图

本例采用本章的方法求得了壁式框架在考虑刚域影响和不考虑刚域影响两种情况的内力和位移,为了证明方法的正确性,采用 ANSYS 软件对该框架进行了计算,内力图见图 7.18。从计算结果可以看出,本章方法与 ANSYS 软件所得计算结果是一致的。本例所计算的壁式框架,梁端与柱端均视为刚域,但当梁柱截面并不是很大,既不能作为普通框架,也不能作为壁式框架计算时,每根梁、柱需由三段变刚度段所组成(底层柱除外),常规有限元需要将每一段划分为一个单元,而本章方法能将变刚度段作为一个单元,从而大大减少单元数量。

实例 7.5　如图 7.19 所示加腋框架,柱截面为 350mm×350mm,梁截面为 200mm×400mm,弹性模量 $E=3\times10^{10}\,\text{N/m}^2$。承受节点荷载 $P_1=10\text{kN}$,$P_2=20\text{kN}$。计算刚架内力和位移。框架在梁端有加腋,梁刚度矩阵为 $\boldsymbol{K}_1$,柱的刚度矩阵为 $\boldsymbol{K}_2$。根据本章所推导的加腋单元刚度矩阵公式,梁和柱的单元刚度矩阵分别为

$$\boldsymbol{K}_1 = 10^7 \times \begin{bmatrix} 0.4184 & 1.0460 & -0.4184 & 1.0460 \\ 1.0460 & 3.3282 & -1.0460 & 1.9017 \\ -0.4184 & -1.0460 & 0.4184 & -1.0460 \\ 1.0460 & 1.9017 & -1.0460 & 3.3282 \end{bmatrix}$$

$$\boldsymbol{K}_2 = 10^7 \times \begin{bmatrix} 1.4205 & 2.7243 & -1.4205 & 2.2475 \\ 2.7243 & 6.4106 & -2.7243 & 3.1245 \\ -1.4205 & -2.7243 & 1.4205 & -2.2475 \\ 2.2475 & 3.1245 & -2.2475 & 4.7418 \end{bmatrix}$$

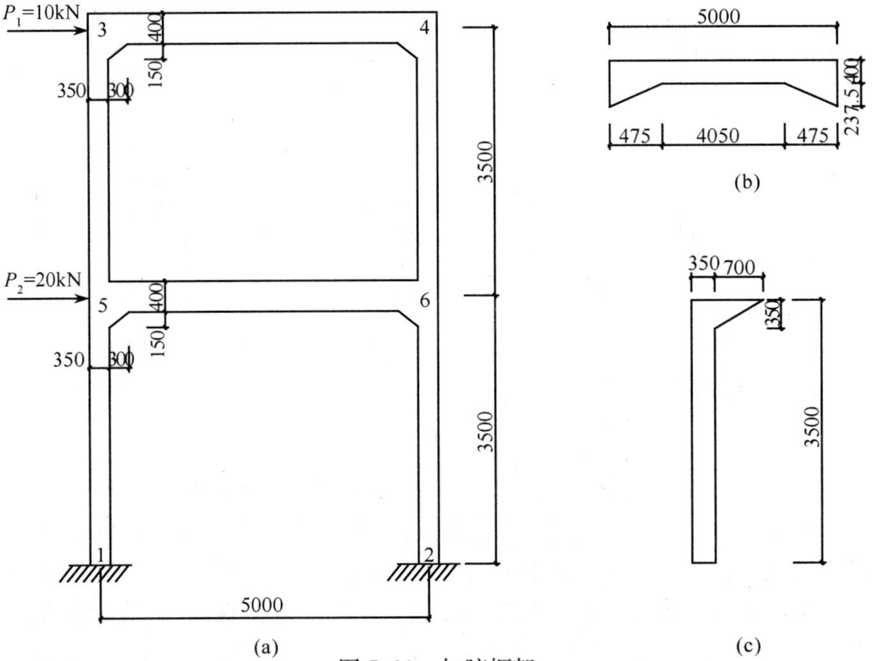

(a) (b) (c)

图 7.19 加腋框架

结构节点位移向量为

$$\boldsymbol{r} = [\Delta_1, \Delta_2, \varphi_3, \varphi_4, \varphi_5, \varphi_6]^{\mathrm{T}}$$

式中，Δ_1、Δ_2 为框架二层和一层侧移；φ_3、φ_4、φ_5、φ_6 为节点 3、4、5、6 的转角。

结构总体刚度矩阵可表示为

$$\boldsymbol{K} = 10^8 \times \begin{bmatrix} 0.2841 & -0.2841 & 0.2724 & 0.2724 & 0.2248 & 0.2248 \\ -0.2841 & 0.5682 & -0.2724 & -0.2742 & 0.0477 & 0.0477 \\ 0.2742 & -0.2742 & 0.9739 & 0.1902 & 0.3125 & 0 \\ 0.2724 & -0.2724 & 0.1902 & 0.9739 & 0 & 0.3125 \\ 0.2248 & 0.0477 & 0.3125 & 0 & 1.4481 & 0.1902 \\ 0.2248 & 0.0477 & 0 & 0.3125 & 0.1902 & 1.4481 \end{bmatrix}$$

可求得

$$\boldsymbol{r}=[3.7,2.1,-0.2,-0.2,-0.5,-0.5]^{\mathrm{T}}$$

图7.20给出了加腋框架的弯矩图和剪力图，其中括号内数据为文献[12]所求出的内力。

从表7.1可以看出，本章采用奇异函数有限元法对加腋框架的计算结果与文献[12]计算结果非常接近，其最大误差为4.17%。文献[12]采用无剪力分配法，计算过程非常复杂，而本章根据所推导的加腋单元，将加腋段与等截面段统一作为一个单元处理，减少了单元数，提高了求解效率。

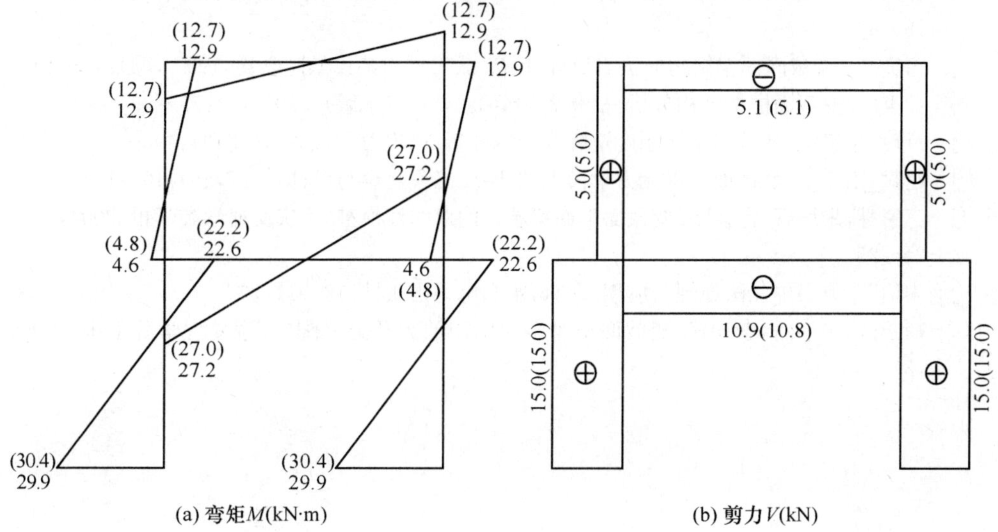

图7.20 内力图

表7.1 内力比较

节点		3		5			1
端杆		3～4	3～5	5～3	5～6	5～1	1～5
弯矩	本书解	12.9	12.9	4.6	22.6	27.2	29.9
	文献[12]解	12.7	12.7	4.8	22.2	27.0	30.4
	误差/%	1.57	1.57	4.17	1.80	0.74	1.64
剪力	本书解	5.1	5.0	5.0	10.9	15.0	15.0
	文献[12]解	5.1	5.0	5.0	10.8	15.0	15.0
	误差/%	0.00	0.00	0.00	0.93	0.00	0.00

参 考 文 献

[1] 蔡方荫.变截面刚构分析(上册).上海:上海科学技术出版社,1962:3～23

[2] 魏潮文.变截面刚架结构分析的等效刚度法.福州大学学报(自然科学版),1993,(6):64～70

[3] 周必飞.变截面梁的弯矩和位移计算法.强度与环境,2000,(2):24～28

[4] 徐贵章.变截面刚架结构计算的矩阵分析方法.武汉城市建设学院学报,1998,(1):7～11

[5] 金文成. 变截面构件结构矩阵分析的实用计算方法. 武汉城市建设学院学报,1993,(3):78～86

[6] 徐贵章. 变截面框架结构的抗震设计计算. 武汉城市建设学院学报,1997 ,(3):14～19

[7] 吴炎海.变截面框架结构分析.福州大学学报(自然科学版),1991,(2):83～89

[8] 肖玲,李银山.变截面单元刚度矩阵及稳定分析.工程力学,1998,(增刊):406～410

[9] 赵斌,王正中.变截面梁单元力学模型的建立.工程建设与设计,2002,(5):10～12

[10] 王家林,朱增辉,肖盛燮.变截面平面梁单元的双线性模型.重庆交通学院学报,2004,(2):21～25

[11] 朱伯芳.有限单元法原理与应用.北京:水利电力出版社,1979:11,2

[12] 胡必武,朱小丽,李仲正.变截面单跨多层刚架的无剪力分配法.宁夏农学院学报,1997,(3):90～96

第 8 章　高层悬挂结构动力特性理论分析

本章首先对悬挂结构作了基本介绍，将悬挂楼层简化为单摆模型，分别建立了剪切型和弯曲型连续悬挂结构、单自由度和多自由度离散悬挂结构的简化分析模型，推导了连续悬挂结构(剪切型和弯曲型)、离散悬挂结构的频率方程和主结构与悬挂楼层振型间的关系式。在单自由度或挂长相等相应楼层质量成比例的情况下，得到了悬挂结构频率计算的简单公式，探讨了悬挂结构频率和振型的变化规律，从理论上给出了悬挂结构动力特性分析的基本原理及计算方法。

通过研究和讨论可以看出，结构加入悬挂楼层后，悬挂体对原来的主结构频率具有分离的特性，并且使整个悬挂结构的基频降低，高频升高，对结构减震有利；悬挂楼层悬挂位置越高，结构基频降低越多。

8.1　悬挂结构

8.1.1　悬挂结构简介

在自然界中，凡是依附于某一载体而悬于空中的物体都可以称为悬挂体[1]。日常生活中经常可以看到各种各样的悬挂体，常见的有悬挂的蜘蛛网及一些攀藤植物，如葡萄、黄瓜等，它们利用树枝或其他较硬的构架和自身的藤为载体，悬挂重量较大的果实。这种支撑和由蔓藤组成的悬挂体系是自然界中最经济的受力体系，是大跨悬索桥及悬挂屋盖等结构的雏形。

悬挂结构的思想来源于自然界，悬挂原理的应用最早是解决交通问题。在亚热带地区，原始人在寻找食物时，为了越过陡而窄的峡谷，通过连接两岸树上的藤茎攀爬到对岸，从中获得了悬索桥的概念[2]。后来人类用编的藤、竹、麻、草及皮等绳索，横挂在两岸的大树上，实现了人造的悬挂结构。正是人类的需要，促进了悬挂结构的发展，推动了对悬挂结构原理的理论研究、工程实践及应用探索。

本章所指的悬挂结构是将建筑物全部或部分的楼层通过吊杆悬挂于巨型框架梁或核心筒悬臂梁之上而形成的一种新型多、高层结构体系。20 世纪中期，由于电子计算机的应用、结构设计理论的提高以及高强材料和高层建筑先进设备技术的采用，为建筑师创造了更丰富的想象空间，同时也为新颖超高层建筑结构体系的出现创造了条件。1938 年 Williams 首先提出了用悬挂原理建筑超高层结构的设想。自 20 世纪 50 年代后期，高层悬挂结构进入实用阶段，在世界范围内，一些高层悬挂结构建筑相继建成。例如，我国香港地区 1985 年建成的香港汇丰银行(地下 4

层，地上 45 层）、德国慕尼黑 BMW 公司办公楼、美国明尼亚波利斯联邦储备银行（11 层）以及南非约翰内斯堡标准银行（37 层）等都是采用悬挂结构的典型实例。2004 年 12 月 12 日，广东省博物馆新馆在珠江新城正式破土动工。新馆设计采用钢筋混凝土剪力墙-钢桁架悬挂结构体系，这将是我国内地第一座采用悬挂建筑结构的大型公共建筑。

悬挂结构体型独特，造型新颖，可以增强建筑物的艺术表现性。占地面积小，且可提供较大的使用空间：高层悬挂建筑中除承重主构架落地外，其余部分均从上面吊挂，可以不落地，占地面积小，因此可为底层提供较大的使用空间。

在工业建筑中，悬挂结构体系还有许多用途，如大型火力发电厂的悬吊锅炉，因为隔震需要而悬吊的精密仪器设备等，它们都由悬挂体和支撑体系组成。发电厂的悬挂锅炉体系因其良好的抗震性能而被广泛采用。日本的新潟地震和十胜冲地震都有悬挂锅炉受到冲击，但都不曾发生严重破坏。1976 年 7 月 28 日发生的唐山 7.8 级大地震中，陡河电厂位于 9 度区内，地震后电厂严重破坏，厂内的建筑物有一半以上倒塌或严重破坏，完整的或较为完整的建筑物（构筑物）无几。而陡河电厂是按照 6 度设防，悬吊锅炉支架各部分虽然也有不同程度的破坏，但破坏程度很小，而且大都是局部的、轻微的，经过简单的修复，还可以继续使用。实例表明，悬吊锅炉支架经受住了比它设计烈度高得多的强震考验。因此，悬挂结构的抗震性能引起了国内学者的广泛重视，成为研究的热点[1~32]。

8.1.2 悬挂结构体系分类

悬挂结构按照悬挂方式可分为两大类。

1. 核筒刚梁式

建筑中间为一个巨大的核心筒（主结构），筒上伸出巨型大梁，悬挂体（次结构）通过吊杆或拉索悬挂于巨型大梁上，核心筒承受悬挂体传来的竖向和横向荷载。由于悬挂体悬挂于核心筒外部，所以又称为外挂式悬挂结构，如图 8.1(a)所示。还有的建筑把桅杆结构形式引入，不做巨型大梁，而是通过拉索把悬挂体传来的荷载传递到核心筒上。核筒悬挂结构利用中心的核筒承力，外形设计灵活多变，选型随意，富于建筑艺术的表现。在这种结构类型中，实际应用比较多的是建筑顶部的旋转餐厅，如北京西苑饭店顶部的旋转餐厅就是采用了悬挂结构方案。该种结构类型的典型工程有 1970 年南非约翰内斯堡建成的悬挂 30 层的标准银行大楼和德国建成的 BMW 行政大楼[1]。

2. 巨型框架式

先构建巨型框架（主结构），在巨型框架中悬挂楼层，悬挂体（次结构）的荷载通过吊杆或悬索传递到巨型框架。由于悬挂体悬挂于巨型框架内部，所以又称为内挂式悬挂结构，如图8.1(b)所示。该体系的稳定性比较好，抗侧移能力强，可以很好地体现结构的艺术性，跨越大空间，更多的满足建筑功能的要求，但其占地面积较多，典型的工程有香港汇丰银行大楼及1982年建成的奥地利维也纳大学法学院大楼等，1999年我国建成的沈阳国税局大楼也为巨型框架悬挂结构。

此外，若从建筑材料的角度看，悬挂结构又可以分为钢筋混凝土结构、钢结构及钢-混凝土组合结构等；从结构形式的角度又可分为树形、桥形、帐篷形等。

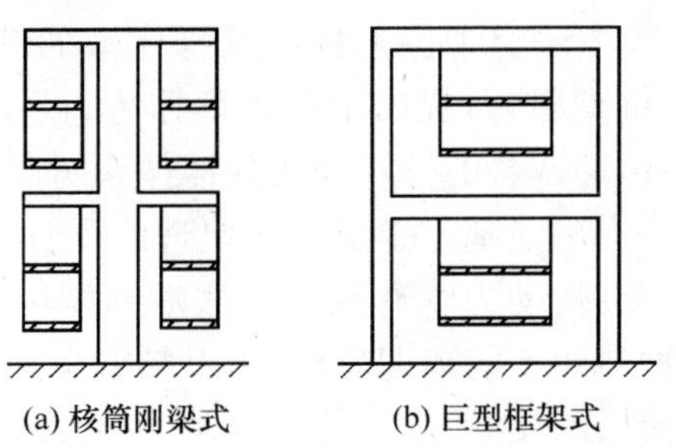

(a) 核筒刚梁式　(b) 巨型框架式

图8.1　高层悬挂结构体系

8.1.3　悬挂结构特点及简化

结合已有的抗震工程实例和研究发现，与传统的建筑结构相比，占建筑大部分重量的楼板被悬挂起来，承重主构架与悬挂楼板具有不同的振动特性，二者相互作用，可以减小地震作用，提高结构的抗震可靠度。

悬挂结构的结构组成与常规结构相比有所不同，其体系主要由三部分组成[1]：第一部分是承重主结构，它承担全部侧向荷载和竖向荷载，并将荷载传至基础和地基。例如，核筒刚梁式、树状构架式、巨型框架式、拱式、框架悬索式等，在高层悬挂建筑中，多为核筒刚梁式和巨型框架式；第二部分是吊件部分，负责把各楼层与主结构联系在一起，一般有高强钢束、预应力钢筋混凝土、现浇钢筋混凝土等，吊件由于只承受拉力，强度能够充分发挥，也不会受压杆稳定性影响；第三部分是被悬挂的楼层，也就是悬挂子结构。正是由于结构形式的不同，悬挂结构的传力途径也不一样，悬挂结构的竖向荷载或水平作用，通过吊杆传至水平构件(巨型框架梁、核心筒悬臂大梁)，再传至主结构的核心筒或巨型柱，最后由核心筒或巨型柱传至基础。

近三十年来，国内专家学者对高层悬挂结构进行了多项研究工作，取得了一批研究成果。王玉朋、魏琏[4,5]对具有悬吊质量的多层框架结构的抗震性能进行了研究，分析了悬吊质量结构的自振特性，这些研究表明结构的前几阶频率减小，周期增大，对结构的抗震有利，他们并按照二次设计的思想提出了一套完整的抗震计算方法。李宏男等[6~9]研究了利用悬吊质量摆减小结构地震反应的方法，通过理论分析和数值计算表明适当选择摆的参数，减震效果非常明显。并提出了利用悬吊质量摆减小高层建筑多个振型反应的方法，讨论了摆的不同悬吊方式及摆与结构的质量比等因素对结构地震反应的影响。

周坚等[10~14]提出了核心筒高层悬挂结构的计算模型，推导了动力方程并进行了非线性的分析，结果表明，芯筒在悬挂了楼层以后，头几个频率降低了许多，具有良好的减震性能。张晖、朱伯龙等[15]通过模拟振动台的试验，研究了悬挂楼板与筒体之间设置消能装置结构体系的地震反应，并与普通结构进行比较表明这种结构体系具有很好的减震效果。

张耀华、梁启智等[16~19]研究了巨型框架悬挂体系的动力特性与地震反应，揭示了巨型框架悬挂体系抗震原理，提出了用阻尼器进行巨型框架悬挂体系地震反应的控制方法。通过对传递函数的分析表明悬挂体系对巨型框架的驱动作用是该结构体系的主要特征，并提出了基于异步驱动原理的设计思想。提出了巨型框-筒悬挂阻尼控制模型，采用结构动力学有限元方法对结构体系进行地震随机振动分析和时程分析，通过各种参数下的算例分析，指出影响阻尼控制效果的因素包括阻尼控制器的参数、悬挂楼层的质量、吊杆的刚度及连接方式。

刘郁馨、袁发顺等[20~22]提出了一种应用于多高层框剪结构中的新型抗震体系，即隔层悬挂楼盖结构，隔层将楼盖用高强钢绞线悬挂于上层的梁柱节点标高处的柱上伸出的牛腿上，结构动力分析表明，这种体系减震效果优良。同时研究了多高层混凝土悬挂结构，提出了悬挂比及平均悬挑长度的概念，讨论了悬挂建筑悬挂点的联结刚度对楼段侧移刚度的影响，分析了衰减动力作用下悬挂部分的动力性质和悬挂点的应力集中问题，用力矩分配法推出临界荷载的估算公式，并给出了实用的曲线。董军等[23~25]以沈阳国税大楼方案为例，建立了高层巨型框架悬挂结构体系的分析模型，研究了巨型框架静动力特性及其参数的影响规律，提出了空间分析模型，用有限元方法对悬挂体系进行了研究，并作了模型风洞试验研究，分析表明悬挂楼层具有显著减小水平地震作用的效果，并总结了该体系的一些特性，为工程应用提供了经验。秦荣、邓志恒[26,27]提出了预应力巨型框-筒悬挂体系，从概念上分析了这种结构体系的特性及优点，可以通过调整悬挂楼层质量或楼层数、阻尼或进行隔层悬挂，做到准最优控制。蓝宗建等[28]提出了钢筋混凝土巨型框架的主框架与次框架之间设置减震耗能装置的结构体系，研究了它的动力特性，结果证明这种体系在地震作用下减震是可靠和有效的。

悬挂结构抗震原理，主要体现在由于结构形式的改变，部分结构质量被分离为悬挂质量，使得结构的振动由原来的整体振动变为主体结构与次结构的耦合振动，改变了结构的动力特性。因此，研究和了解悬挂结构的动力特性就成为研究悬挂结构抗震性能的基础性工作。本章对悬挂结构的动力特性进行理论研究[29~32]，按照悬挂结构的两种主要类型，以主结构划分类型，将核心筒刚梁式简化为质量连续分布的底端固定悬臂杆，称为连续型悬挂结构，悬臂杆分别按照剪切型和弯曲型进行研究；将巨型框架类简化为质量集中分布的底端固定悬臂杆，称为离散型悬挂结构。吊杆和悬挂楼层子结构则简化为带集中质量的单摆，如图 8.2 所示。

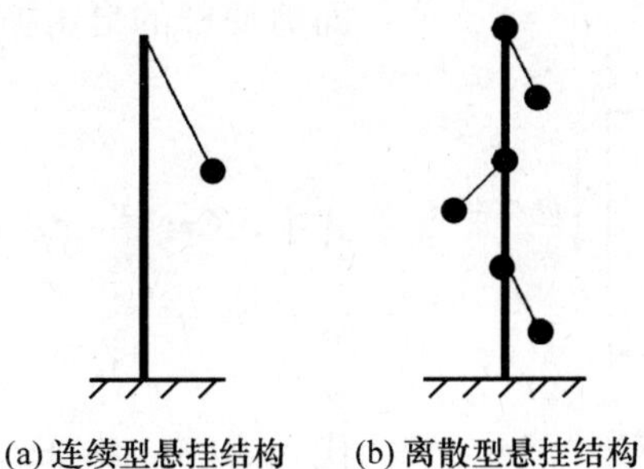

图 8.2　动力分析简化模型

8.2　连续型悬挂结构动力特性[29]

8.2.1　剪切型悬挂结构动力特性

1. 基本假定与计算模型

采用的计算模型如图 8.3 所示，图中 m_i 为主体结构的均布质量，$\overline{M}$ 为悬挂楼层的质量，l 为挂长，GA_i 为主结构的剪切刚度。

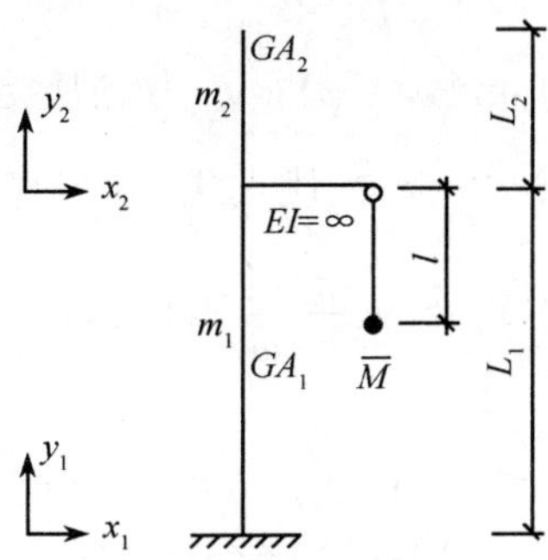

图 8.3　计算模型

基本假定：

(1) 主结构为剪切型，不考虑弯曲变形；

(2) 悬吊梁不考虑其质量，抗弯刚度无穷大；

(3) 悬挂楼层采用单摆模型，忽略吊杆弹性变形，吊杆与悬吊梁之间为铰接。

2. 特征方程

如图 8.4 所示，从主结构上取微段进行分析，由平衡条件 $\sum Q=0$，可得等截

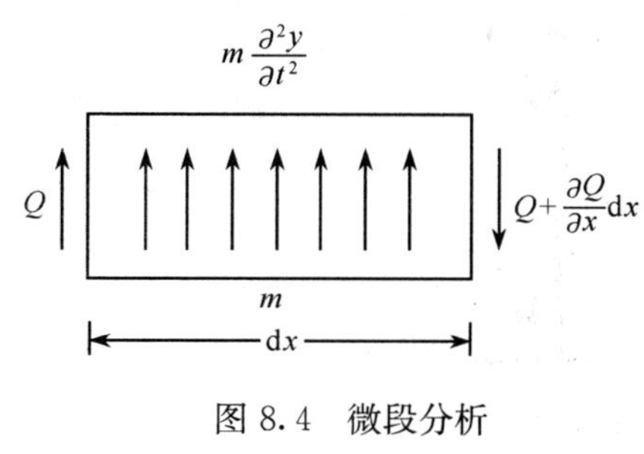

图 8.4 微段分析

面剪切杆的自由振动方程

$$\frac{\partial^2 y}{\partial x^2}-\frac{m}{K}\frac{\partial^2 y}{\partial t^2}=0 \tag{8.1}$$

式中，$K=\frac{GA}{\mu}$；μ 为截面剪应力不均匀系数。设其解为

$$y(x,t)=Y(x)\sin(\omega t+\varphi) \tag{8.2}$$

代入式(8.1)整理后得

$$\frac{\mathrm{d}^2 Y(x)}{\mathrm{d}x^2}+\lambda^2 Y(x)=0 \tag{8.3}$$

将主结构自悬吊梁的位置分为上下两段，其通解为

下段

$$Y_1(x_1)=A\sin\lambda_1 x_1+B\cos\lambda_1 x_1 \tag{8.4a}$$

上段

$$Y_2(x_2)=C\sin\lambda_2 x_2+D\cos\lambda_2 x_2 \tag{8.4b}$$

式中，$\lambda_i^2=\frac{m_i}{K_i}\omega^2, K_i=\frac{GA_i}{\mu_i}(i=1,2)$；$A$、$B$、$C$、$D$ 为待定系数，由边界条件确定。

对于悬挂楼层，其动平衡方程为

$$\overline{M}\ddot{y}_g+\frac{\overline{M}g}{l}(y_g-y_{L_1})=0 \tag{8.5}$$

式中，$y_{L_1}=y(L_1,t)=Y(L_1)\sin(\omega t+\varphi)$；$y_g$ 为悬挂楼层的水平位移。设其解为 $y_g(t)=Y_g\sin(\omega t+\varphi)$，并令 $\bar{\omega}^2=\frac{g}{l}$ 代入式 (8.5)整理后得

$$Y_g=\frac{\bar{\omega}^2}{\bar{\omega}^2-\omega^2}Y_1(L_1) \tag{8.6}$$

引入杆端边界条件

$$Y_1(0)=0$$
$$Y'_2(L_2)=0$$
$$Y_1(L_1)=Y_2(0)$$

再由悬吊梁节点处平衡条件 $\sum Q=0$，图 8.5 所示有边界条件

$$K_2 Y'_2(0)+\frac{\overline{M}g}{l}(Y_g-Y_1(L_1))=K_1 Y'_1(L_1)$$

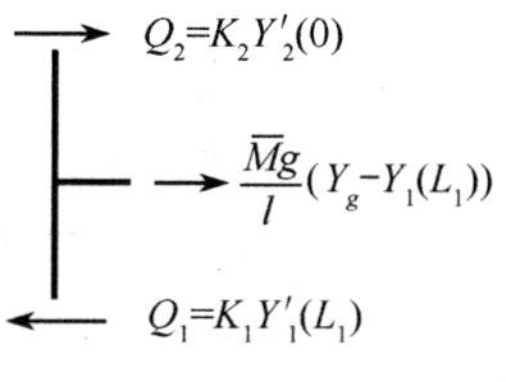

$Q_2=K_2Y'_2(0)$

$\frac{\overline{M}g}{l}(Y_g-Y_1(L_1))$

$Q_1=K_1Y'_1(L_1)$

图 8.5 节点受力

成立。根据式(8.6)，令 $\beta=\frac{1}{1-\frac{\omega^2}{\bar{\omega}^2}}$，有

$$\frac{\overline{M}g}{l}(Y_g-Y_1(L_1))=\overline{M}\bar{\omega}^2\beta Y_1(L_1)$$

将以上四个边界条件代入式(8.4a)和式(8.4b)，整理后得

$$\begin{cases} B=0 \\ C\cos\lambda_2 L_2 - D\sin\lambda_2 L_2 = 0 \\ A\sin\lambda_1 L_1 - D = 0 \\ A(-K_1\lambda_1\cos\lambda_1 L_1 + \overline{M}\overline{\omega}^2\beta\sin\lambda_1 L_1) + CK_2\lambda_2 = 0 \end{cases} \tag{8.7}$$

对于方程组 (8.7)，A、C、D 不能同时为零，否则结构处于无振动状态，故有

$$\begin{vmatrix} 0 & \cos\lambda_2 L_2 & -\sin\lambda_2 L_2 \\ \sin\lambda_1 L_1 & 0 & -1 \\ -K_1\lambda_1\cos\lambda_1 L_1 + \overline{M}\overline{\omega}^2\beta\sin\lambda_1 L_1 & K_2\lambda_2 & 0 \end{vmatrix} = 0 \tag{8.8}$$

整理后得剪切型悬挂结构的特征方程为

$$K_1\lambda_1\cos\lambda_1 L_1\cos\lambda_2 L_2 - K_2\lambda_2\sin\lambda_1 L_1\sin\lambda_2 L_2 - \overline{M}\overline{\omega}^2\beta\sin\lambda_1 L_1\cos\lambda_2 L_2 = 0 \tag{8.9}$$

特别地，当 $\overline{M}=0$，$K_1=K_2$，$\lambda_1=\lambda_2=\lambda$，既为等截面无悬挂悬臂杆的特征方程

$$\cos(\lambda L) = 0 \tag{8.10}$$

求出悬挂结构的频率 ω 后，由式(8.7)，令 $A=1$，可求出系数 C、D，代入式(8.6)即可得悬挂楼层的振幅。

8.2.2 弯曲型悬挂结构动力特性

1. 计算模型及基本假定

基本假定：

(1) 主结构为弯曲型，不考虑剪切变形；

(2) 悬吊梁不考虑其质量、抗弯刚度无穷大；

(3) 悬挂楼层采用单摆模型，忽略吊杆弹性变形，吊杆与悬吊梁之间为铰接。

采用的计算模型如图 8.6 所示。图中 m_1、m_2 为主结构的均布质量，$\overline{M}$ 为悬挂楼层的质量，EI_1、EI_2 为主结构的抗弯刚度。

2. 特征方程

由计算模型知，主结构为一端固定的悬臂杆，考虑如图 8.7 所示杆的微段，考虑作用在微段上的水平力平衡有

$$\frac{\partial Q}{\partial x} - m\frac{\partial^2 y}{\partial t^2} = 0 \tag{8.11}$$

$$\frac{\partial M}{\partial x} = Q \tag{8.12}$$

将式(8.12)对 x 求导代入式(8.11)得到

$$\frac{\partial^2 M}{\partial x^2} - m\frac{\partial^2 y}{\partial t^2} = 0 \tag{8.13}$$

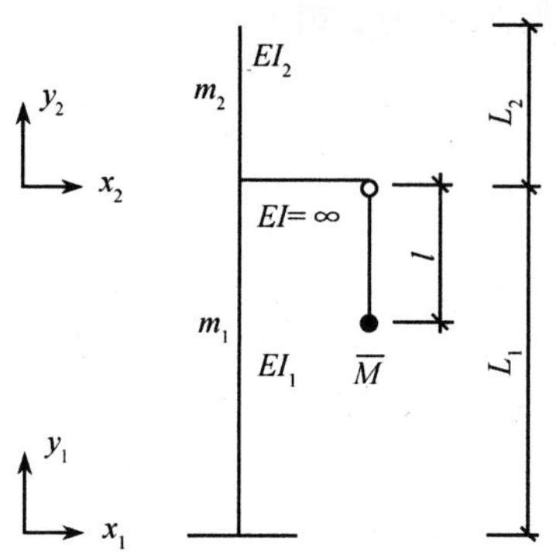

图 8.6　计算模型

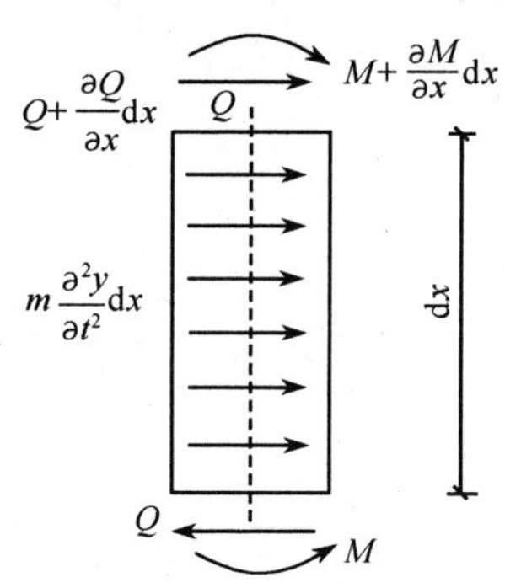

图 8.7　微段平衡

引入弯矩和曲率的关系式

$$M=-EI\frac{\partial^2 y}{\partial x^2}$$

可得到运动方程

$$\frac{\partial^2}{\partial x^2}(EI\frac{\partial^2 y}{\partial x^2})+m\frac{\partial^2 y}{\partial t^2}=0 \tag{8.14}$$

当 EI 和 m 为常量时，即得杆的自由振动方程

$$\frac{\partial^4 y}{\partial x^4}+\frac{m}{EI}\frac{\partial^2 y}{\partial t^2}=0 \tag{8.15}$$

设方程的解为 $y(x,t)=Y(x)\Phi(t)$，代入式(8.15)得

$$Y^{(4)}(x)\Phi(t)+\frac{m}{EI}Y(x)\Phi''(t)=0 \tag{8.16}$$

即

$$\frac{Y^{(4)}(x)}{Y(x)}=-\frac{m}{EI}\frac{\Phi''(t)}{\Phi(t)}=C \tag{8.17}$$

令 $C=\lambda^4$，则方程(8.17)可分别写为

$$Y^{(4)}(x)-\lambda^4 Y(x)=0 \tag{8.18a}$$

$$\Phi^{(2)}(t)+\omega^2\Phi(t)=0 \tag{8.18b}$$

式中

$$\omega^2=\lambda^4 EI/\overline{m}$$

式(8.18b)为单自由度体系自由振动方程，其通解为

$$\Phi(t)=A\sin\omega t+B\cos\omega t \tag{8.19}$$

引入初始条件

$$A=\frac{\dot{\Phi}(0)}{\omega},\quad B=\Phi(0)$$

则

$$\Phi(t)=\frac{\dot{\Phi}(0)}{\omega}\sin\omega t+\Phi(0)\cos\omega t \tag{8.20}$$

式 (8.18a) 的特征方程为

$$r^4-\lambda^4=0 \tag{8.21}$$

特征根为 $r=\pm\lambda$，$r=\pm\lambda\mathrm{i}$，故式 (8.18a) 的解为

$$Y(x)=A_1\sin\lambda x+A_2\cos\lambda x+A_3\,\mathrm{sh}\lambda x+A_4\,\mathrm{ch}\lambda x \tag{8.22}$$

对于主结构自悬吊梁位置分成上下两段

上段

$$Y_2(x_2)=A_5\sin\lambda_2x_2+A_6\cos\lambda_2x_2+A_7\,\mathrm{sh}\lambda_2x_2+A_8\,\mathrm{ch}\lambda_2x_2 \tag{8.23a}$$

下段

$$Y_1(x_1)=A_1\sin\lambda_1x_1+A_2\cos\lambda_1x_1+A_3\,\mathrm{sh}\lambda_1x_1+A_4\,\mathrm{ch}\lambda_1x_1 \tag{8.23b}$$

式中，$A_1\sim A_8$ 为待定系数，由边界条件确定。

对于悬挂楼层设悬挂楼层位移为 y_g，则悬吊部分施加给主结构的惯性力为

$$P(x,t)=\frac{\overline{M}g}{l}(y_g-y_{L_1})$$

$$\overline{M}\ddot{y}_g+\frac{\overline{M}g}{l}(y_g-y_{L_1})=0 \tag{8.24}$$

由悬挂点处位移相等条件，有

$$y_g=y_1(L_1,t)=y_2(0,t)=Y_2(0)\Phi(t)=(A_6+A_8)\Phi(t) \tag{8.25}$$

故式(8.24)可写成

$$\ddot{y}_g+\frac{g}{l}y_g=\frac{g}{l}(A_6+A_8)\Phi(t)$$

设其解为 $y_g=Y_g\Phi(t)$ 并令 $\bar{\omega}^2=g/l$，则上式变为

$$-Y_g\omega^2+\bar{\omega}^2Y_g=\bar{\omega}^2Y_2(0)=\bar{\omega}^2(A_6+A_8)$$

即得到悬挂楼层的振幅为

$$Y_g=\frac{1}{1-\left(\frac{\omega}{\bar{\omega}}\right)^2}Y_2(0)=\frac{1}{1-\left(\frac{\omega}{\bar{\omega}}\right)^2}(A_6+A_8)=\beta Y_2(0) \tag{8.26}$$

引入边界条件确定常数可得如下方程：

当 $x_1=0$ 时

$$Y_1(0)=0$$
$$Y'_1(0)=0$$

当 $x_2=L_2$ 时

$$M=EI_2Y''_2(L_2)=0$$
$$Q=EI_2Y'''_2(L_2)=0$$

当 $x_1=L_1$，即 $x_2=0$ 时

$$EI_1Y''_1(L_1)=EI_2Y''_2(0)$$

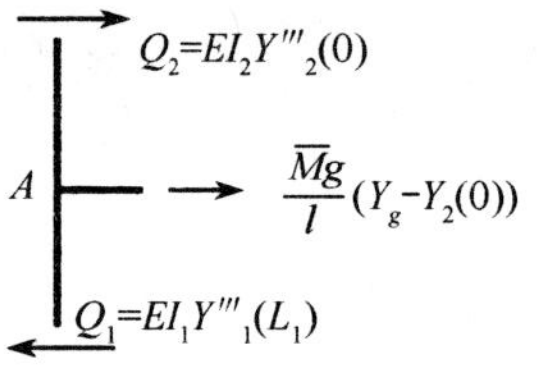

$$Y'_1(L_1)=Y'_2(0)$$

$$Y_1(L_1)=Y_2(0)$$

$Q_2=EI_2Y'''_2(0)$

A　$\frac{\overline{M}g}{l}(Y_g-Y_2(0))$

$Q_1=EI_1Y'''_1(L_1)$

图 8.8　节点受力

结点 A 处的水平力平衡，如图 8.8 所示。

$$EI_2Y'''_2(0)+\frac{\overline{M}g}{l}(Y_g-Y_2(0))=EI_1Y'''_1(L_1)$$

将以上八个边界方程整理得

$$\begin{cases}A_2+A_4=0\\ A_1+A_3=0\\ -A_5\sin\lambda_2L_2-A_6\cos\lambda_2L_2+A_7\text{sh}\lambda_2L_2+A_8\text{ch}\lambda_2L_2=0\\ -A_5\cos\lambda_2L_2+A_6\sin\lambda_2L_2+A_7\text{ch}\lambda_2L_2+A_8\text{sh}\lambda_2L_2=0\\ \quad EI_1\lambda_1^2(-A_1\sin\lambda_1L_1-A_2\cos\lambda_1L_1+A_3\text{sh}\lambda_1L_1+A_4\text{ch}\lambda_1L_1)\\ =EI_2\lambda_2^2(-A_6+A_8)\\ \lambda_1(A_1\cos\lambda_1L_1-A_2\sin\lambda_1L_1+A_3\text{ch}\lambda_1L_1+A_4\text{sh}\lambda_1L_1)=\lambda_2(A_5+A_7)\\ A_1\sin\lambda_1L_1+A_2\cos\lambda_1L_1+A_3\text{sh}\lambda_1L_1+A_4\text{ch}\lambda_1L_1=A_6+A_8\\ EI_2\lambda_2^3(-A_5+A_7)+\overline{M}\overline{\omega}^2\beta(A_6+A_8)=EI_1\lambda_1^3(-A_1\cos\lambda_1L_1\\ +A_2\sin\lambda_1L_1+A_3\text{ch}\lambda_1L_1+A_4\text{sh}\lambda_1L_1)\end{cases} \tag{8.27}$$

方程组 (8.27) 的系数行列式为

$$|\boldsymbol{B}|=\begin{vmatrix}\boldsymbol{B}_{11} & \boldsymbol{B}_{12}\\ \boldsymbol{B}_{21} & \boldsymbol{B}_{22}\end{vmatrix} \tag{8.28}$$

式中

$$\boldsymbol{B}_{11}=\begin{bmatrix}0&1&0&1\\1&0&1&0\\0&0&0&0\\0&0&0&0\end{bmatrix}$$

$$\boldsymbol{B}_{12}=\begin{bmatrix}0&0&0&0\\0&0&0&0\\-\sin\lambda_2L_2&-\cos\lambda_2L_2&\text{sh}\lambda_2L_2&\text{ch}\lambda_2L_2\\-\cos\lambda_2L_2&\sin\lambda_2L_2&\text{ch}\lambda_2L_2&\text{sh}\lambda_2L_2\end{bmatrix}$$

$$\boldsymbol{B}_{21}=\begin{bmatrix}-EI_1\lambda_1^2\sin\lambda_1L_1&-EI_1\lambda_1^2\cos\lambda_1L_1&EI_1\lambda_1^2\text{sh}\lambda_1L_1&EI_1\lambda_1^2\text{ch}\lambda_1L_1\\ \lambda_1\cos\lambda_1L_1&-\lambda_1\sin\lambda_1L_1&\lambda_1\text{ch}\lambda_1L_1&\lambda_1\text{sh}\lambda_1L_1\\ \sin\lambda_1L_1&\cos\lambda_1L_1&\text{sh}\lambda_1L_1&\text{ch}\lambda_1L_1\\ -EI_1\lambda_1^3\cos\lambda_1L_1&EI_1\lambda_1^3\sin\lambda_1L_1&EI_1\lambda_1^3\text{ch}\lambda_1L_1&EI_1\lambda_1^3\text{sh}\lambda_1L_1\end{bmatrix}$$

$$\boldsymbol{B}_{22}=\begin{bmatrix} 0 & EI_2\lambda_2^2 & 0 & -EI_2\lambda_2^2 \\ -\lambda_2 & 0 & -\lambda_2 & 0 \\ 0 & -1 & 0 & -1 \\ EI_2\lambda_2^3 & -\overline{M}\overline{\omega}^2\beta & -EI_2\lambda_2^3 & -\overline{M}\overline{\omega}^2\beta \end{bmatrix}$$

令 $L_2/L_1=n$，因 $L_1+L_2=L$，则 $L_1=\dfrac{1}{n+1}L$，$L_2=\dfrac{n}{n+1}L$。n 表示悬挂位置：当 $n=0$ 时，表示悬挂楼层挂在顶层；当 $n=1$ 时，表示悬挂楼层挂在中间。由于 $A_1\sim A_8$ 不全为零，故系数行列式 (8.28) 为零，即可得到主结构的频率方程。

当 $EI=EI_1=EI_2$，$\lambda=\lambda_1=\lambda_2$ 时，可得等截面弯曲悬挂结构的特征方程

$$2\overline{M}\overline{\omega}^2\beta(-\sin\lambda L\,\mathrm{ch}\lambda L+2\sin\lambda L_2\,\mathrm{ch}\lambda L_2-2\cos\lambda L_2\,\mathrm{sh}\lambda L_2-\sin\lambda L\,\mathrm{ch}(\lambda L_2-\lambda L_1)-2\sin\lambda L_1 \cdot\mathrm{ch}\lambda L_1+\cos\lambda L\,\mathrm{sh}\lambda L+\cos(\lambda L_2-\lambda L_1)\mathrm{sh}\lambda L+2\cos\lambda L_1\,\mathrm{sh}\lambda L_1)-8EI\lambda^3(1+\cos\lambda L\,\mathrm{ch}\lambda L)=0 \tag{8.29}$$

由 λ 即求出结构的频率 $\omega^2=\lambda^4EI/m$。特别地，当 $\overline{M}=0$ 时，式(8.29)即为无悬挂时梁弯曲振动的特征方程

$$1+\cos\lambda L\,\mathrm{ch}\lambda L=0 \tag{8.30}$$

方程组 (8.27) 中，令 $A_1=1$，可得

$$\begin{cases} A_2+A_4=0 \\ -A_5\sin\lambda_2L_2-A_6\cos\lambda_2L_2+A_7\mathrm{sh}\lambda_2L_2+A_8\mathrm{ch}\lambda_2L_2=0 \\ -A_5\cos\lambda_2L_2+A_6\sin\lambda_2L_2+A_7\mathrm{ch}\lambda_2L_2+A_8\mathrm{sh}\lambda_2L_2=0 \\ EI_1\lambda_1^2(-A_2\cos\lambda_1L_1+A_3\mathrm{sh}\lambda_1L_1+A_4\mathrm{ch}\lambda_1L_1)=EI_2\lambda_2^2(-A_6+A_8) \\ \lambda_1(-A_2\sin\lambda_1L_1+A_3\mathrm{ch}\lambda_1L_1+A_4\mathrm{sh}\lambda_1L_1)=\lambda_2(A_5+A_7) \\ A_2\cos\lambda_1L_1+A_3\mathrm{sh}\lambda_1L_1+A_4\mathrm{ch}\lambda_1L_1=A_6+A_8 \\ EI_2\lambda_2^3(-A_5+A_7)+\overline{M}\overline{\omega}^2\beta(A_6+A_8)=EI_1\lambda_1^3(A_2\sin\lambda_1L_1+A_3\mathrm{ch}\lambda_1L_1 \\ +A_4\mathrm{sh}\lambda_1L_1) \end{cases}$$

即

$$\boldsymbol{CA}=\boldsymbol{b} \tag{8.31}$$

式中

$\boldsymbol{A}=[A_2,A_3,A_4,A_5,A_6,A_7,A_8]^{\mathrm{T}}$ 为振型向量，$\boldsymbol{b}=[0,0,0,-EI_1\lambda_1^2\sin\lambda_1L_1,-\lambda_1\cos\lambda_1L_1,-\sin\lambda_1L_1,EI_1\lambda_1^3\cos\lambda_1L_1]^{\mathrm{T}}$

$$\boldsymbol{C}=\begin{bmatrix}\boldsymbol{C}_{11} & \boldsymbol{C}_{12}\\ \boldsymbol{C}_{21} & \boldsymbol{C}_{22}\end{bmatrix}$$

其中

$$\boldsymbol{C}_{11}=\begin{bmatrix}1&0&1\\0&0&0\\0&0&0\end{bmatrix},\quad \boldsymbol{C}_{12}=\begin{bmatrix}0&0&0&0\\ -\sin\lambda_2L_2 & -\cos\lambda_2L_2 & \mathrm{sh}\lambda_2L_2 & \mathrm{ch}\lambda_2L_2 \\ -\cos\lambda_2L_2 & \sin\lambda_2L_2 & \mathrm{ch}\lambda_2L_2 & \mathrm{sh}\lambda_2L_2\end{bmatrix}$$

$$C_{21} = \begin{bmatrix} -EI_1\lambda_1^2\cos\lambda_1 L_1 & EI_1\lambda_1^2\mathrm{sh}\lambda_1 L_1 & EI_1\lambda_1^2\mathrm{ch}\lambda_1 L_1 \\ -\lambda_1\sin\lambda_1 L_1 & \lambda_1\mathrm{ch}\lambda_1 L_1 & \lambda_1\mathrm{sh}\lambda_1 L_1 \\ \cos\lambda_1 L_1 & \mathrm{sh}\lambda_1 L_1 & \mathrm{ch}\lambda_1 L_1 \\ EI_1\lambda_1^3\sin\lambda_1 L_1 & EI_1\lambda_1^3\mathrm{ch}\lambda_1 L_1 & EI_1\lambda_1^3\mathrm{sh}\lambda_1 L_1 \end{bmatrix}$$

$$C_{22} = \begin{bmatrix} 0 & EI_2\lambda_2^2 & 0 & -EI_2\lambda_2^2 \\ -\lambda_2 & 0 & -\lambda_2 & 0 \\ 0 & -1 & 0 & -1 \\ EI_2\lambda_2^3 & -\overline{M}\overline{\omega}^2\beta & -EI_2\lambda_2^3 & -\overline{M}\overline{\omega}^2\beta \end{bmatrix}$$

求出振型系数 A_2 、A_3 、A_4 、A_5 、A_6 、A_7 、A_8 再反代入式(8.23a)和式(8.23b)中,即得主结构的振型函数,代入式(8.26)中,即得悬挂楼层的振幅。

8.3 离散型悬挂结构动力特性[30~32]

8.3.1 单自由度离散悬挂结构的动力特性

为研究方便,首先考虑主结构简化为单自由度时,悬挂结构自由振动时的情况,通过单自由度的研究,建立悬挂结构单自由度振动的方程、理论结果和概念,为进一步的分析讨论打基础。

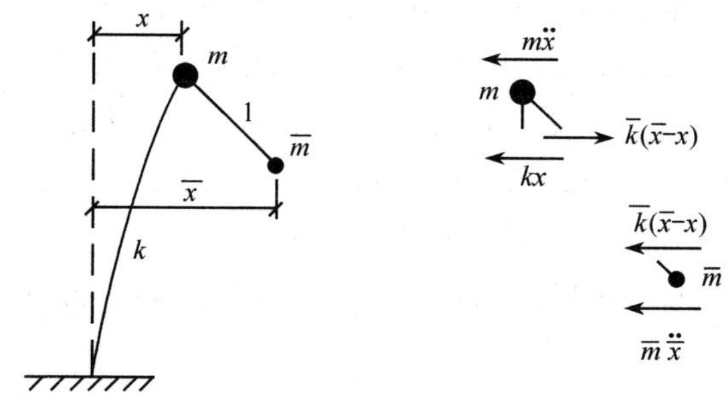

图 8.9 单自由度离散悬挂结构简化模型

简化模型如图 8.9 所示。结构在自由振动时,取隔离体,分别考虑主结构质点和悬挂楼层质点的水平作用,主结构除惯性力 $m\ddot{x}$ 和由结构刚度引起的弹性恢复力 kx 之外,还有由吊杆传来的由悬挂楼层振动引起的作用力 $\bar{k}(\bar{x}-x)$ 。对悬挂楼层,由于简化为单摆,楼层质点在单摆惯性力 $\bar{m}\ddot{\bar{x}}$ 及由单摆振动引起的恢复力 $\bar{k}(\bar{x}-x)$ 的作用下达到平衡。

根据水平作用的平衡条件 $\sum F = 0$,有

$$\begin{cases} m + kx - \bar{k}(\bar{x} - x) = 0 \\ \bar{m}\ddot{\bar{x}} + \bar{k}(\bar{x} - x) = 0 \end{cases} \tag{8.32}$$

式(8.32)即为单自由度悬挂结构自由振动的方程。式中，m、k 分别为主结构的质量和刚度；$\bar{m}$、$\bar{k}$ 分别为悬挂楼层的质量和刚度，按照单摆考虑，悬挂楼层刚度 $\bar{k} = \frac{\bar{m}g}{l}$，即悬挂楼层刚度与悬挂楼层的重量 $\bar{m}g$ 成正比，与吊杆长度 l 成反比；x、$\bar{x}$ 分别为主结构、悬挂楼层相的位移，相对于主结构，悬挂楼层的位移为 $\bar{x} - x$；$\ddot{x}$、$\ddot{\bar{x}}$ 分别为主结构、悬挂楼层的加速度。

由于悬挂结构共同振动，具有共同的振动频率 ω，设主结构及悬挂楼层的振幅分别为 A、$\bar{A}$，令 $x = A\sin(\omega t + \phi)$，$\bar{x} = \bar{A}\sin(\omega t + \phi)$，代入式(8.32)有

$$\begin{cases} m\omega^2 A - kA + \bar{k}(\bar{A} - A) = 0 \\ \bar{m}\omega^2 \bar{A} - \bar{k}(\bar{A} - A) = 0 \end{cases} \tag{8.33}$$

令悬挂楼层的特征频率 $\bar{\omega} = \sqrt{\frac{g}{l}}$，同时 $\bar{k} = \frac{\bar{m}g}{l} = \bar{m}\,\bar{\omega}^2$，代入式(8.33)第二式得

$$\bar{m}\omega^2\bar{A} = \bar{m}\,\bar{\omega}^2(\bar{A} - A)$$

$$\bar{A} = \frac{\bar{\omega}^2}{\bar{\omega}^2 - \omega^2}A = \frac{1}{1 - \frac{\omega^2}{\bar{\omega}^2}}A = \beta A \text{ 或 } \beta = \frac{\bar{A}}{A} \tag{8.34}$$

式中，$\beta = \frac{1}{1 - \frac{\omega^2}{\bar{\omega}^2}}$，为主结构与悬挂楼层的振幅比。将式(8.34)代入式(8.33)第一式，得

$$m\omega^2 - k + \frac{\bar{m}g}{l}\left(\frac{\omega^2}{\bar{\omega}^2 - \omega^2}\right) = 0$$

定义悬挂楼层与主结构之间的质量比为 $p = \frac{\bar{m}}{m}$；不加悬挂时主结构的频率为 ω_0，$\omega_0^2 = \frac{k}{m}$，代入上式整理后得到关系式

$$\omega_0^2 = \omega^2\left[1 + \frac{p}{1 - \left(\frac{\omega}{\bar{\omega}}\right)^2}\right] \tag{8.35}$$

或写为

$$\left[\left(\frac{\omega}{\omega_0}\right)^2 - 1\right]\left[\left(\frac{\omega}{\bar{\omega}}\right)^2 - 1\right] = p \tag{8.36}$$

$$\omega^2 = \frac{1}{2}\left\{\omega_0^2 + \bar{\omega}^2 + p\,\bar{\omega}^2 \pm \sqrt{[(\omega_0 + \bar{\omega})^2 + p\bar{\omega}^2][(\omega_0 - \bar{\omega})^2 + p\bar{\omega}^2]}\right\} \tag{8.37}$$

式(8.35)、式(8.36)即为单自由度悬挂结构的特征方程，若已知不加悬挂时主结构

的自振频率 ω_0 ，悬挂楼层的单摆频率 $\bar{\omega}$ 及主结构与悬挂楼层的质量比 p ，即可由式(8.36)直接计算出悬挂结构频率 ω ，求出自振频率后，再由式(8.34)，即可求出悬挂楼层与主结构的振幅比 β 。

为检验简化模型和理论推导的正确性，作者设计了一个简单的试验，通过实测结果与理论计算结果进行比较，试验模型及实物如图 8.10 所示。材料为 A3 钢，试验钢架尺寸：高 1200mm，宽 500mm，板宽 30mm，板厚 4mm。主结构质量 $m=(3\times40)\times7.8\times(500+2\times300)=1.0296\ (\mathrm{kg})$，悬挂体质量 $M=1.2\mathrm{kg}$，挂长 $l=455\mathrm{mm}$。分别在顶部加配重 0kg、1.2kg、2.4kg、3.6kg。在结构顶部侧加装加速度仪，分别对无悬挂和加悬挂结构测定结构自由振动周期，得到实测频率。

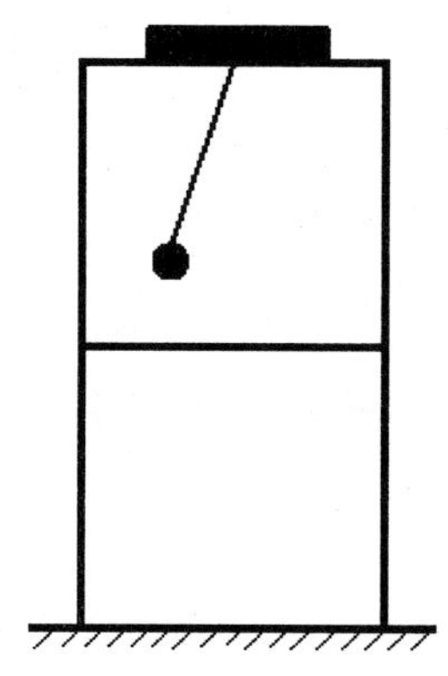

图 8.10　实验实物及模型

悬挂体的频率为 $\bar{\omega}=\frac{1}{2\pi}\sqrt{\frac{g}{l}}=\frac{1}{2\pi}\sqrt{\frac{9800}{455}}=0.7386\left(\frac{1}{\mathrm{s}}\right)$ 。悬挂结构频率 ω_+、ω_- 由式(8.37)计算求出，结果见表 8.1。

表 8.1　频率实测与计算结果比较

主结构质量 m/kg	质量比 $p=\frac{M}{m}$	主结构实测频率 ω_0	悬挂结构实测频率 ω_s	悬挂体频率 $\bar{\omega}$	式(8.37)计算频率 ω_+	式(8.37)计算频率 ω_-	试验与计算误差 $\frac{\omega_s-\omega_+}{\omega_s}\times100\%$
1.0296	1.1655	4.7619	4.8780	0.7386	4.8300	0.7282	0.98%
2.2296	0.5382	3.7735	3.8911	0.7386	3.8142	0.7308	1.98%
3.4296	0.3499	3.3333	3.3333	0.7386	3.3630	0.7320	−0.90%
4.4296	0.2592	2.9155	2.9155	0.7386	2.9427	0.7322	−0.88%

实验表明，理论推导所的结果与试验结果相符，由此证明简化模型可行，理论推导结果正确。

8.3.2　多自由度计算模型及基本方程

在巨型框架结构中加入悬挂楼层形成离散型悬挂结构，其动力计算模型如图 8.11 所示。主体结构为“葫芦串”模型，每个悬挂楼层在水平方向有一个自由度，为单摆模型。每个楼层位置有两个自由度，一是主体结构的自由度，二是悬挂楼层的自由度。

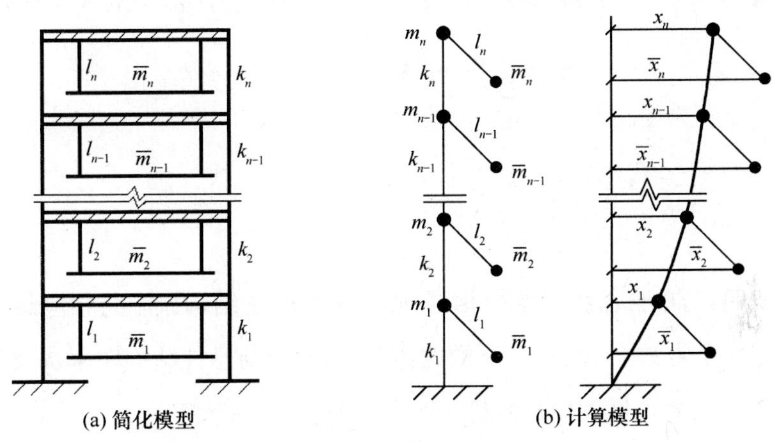

图 8.11　多自由度悬挂结构简化模型

按 8.3.2 节的方法，对于 n 层 n 挂结构，矩阵形式自由振动基本方程可表示为

$$\begin{cases} \boldsymbol{m}\ddot{\boldsymbol{x}} + \boldsymbol{K}_0\boldsymbol{x} + \overline{\boldsymbol{K}}\boldsymbol{x} - \overline{\boldsymbol{K}}\overline{\boldsymbol{x}} = \boldsymbol{0} \\ \overline{\boldsymbol{m}}\ddot{\overline{\boldsymbol{x}}} - \overline{\boldsymbol{K}}\boldsymbol{x} + \overline{\boldsymbol{K}}\overline{\boldsymbol{x}} = \boldsymbol{0} \end{cases} \tag{8.38}$$

式中，$\boldsymbol{x} = [x_1, x_2, \cdots, x_n]^{\mathrm{T}}$ 为主结构的侧移向量；$\overline{\boldsymbol{x}} = [\overline{x}_1, \overline{x}_2, \cdots, \overline{x}_n]^{\mathrm{T}}$ 为悬挂楼层侧移向量，$\boldsymbol{m} = \mathrm{diag}(m_1, m_2, \cdots, m_n)$ 为主结构的质量矩阵，

$$\boldsymbol{K}_0 = \begin{bmatrix} k_1 + k_2 & -k_2 & 0 & 0 & 0 \\ -k_2 & k_2 + k_3 & -k_3 & 0 & 0 \\ \vdots & \vdots & \vdots & \vdots & \vdots \\ 0 & 0 & -k_{n-1} & k_{n-1} + k_n & -k_n \\ 0 & 0 & 0 & -k_n & k_n \end{bmatrix}$$

为主结构的侧移刚度矩阵，$k_i (i = 1, n)$ 为第 i 层主结构的侧移刚度，$\overline{\boldsymbol{m}} = \mathrm{diag}(\overline{m}_1, \overline{m}_2, \cdots, \overline{m}_n)$ 为悬挂结构的质量矩阵，$\overline{\boldsymbol{K}} = \mathrm{diag}(\overline{k}_1, \overline{k}_2, \cdots, \overline{k}_n)$ 为悬挂楼层的侧移刚度矩阵，$\overline{k}_i = \dfrac{\overline{m}_i g}{l_i} (i = 1, \cdots, n)$ 为第 i 个悬挂楼层的侧移刚度。

以下为特征频率求解过程。

令 $\boldsymbol{x} = \boldsymbol{A}\sin(\omega t + \varphi)$，$\overline{\boldsymbol{x}} = \overline{\boldsymbol{A}}\sin(\omega t + \varphi)$，代入式(8.38)得

$$\begin{cases} \overline{\boldsymbol{K}}\boldsymbol{A} - \boldsymbol{K}_0\boldsymbol{A} - \omega^2\boldsymbol{m}\boldsymbol{A} - \overline{\boldsymbol{K}}\,\overline{\boldsymbol{A}} = \boldsymbol{0} \\ \overline{\boldsymbol{K}}\overline{\boldsymbol{A}} - \overline{\boldsymbol{K}}\boldsymbol{A} - \omega^2\overline{\boldsymbol{m}}\,\overline{\boldsymbol{A}} = \boldsymbol{0} \end{cases} \tag{8.39}$$

式(8.39)即为多自由度悬挂结构自由振动分析的基本方程，方程可通过数值计算的方法，求出悬挂结构的频率和振型。经研究发现，当悬挂楼层挂长相等及悬挂质量与主结构质量成比例时，可以得到进一步的简化结果。考虑到高层悬挂结构一般情况下能满足或接近上述条件，因此，下面将重点讨论这种情况。

设各悬挂楼层的挂长相等，有 $l_1 = l_2 = \cdots = l_n = l$，悬挂楼层的特征频率 $\bar{\omega}^2 = \dfrac{g}{l}$，有 $\bar{\boldsymbol{K}} = \dfrac{g}{l}\bar{\boldsymbol{m}} = \bar{\omega}^2\,\bar{\boldsymbol{m}}$，则式(8.39)中第二式简化为 $(\bar{\omega}^2 - \omega^2)\,\bar{\boldsymbol{A}} = \bar{\omega}^2\,\boldsymbol{A}$，即

$$\bar{\boldsymbol{A}} = \frac{\bar{\omega}^2}{\bar{\omega}^2 - \omega^2}\boldsymbol{A} = \frac{1}{1-\left(\dfrac{\omega}{\bar{\omega}}\right)^2}\boldsymbol{A}$$

由 $\beta = \dfrac{1}{1-\left(\dfrac{\omega}{\bar{\omega}}\right)^2}$，有

$$\bar{\boldsymbol{A}} = \beta\boldsymbol{A} \tag{8.40}$$

式(8.40)说明，与单自由度时情况相同，同一频率时主结构振型与相应悬挂楼层振型间仅相差一个常数 β，β 仅与 $\dfrac{\omega}{\bar{\omega}}$ 的比值有关，即只与悬挂结构频率 ω 及悬挂楼层的特征频率 $\bar{\omega}$ 有关。将式(8.40)代入式(8.39)中第一式，得

$$[\boldsymbol{K}_0 - \omega^2\boldsymbol{m} + \bar{\omega}^2(\beta - 1)\bar{\boldsymbol{m}}]\boldsymbol{A} = \boldsymbol{0} \tag{8.41}$$

设 $\dfrac{\bar{m}_1}{m_1} = \dfrac{\bar{m}_2}{m_2} = \cdots = \dfrac{\bar{m}_n}{m_n} = p$，则有 $\bar{\boldsymbol{m}} = p\boldsymbol{m}$，式(8.41)简化为

$$\left[\boldsymbol{K}_0 - \omega^2\left(1 + p\frac{1}{1-\left(\dfrac{\omega}{\bar{\omega}}\right)^2}\right)\boldsymbol{m}\right]\boldsymbol{A} = \boldsymbol{0} \tag{8.42}$$

设 ω_0 为无悬挂楼层时主结构的自振频率，有频率方程

$$(\boldsymbol{K}_0 - \omega^2\boldsymbol{m})\boldsymbol{A} = \boldsymbol{0} \tag{8.43}$$

比较式(8.42)、式(8.43)同样可得到与单自由度式(8.35)相同的方程

$$\omega_0^2 = \omega^2\left[1 + \frac{p}{1-\left(\dfrac{\omega}{\bar{\omega}}\right)^2}\right] \tag{8.44}$$

若不加悬挂时结构的频率 ω_0，则加悬挂后的频率可以直接由上式解出，即

$$\omega^2 = \frac{1}{2}\left\{\omega_0^2 + \bar{\omega}^2 + p\bar{\omega}^2 \pm \sqrt{[(\omega_0 + \bar{\omega})^2 + p\bar{\omega}^2][(\omega_0 - \bar{\omega})^2 + p\bar{\omega}^2]}\right\} \tag{8.45}$$

由以上推导可知，对悬挂楼层挂长相同，且悬挂质量与相应主体结构质量比相同的情形，与单自由度时情况完全一样，可以用式(8.45)直接手算求出加悬挂后结构的频率，再利用式(8.40)可以得到主体结构振型与悬挂楼层振型之间的比例。

换句话说，同一频率时悬挂体振型与主体结构的振型是相关的，悬挂结构的频率及系数仅与原结构的频率 ω_0 、悬挂楼层的特征频率 $\bar{\omega}$ 及质量比 p 有关。

8.3.3　讨论

由以上推导可知，已知无悬挂时主结构频率、悬挂体频率和质量比，即可由式(8.44)求得加悬挂楼层后悬挂结构的频率，对应无悬挂时主结构的一个频率 ω_0 ，悬挂结构有两个对应频率，分别为 ω_+ 和 ω_- 。其中，ω_+ 为主体结构的频率，ω_- 为与该主结构对应的悬挂楼层的频率。对于一 n 层 n 挂悬挂结构，共有 $2n$ 个频率，相应的有 $2n$ 个主振型。即同无悬挂时主结构相比，悬挂结构的频率振型均比无悬挂结构的增加 n 个。其中，前 n 个频率 ω_- 为悬挂楼层的频率，相应的主振型出现在悬挂楼层中，悬挂楼层与主结构振型之比为 $\beta_-=\dfrac{1}{1-\left(\dfrac{\omega_-}{\bar{\omega}}\right)^2}$ 。后 n 个频率 ω_+ 为主结构的频率，相应的频率出现在主体结构中，悬挂楼层与主体结构振型之比为 $\beta_+=\dfrac{1}{1-\left(\dfrac{\omega_+}{\bar{\omega}}\right)^2}$ 。记悬挂结构的 $2n$ 组振型为 $\boldsymbol{A}_+$ 、$\boldsymbol{A}_-$ 、$\bar{\boldsymbol{A}}_+$ 、$\bar{\boldsymbol{A}}_-$ 。其中，$\boldsymbol{A}_+$ 、$\bar{\boldsymbol{A}}_+$ 分别为结构频率为 ω_+ 时主结构和悬挂楼层的振型；$\boldsymbol{A}_-$ 、$\bar{\boldsymbol{A}}_-$ 分别为结构频率为 ω_- 时主结构和悬挂楼层的振型。

由式(8.44)，可以绘出悬挂结构频率与无悬挂结构频率间的关系曲线，如图8.12所示。显然式(8.44)表示的曲线是一条以 $\omega=\omega_0$ 和 $\omega=\bar{\omega}=\sqrt{\dfrac{g}{l}}$ 为渐近线的双曲线。

由曲线知：

(1) 对于任意的一个 ω_0 ，均有 $\omega_-<\omega_0<\omega_+$ ，即悬挂结构的频率介于无悬挂时主结构的频率和悬挂楼层的频率之间。

(2) 当 $\dfrac{\omega_0}{\bar{\omega}}>1$ 时，悬挂结构的频率 ω_+ 高于原主结构频率 ω_0 ，随着原结构频率 ω_0 的增大，悬挂结构频率趋近于无悬挂时主结构的频率 ω_0 ，这表明原主结构频率较大时，加悬挂对其频率影响很小。

而悬挂结构的频率 ω_- 则较悬挂楼层的频率减小，随 ω_0 的增大，悬挂结构的频率 ω_- 趋近于 $\bar{\omega}$ ，这表明原主结构频率较大时，主结构对悬挂楼层频率影响很小。换句话说，原主结构频率较大时，主结构与悬挂楼层频率可以分别单独计算，频率不耦合，即 $\omega_+\approx\omega_0$ ，$\omega_-\approx\bar{\omega}$ 。

(3) 当 $\dfrac{\omega_0}{\bar{\omega}}=1$ 时，有 $\omega_0=\bar{\omega}=\sqrt{\dfrac{g}{l}}$ ，此时悬挂结构的频率 ω_+ 、ω_- 与原结构频率相差最大，即频率耦合最重。频率差值大小则与质量比 p 有关。

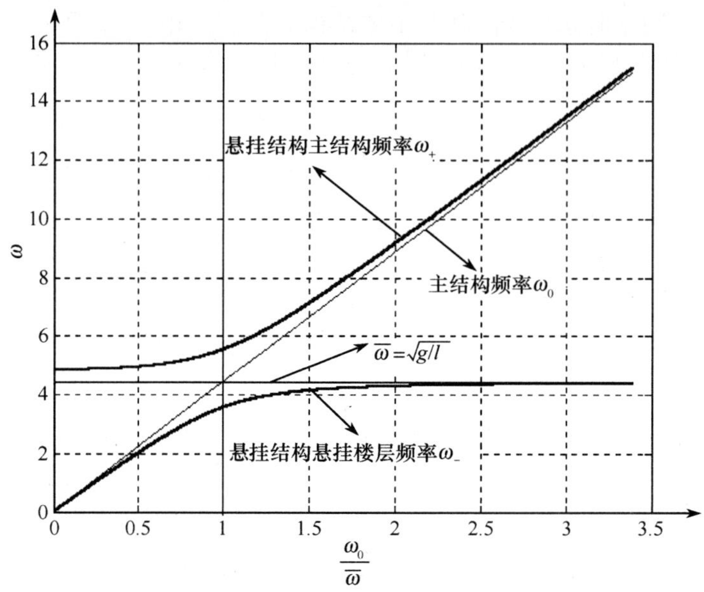

图 8.12　无悬挂结构的频率与悬挂结构频率的关系图

(4) 当 $\frac{\omega_0}{\overline{\omega}}<1$ 时,悬挂结构的频率 ω_+ 高于悬挂楼层频率 $\overline{\omega}$,ω_- 低于原主结构频率 ω_0 。相应的由 $\beta=\frac{1}{1-\left(\frac{\omega}{\overline{\omega}}\right)^2}$ 对应不同的频率规律,主结构与悬挂楼层振幅之间也呈现不同特点。下面讨论悬挂结构主体结构与悬挂楼层振型比例系数 β 随 $\frac{\omega}{\overline{\omega}}$ 的变化规律,如图 8.13 所示。

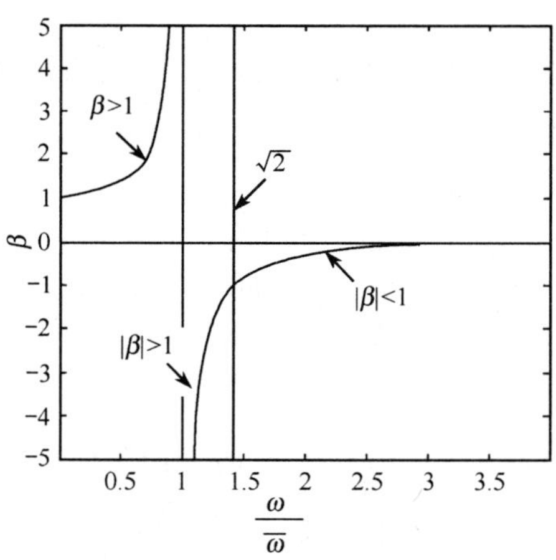

图 8.13　频率与振型比关系图

(1) 当 $0<\omega<\bar{\omega}$ 时，即此时为 $\omega=\omega_-$ 的情况，对应 $\beta=\beta_-=\dfrac{1}{1-\left(\dfrac{\omega_-}{\bar{\omega}}\right)^2}>1$ 有 $\bar{\boldsymbol{A}}_->\boldsymbol{A}_-$。故对于出现在悬挂楼层中的主振型(即前 n 个频率对应的振型)，悬挂楼层的振幅值要比相对应的主结构的振幅值大，主结构与相应悬挂楼层的振型方向相同。因此，系统的振动特性为：主体结构基本不动，悬挂楼层振动较大。悬挂结构频率 ω_- 越接近悬挂楼层频率 $\bar{\omega}$，悬挂楼层的振幅越大。

(2) 当 $\bar{\omega}<\omega<\sqrt{2}\,\bar{\omega}$ 时，此时为 $\omega=\omega_+$ 的情况，相应的 $\beta=\beta_+<-1$，$|\beta|>1$，故对应于出现在主结构的振型(即后 n 个频率对应的振型)，主结构与相应悬挂楼层的振幅方向相反。由 $\dfrac{\bar{\boldsymbol{A}}_+}{\boldsymbol{A}_+}=\beta_+=\beta$ 知，此时悬挂楼层的振型比主结构的振型大得多，因此，系统的振动特性为：主体结构基本不动，悬挂楼层振动较大。悬挂结构频率 ω_+ 越接近悬挂楼层频率 $\bar{\omega}$，悬挂楼层的振幅越大。

(3) 当 $\omega>\sqrt{2}\,\bar{\omega}$ 时，此时为 $\omega=\omega_+$ 的情况，相应的 $\beta=\beta_+>-1$，$|\beta|<1$，主结构与相应悬挂楼层的振幅方向相反。由 $\dfrac{\bar{\boldsymbol{A}}_+}{\boldsymbol{A}_+}=\beta_+=\beta$ 知，此时主结构的振幅比对应悬挂楼层的振幅大得多，因此，系统的振动特性为：悬挂楼层基本不动，主体结构振动较大。

(4) 当 $\omega=\sqrt{2}\,\bar{\omega}$ 时，$\beta=\beta_+=-1$，此时主结构的振幅与对应的悬挂楼层振幅大小相等方向相反。将其代入式(2.6)，整理得 $\omega_0=\sqrt{2(1-p)}\,\bar{\omega}$，此式可作为判断悬挂楼层振幅小于主结构振幅的临界值的标准。

在各悬挂楼层挂长相等，悬挂楼层与主体结构质量比相等的条件下，悬挂结构频率、振型具有以下特性：

(1) 与无悬挂时的主结构相比，悬挂楼层对主结构频率具有分离的特性，相应于无悬挂结构的一个频率 ω_0，悬挂结构有 ω_+ 和 ω_- 两个频率与之相对应，且 ω_+ 和 ω_- 仅与无悬挂时主结构的频率、悬挂体质量与主结构的质量比有关；

(2) 对于悬挂结构，所有的频率值一定有一半是小于无悬挂时主结构的频率值，而另一半的频率值则一定是大于无悬挂时主结构的频率值；

(3) 对同一个主振型，主结构与相应悬挂楼层的振幅值之比是一个常数，该常数 β 仅与该振型所对应的频率 ω 及悬挂楼层的频率 $\bar{\omega}$ 有关；

(4) 常数 β 的绝对值可能大于或小于 1，当 $\omega<\sqrt{2}\,\bar{\omega}$ 时，$\beta>1$，悬挂楼层的振幅值大于主结构相应楼层的振幅值；当 $\omega>\sqrt{2}\,\bar{\omega}$ 时，$\beta<1$，主结构的振幅值大于悬挂体的振幅值。ω 越接近 $\sqrt{2}\,\bar{\omega}$，β 越大。

8.4 算例分析

算例 8.1　如图 8.14 所示，结构的均布质量 $m=5.728\times10^4\,\mathrm{kg/m}$，主结构的

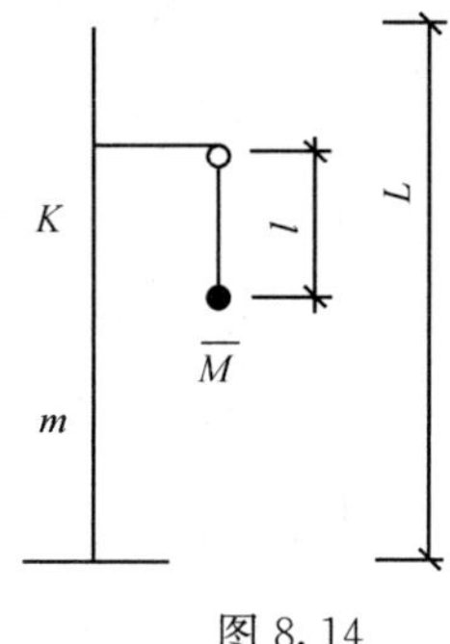

图 8.14

抗剪刚度 $K=1.4419\times10^5$kN/m，楼层质量 $\overline{M}=42.26$t，悬挂长度 $l=0.5$m，层高 $H=3.3$m，$L=13.2$m。悬挂结构的频率与无悬挂时的频率比较见表 8.2。

由表 8.2 可知，受悬挂楼层影响，相应于悬挂楼层的频率出现分离，结构的第一阶频率降低，对结构的抗震有利；相应于主结构的其他各阶频率略有提高，随着悬挂位置的上升，结构的基频减小，相应于主结构的各阶频率提高，悬挂在最顶层减震效果最好。如图 8.15 为悬挂结构挂于顶层时的振型图，与无悬挂时相比主要影响在一、二振型，有悬挂时的三、四、五、六振型与无悬挂时的二、三、四、五振型是相互一致的。

表 8.2　悬挂结构的频率与无悬挂结构的频率的比较

悬挂位置	ω_1		ω_2	ω_3	ω_4	ω_5
	ω_-	ω_+				
无悬挂	5.9705		17.9116	29.8526	41.7936	53.7347
第一层	4.3629	6.0273	17.9668	29.8846	41.7975	53.7377
第二层	4.2787	6.1548	17.9441	29.8713	41.8069	53.7449
第三层	4.2048	6.2722	17.9211	29.8581	41.8162	53.7522
第四层	4.1572	6.3113	17.9764	29.8901	41.8201	53.7552

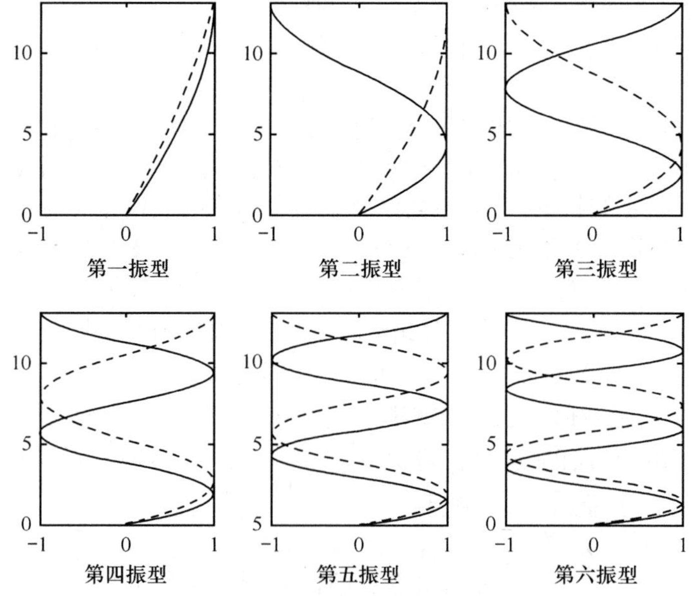

图 8.15　悬挂结构挂于顶层时的振型图

实线为无悬挂主结构的振型，虚线为悬挂结构的振型

算例 8.2　四层框架悬挂结构，悬挂长度分别取 $l=0.7\text{m}$，$l=0.5\text{m}$，$l=0.3\text{m}$，质量比 p 为 0.2，基本参数见表 8.3。原结构频率分别为 $\omega_{01}=5.5332$，$\omega_{02}=15.5924$，$\omega_{03}=23.1707$，$\omega_{04}=27.7087$。

表 8.3　结构基本参数

层号	楼层质量/t	层间刚度/(kN/m)	悬挂楼层质量/t
1	211.3	45130	42.26
2	206.8	44091	41.36
3	206.8	44091	41.36
4	131.2	41463	26.24

表 8.4　悬挂结构频率的理论解与数值解的比较表

挂长		ω_1	ω_2	ω_3	ω_4	ω_5	ω_6	ω_7	ω_8
$l=0.3$	数值解	4.4865	5.6292	5.6788	5.6930	7.0490	15.8314	23.3202	27.8316
	理论解	4.4865	5.6292	5.6788	5.6930	7.0490	15.8314	23.3202	27.8316
$l=0.5$	数值解	3.9437	4.3889	4.4105	4.4156	6.2116	15.7823	23.2583	27.7812
	理论解	3.9437	4.3889	4.4105	4.4156	6.2116	15.7823	23.2583	27.7810
$l=0.7$	数值解	3.4886	3.7190	3.7317	3.7347	5.9380	15.6873	23.2326	27.7602
	理论解	3.4886	3.7190	3.7317	3.7347	5.9380	15.6873	23.2326	27.7602

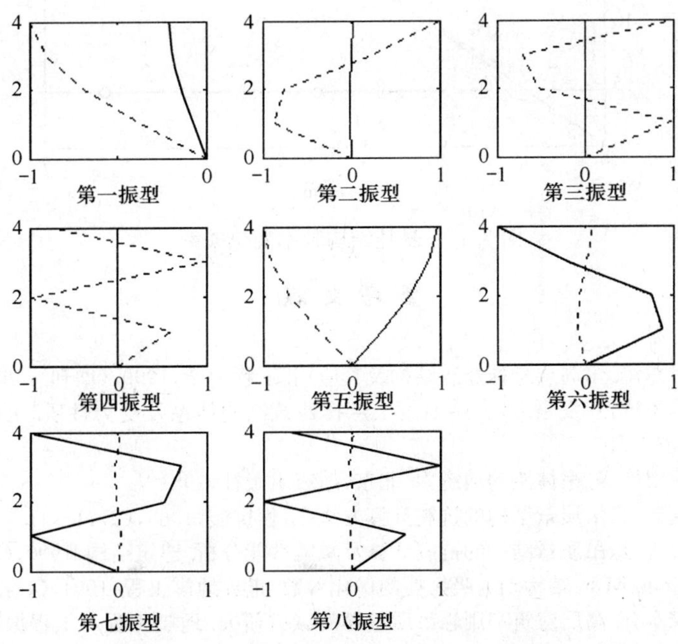

图 8.16　悬挂楼层挂于顶层时的振型图

由表 8.4 可知，悬挂结构频率理论解均根据公式(8.45)求出，与数值计算结果比较，两者的结果几乎完全相同，从而验证了理论计算公式的正确性。随着挂长的增加结构的频率是降低的。

图 8.16 中实线表示框架结构的振型，虚线表示悬挂结构的振型。可以看出系统的振型分为两部分：第一部分为相应于主体框架结构基本不动，悬挂结构自由振动，此时对应的频率为 $\omega_1 \sim \omega_4$；第二部分为悬挂结构不动，框架结构自由振动，此时对应的频率为 $\omega_5 \sim \omega_8$。

图 8.17 为 $l_0=0.5\text{m}$ 时频率变化关系图。$\bar{\omega}=\frac{g}{l}=4.4272$，由图看出，前四个频率 $\omega_1\sim\omega_4$ 小于 $\bar{\omega}$，后四个频率 $\omega_5\sim\omega_8$ 则大于无悬挂时四个频率 $\omega_{01}\sim\omega_{04}$。

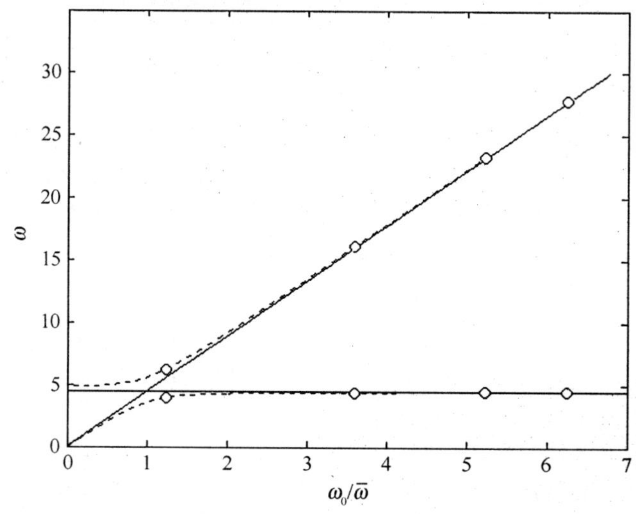

图 8.17 悬挂结构频率变化关系

参考文献

[1] 刘郁馨，吕志涛. 多高层悬挂建筑结构及其应用. 工程力学，1999，(增刊)：468～473

[2] 刘郁馨，吕志涛，袁发顺. 多高层混凝土悬挂建筑结构体系及受力性质. 工程力学，1996，(增刊)：542～546

[3] 王前信，卢书辉. 悬吊体系的地震力. 北京：地震出版社，1981

[4] 王玉朋，魏琏. 悬吊质量结构的抗震计算方法. 工程抗震，1989，(2)：1～11

[5] 王玉朋，魏琏. 悬吊质量结构的抗震计算及减震性能分析. 建筑结构，1990，(5)：2～8

[6] 李宏男，Singh M P. 结构动力吸振摆的优化参数. 世界地震工程，1994，(4)：14～17

[7] 李宏男，宋本有. 高层建筑利用悬吊质量摆的减震研究. 地震工程与工程振动，1995，(4)：55～60

[8] Li H N，Singh M P，Sun Y L. Suspended pendulum damper for vibration control of engineering structures. Earthquake Engineering and Engineering Vibration，1996，16(3)：61～71

[9] 李宏男. 摆-结构体系减震性能研究. 工程力学，1996，13(3)：123～129

[10] 周坚，邓思华. 高层建筑悬挂结构体系的动力性能研究. 工程力学，2001，(增刊)：78～82
[11] 周坚，伍孝波，刘娜. 高层建筑悬挂结构体系的非线性动力分析. 工程力学，2002，(增刊)：376～380
[12] 周坚，刘娜，伍孝波. 竖筒悬挂减振体系试验模型的设计与制作. 北京建筑工程学院学报，2000，18(4)：48～52
[13] 周坚，刘娜，伍孝波. 高层建筑悬挂结构体系减震机理初探. 工程力学，2003，(增刊)：652～655
[14] 周坚，伍孝波，刘娜. 核筒悬挂结构模拟地震振动台试验研究试验报告. 第十二届全国结构工程会议交流论文，重庆，2003
[15] 张晖，朱伯龙，苏少军. 悬挂建筑层间减震结控制系统试验及分析. 建筑结构学报，1997，18(5)：59～65
[16] 梁启智，张耀华. 巨型框架悬挂体系地震反应特性及阻尼控制研究. 华南理工大学学报，1999，27(1)：106～110
[17] Zhang Y H，Liang Q Z. Asynchronous driving principle and its application to vibration. Earthquake Engineering and Structural Dynamics，2000，29：259～270
[18] 张耀华，梁启智，付赣清. 巨型框架悬挂体系抗震原理及初步设计方法. 工程力学，2000，17(2)：10～17
[19] 江燕瑜，张耀华. 巨型框架悬挂体系阻尼控制方法. 工程力学，2001，(增刊)：98～101
[20] 袁发顺，刘郁馨. 隔层悬挂楼盖的新型抗震结构体系. 南京建工学院学报，1996，38(3)：29～34
[21] 刘郁馨，吕志涛，袁发顺. 多高层混凝土悬挂建筑结构体系及受力性质. 工程力学，1996，(增刊)：542～546
[22] 袁发顺，刘郁馨. 隔层悬挂楼盖结构新体系及其数值分析. 工程力学，1996，(增刊)：639～644
[23] 董军，邓洪洲，杨荣等. 高层建筑悬挂结构空间分析模型及时程分析方法. 江汉石油学院学报，1998，(3)：94～97
[24] 董军，李靖，王肇民. 巨型框架悬挂钢结构竖向振动特性及地震时程分析. 工程力学，1998，(增刊)：76～79
[25] 王肇民，邓洪洲，董军. 高层巨型框架悬挂结构体系抗震性能研究. 建筑结构学报，1999，20(1)：23～30
[26] 邓志恒，秦荣，谢肖礼. 预应力巨型框-筒结构新体系. 世界地震工程，2000，16(4)：96～100
[27] 邓志恒，秦荣，谢肖礼. 悬挂阻尼控制结构体系巨型框架地震响应分析. 世界地震工程，2001，17(3)：80～84
[28] 蓝宗建，杨东升，张敏. 钢筋混凝土巨型框架结构弹性地震反应分析. 东南大学学报，2002，(5)：724～727
[29] 徐彬，黄丽艳. 剪切型悬挂结构动力特性的研究. 昆明理工大学学报，2004，29(3)：56～58
[30] 徐彬，田毅，李佳彬. 悬挂结构动力特性分析. 第十七届全国高层建筑结构学术会议，杭州，2002：364～368
[31] 徐彬，田毅，杨艳华. 框剪悬挂结构的动力特性分析. 昆明理工大学学报，2004，29 (2)：80～83
[32] 曾纪鹏，杨艳华，徐彬. 吊点刚接核筒式悬挂结构动力特性分析. 昆明理工大学学报，2004，29(6)：99～103

第 9 章　高层悬挂结构分析数值解

本章给出了悬挂结构动力分析的基本方程，对悬挂结构进行了数值分析。根据理论分析的结果，同时结合实例提出了把高层建筑屋顶的水箱或设备悬挂起来的构想。通过采用振型分解反应谱法的分析计算表明：加悬挂体后结构基频降低，各楼层层间剪力减小，减震效果明显。因此，所提出的通过顶层加悬挂体达到减震的构想有很好的实际应用前景和价值，同时也是对理论研究结果的印证。分析发现，与第 8 章理论分析一致，由于有悬挂体的作用，原主结构频率略有提高，整个悬挂结构的低阶频率降低，悬挂体悬挂位置越高，结构基频降低越多，采用建筑屋顶的水箱或设备悬挂起来的形式，在一定的挂长条件下，可以使结构基频降低，结构的总底部剪力减小，从而达到减震的目的。该结构形式可以作为一种减震的方法在工程抗震中推广应用。

9.1　基本方程

9.1.1　动力平衡方程

如图 9.1 所示，设 $\ddot{x}_g$ 为地面运动加速度，由动力平衡条件，悬挂结构体系的地震反应动力方程可以表示为

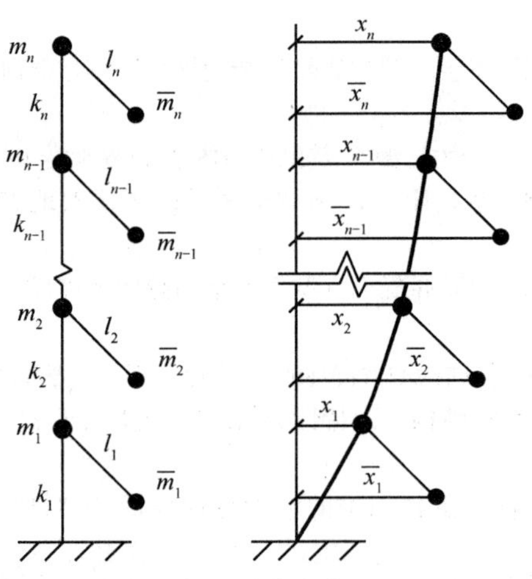

图 9.1　计算模型

$$\begin{cases} m\ddot{x} + C\dot{x} + K_0 x + \bar{K}x - \bar{K}\bar{x} = -m\ddot{x}_g & (9.1a) \\ \bar{m}\ddot{\bar{x}} - \bar{C}\dot{\bar{x}} - \bar{K}x + \bar{K}\bar{x} = -\bar{m}\ddot{x}_g & (9.1b) \end{cases}$$

将式(9.1a)、式(9.1b)整理后得动力方程：

$$M\ddot{x} + C\dot{x} + Kx = -M\ddot{x}_g \quad (9.2)$$

式中，$M = \begin{bmatrix} m & 0 \\ 0 & \bar{m} \end{bmatrix}$为悬挂结构的质量矩阵，其中 $m = \mathrm{diag}(m_1, m_2, \cdots, m_n)$ 为主结构质量矩阵，$\bar{m} = \mathrm{diag}(\bar{m}_1, \bar{m}_2, \cdots, \bar{m}_n)$ 为悬挂楼层质量矩阵；$C = \begin{bmatrix} c & 0 \\ 0 & \bar{c} \end{bmatrix}$ 为悬挂结构的阻尼矩阵，其中 c、$\bar{c}$ 分别为主结构、悬挂楼层的阻尼矩阵；$\begin{bmatrix} K_0 + \bar{K} & -\bar{K} \\ -\bar{K} & \bar{K} \end{bmatrix}$为悬挂结构的刚度矩阵，其中

$$K_0 = \begin{bmatrix} k_1 + k_2 & -k_2 & 0 & 0 & 0 \\ -k_2 & k_2 + k_3 & -k_3 & 0 & 0 \\ \vdots & \vdots & \vdots & \vdots & \vdots \\ 0 & 0 & -k_{n-1} & k_{n-1} + k_n & -k_n \\ 0 & 0 & 0 & -k_n & k_n \end{bmatrix}$$

为主结构的侧移刚度矩阵，$k_i (i = 1, \cdots, n)$ 为第 i 层主结构的侧移刚度；$\bar{K} = \mathrm{diag}(\bar{k}_1, \bar{k}_2, \cdots, \bar{k}_n)$ 为悬挂楼层的侧移刚度矩阵，$\bar{k}_i = \dfrac{\bar{m}_i g}{l_i} (i = 1, \cdots, n)$ 为第 i 个悬挂楼层的侧移刚度，l_i 为挂长；$\ddot{x} = [\ddot{x}_1, \ddot{x}_2, \cdots, \ddot{x}_n, \ddot{\bar{x}}_1, \ddot{\bar{x}}_2, \cdots, \ddot{\bar{x}}_n]^{\mathrm{T}}$为质点的加速度向量；$\ddot{x}_i$、$\ddot{\bar{x}}_i$ 分别为第 i 层主结构、悬挂楼层质点的加速度，$\dot{x} = [\dot{x}_1, \dot{x}_2, \cdots, \dot{x}_n, \dot{\bar{x}}_1, \dot{\bar{x}}_2, \cdots, \dot{\bar{x}}_n]^{\mathrm{T}}$ 为质点的速度向量；$\dot{x}_i$、$\dot{\bar{x}}_i$ 分别为第 i 层主结构、悬挂楼层质点的速度，$x = [x_1, x_2, \cdots, x_n, \bar{x}_1, \bar{x}_2, \cdots, \bar{x}_n]^{\mathrm{T}}$为质点的位移向量；$x_i$、$\bar{x}_i$ 分别为第 i 层主结构、悬挂楼层质点的位移，$\dot{x}_g = [\dot{x}_g, 0, \cdots, 0]^{\mathrm{T}}$为地面运动加速度列向量。

当地面运动加速度为已知时，可通过式(9.2)，采用逐步积分法求解 $\ddot{x}$ 、$\dot{x}$、x。取 Δt 为时间步长，由已知时刻 t_1 的状态出发，计算 $t_{i+1} = t_i + \Delta t$ 时刻的状态，由 $i = 0$ 的初值开始，逐步计算到时刻 t 终止，在每个 Δt 时间步长内，取 K 取常量。一般说来，Δt 取得越小，计算精度越高，但计算工作量越大，Δt 取值与逐步积分的方法有关。逐步积分的方法很多，有等加速度法、线形加速度法、Newmark-β法、Wilson-θ法、拟静力法、龙格-库塔法等。具体的计算原理及计算步骤可参见有关文献。

采用不相同的地震波作为时程分析的输入波，将会得到不相同的结构地震反应。选择输入地震波时，主要要考虑频谱特性、强度和持续时间三要素。

(1) 采用的地震波为建筑物所在地区曾发生过的地震所留下的地震记录为最

佳，但这实际上较难实现。为此，人们在进行时程分析时往往选择不同的几条地震波(2～4 条)，以便相互比较，作出判断。

(2) 地震波强度是指输入的地震波中加速度的幅值大小。幅值应根据设计要求确定，不同烈度下的时程分析采取不同的地震波强度，通常以加速度峰值的大小作为强度标志。可应用公式 $\alpha'(t)=\dfrac{A'(t)}{A(t)}\alpha(t)$ 来进行计算调整，得到各时刻的地震波幅值。

(3) 地震波持续时间对结构反应的影响，主要表现在结构进入弹塑性状态后，持续时间长会使塑性变形积累。因此，选定地震波持续时间与时程分析的要求有关。

9.1.2 特征方程

在线性振动情况下，结构体系在自由振动时的方程为

$$\boldsymbol{M}\ddot{x}+\boldsymbol{K}x=\boldsymbol{0} \tag{9.3}$$

令 $x_i=X_i\sin(\omega t+\varphi)$，则有 $\ddot{x}_i=-\omega^2X_i sin(\omega t+\varphi)$，用 $\boldsymbol{X}$ 表示各元素振动幅值的列向量，即 $\boldsymbol{X}=[X_1,X_2,\cdots,X_i,\cdots,X_n]^{\mathrm{T}}$，则可以转化为一个广义特征值问题

$$\boldsymbol{KX}=\omega^2\boldsymbol{MX} \tag{9.4}$$

特征方程为

$$|\boldsymbol{K}-\omega^2\boldsymbol{M}|=0 \tag{9.5}$$

由式(9.5)可求得结构频率和振型，采用振型分解反应谱法，即可得到结构的动力响应。

9.1.3 算例分析——框剪悬挂结构的动力特性[1]

1. 计算参数

十层框剪结构，层高 $h_1=3.605\mathrm{m}$，$h_2\sim h_9=3.5\mathrm{m}$，$h_{10}=3\mathrm{m}$，柱截面 0.3m×0.4m，梁截面 0.3m×1.0m，$E=4.0\times10^4\mathrm{kN/m^2}$。楼层总质量分别为 $m_1\sim m_9=8000\mathrm{kN}$，$m_{10}=4000\mathrm{kN}$。悬挂体质量与主结构质量比为3∶7，挂体长度等于层高。原结构频率和加悬挂后结构频率见表 9.1 所列，加悬挂后振型如图 9.2 所示。

表 9.1 结构频率

原结构	ω_1	ω_2	ω_3	ω_4	ω_5	ω_6	ω_7	ω_8	ω_9	ω_{10}
	0.9062	3.7733	9.1606	17.0036	27.2823	39.8492	54.3259	69.6430	83.4750	92.3605
加悬挂结构	ω_1	ω_2	ω_3	ω_4	ω_5	ω_6	ω_7	ω_8	ω_9	ω_{10}
	0.7412	1.6077	1.6483	1.6648	1.6711	1.6725	1.6730	1.6731	1.6732	1.7572
	ω_{11}	ω_{12}	ω_{13}	ω_{14}	ω_{15}	ω_{16}	ω_{17}	ω_{18}	ω_{19}	ω_{20}
	2.0821	3.9571	9.2256	17.0376	27.3032	39.8634	54.3363	69.6511	83.4817	92.3665

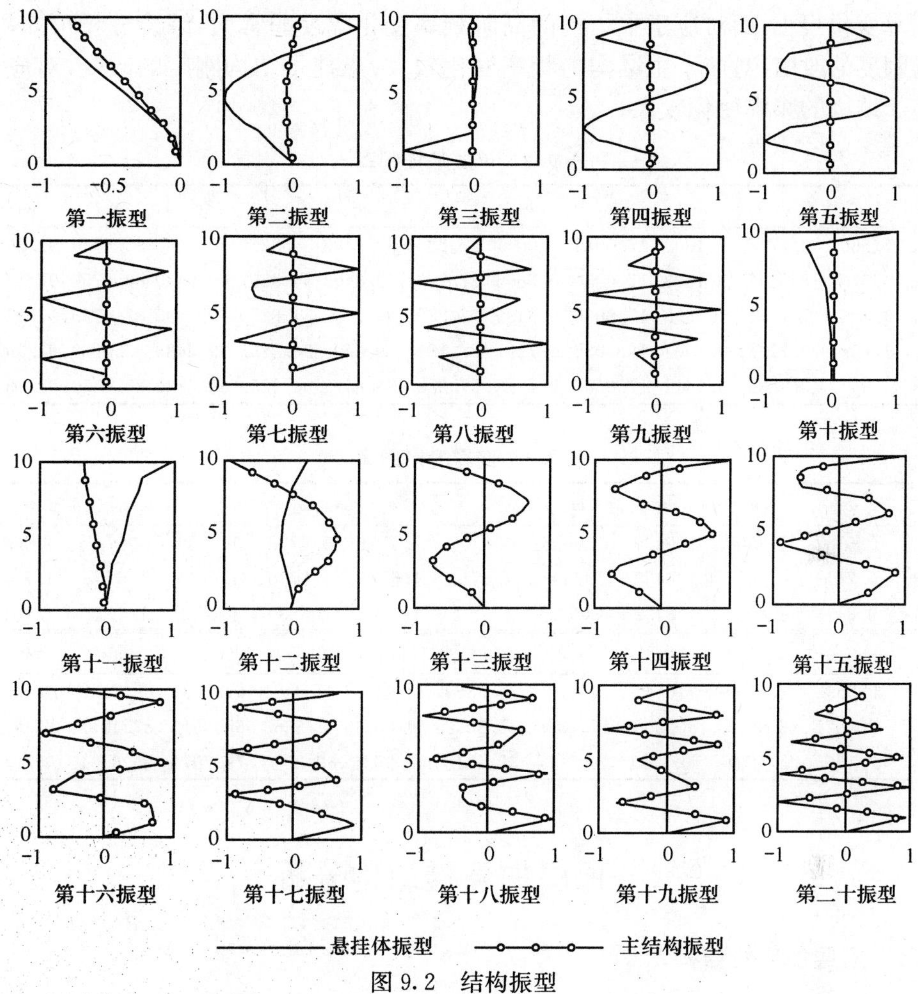

图 9.2　结构振型

从结构频率可以看出，加悬挂后结构前十阶频率明显低于原结构第一频率，从第十一频率开始高于原结构频率，悬挂体使结构频率分离特性明显，符合本研究理论分析结果。从振型图看出，振型也明显分为主结构基本不振动和悬挂体基本不振动两个部分，第三、五振型受悬挂的影响，振型变化较大。

2. 参数对频率影响

只在一个楼层上悬挂时，频率计算结果见表 9.2。由表 9.2 可以看出随着悬挂层位置的上升，第一频率逐渐减小，而对高阶频率基本没有影响。悬挂位置越高，对结构的频率振型影响越大，减震效果越明显。

当剪力墙的厚度 t 分别取 0.2m、0.3m、0.4m 时，频率计算结果如表 9.3 所示。由表 9.3 可知，随着主结构侧移刚度的增大，频率也随之增大，与悬挂子结构对应的频率变化很小，而对应于主结构的高阶频率变化幅度非常大，综合分析可知，主结构刚度的改变，对应于主结构的频率变化较大；悬挂子结构刚度的改变，对应于悬挂子结构的频率变化较大。

表 9.2 单层悬挂频率

楼层	ω_1	ω_2	ω_3	ω_4	ω_5	ω_6	ω_7	ω_8	ω_9	ω_{10}	ω_{11}
2	1.6692	3.7745	9.1609	17.0036	0.9041	27.2823	39.8492	54.3259	69.6430	83.4750	92.3605
4	1.6702	3.7799	9.1608	17.0036	0.8806	27.2823	39.8492	54.3259	69.6430	83.4750	92.3605
6	1.7059	3.7777	9.1608	17.0036	0.8199	27.2823	39.8492	54.3259	69.6430	83.4750	92.3605
8	1.7556	3.7735	9.1607	17.0036	0.7297	27.2823	39.8492	54.3259	69.6430	83.4750	92.3605
10	1.8577	3.7835	9.1611	17.0036	0.7388	27.2823	39.8492	54.3259	69.6430	83.4750	92.3605

表 9.3 变厚度时频率

t	ω_1	ω_2	ω_3	ω_4	ω_5	ω_6	ω_7	ω_8	ω_9	ω_{10}
0.2	0.6182	1.7508	1.6479	1.6606	1.6700	1.6721	1.6728	1.6730	1.6731	1.5688
0.3	0.7412	1.6077	1.6483	1.6648	1.6711	1.6725	1.6730	1.6731	1.6732	1.7572
0.4	0.8413	1.6259	1.6485	1.6669	1.6716	1.6727	1.6730	1.6732	1.6732	1.7616

t	ω_{11}	ω_{12}	ω_{13}	ω_{14}	ω_{15}	ω_{16}	ω_{17}	ω_{18}	ω_{19}	ω_{20}
0.2	2.0592	3.3599	7.6641	14.1287	22.6359	33.0487	45.0491	57.7491	69.2192	76.5881
0.3	2.0821	3.9571	9.2256	17.0376	27.3032	39.8634	54.3363	69.6511	83.4817	92.3665
0.4	2.1065	4.4831	10.5591	19.5177	31.2818	45.6724	62.2530	79.7971	95.6404	105.8178

9.2 顶层加悬挂结构分析[2]

9.2.1 顶层加悬挂结构

在建筑结构中，常有突出屋面的楼梯间、电梯间、水箱间等形成突出屋面的小塔楼，这些小塔楼在地震作用下，由于侧向刚度突变，地震作用效应大增，形成“鞭梢效应”，对结构抗震不利。本节以第 8 章的分析结果为基础，依据在结构顶层加悬挂体抗震效果最好的结论，提出了把屋顶的水箱或设备层悬挂起来的构想，以达到减小整个结构地震作用剪力，提高结构经济性的目的。

9.2.2 地震作用力的计算

采用振型分解反应谱法计算悬挂结构的地震反应，设主结构有 n 个自由度，在顶层加悬挂，共 $n+1$ 个自由度，具体步骤如下：

(1) 计算作用在第 j 振型第 i 质点的水平地震作用标准值

$$F_{j,i}=\alpha_j\gamma_j x_{j,i}G_i \qquad (i,j=1,2,\cdots,n,n+1) \tag{9.6}$$

式中，$F_{j,i}$ 为对应第 j 振型第 i 质点的水平地震作用标准值；γ_j 为第 j 振型的参与

系数,其计算公式为

$$\gamma_j = \frac{\sum_{i=1}^{n+1} G_i x_{j,i}}{\sum_{i=1}^{n+1} G_i x_{j,i}^2}$$

式中,$x_{j,i}$ 为第 j 振型第 i 质点的相对水平位移;G_i 为 i 质点的重力荷载代表值;α_j 相应于第 j 振型自振周期的地震影响系数。

（2）考虑顶层增加了悬挂体,第 j 振型第 n 层结构的总地震作用力为

$$\overline{F}_{j,n} = F_{j,n} + F_{j,n+1} \tag{9.7}$$

式中,$\overline{F}_{j,n}$ 为第 j 振型第 n 层的地震作用标准值;$F_{j,n}$ 为第 j 振型第 n 层楼层质点产生的水平地震作用标准值;$F_{j,n+1}$ 为第 j 振型第 $n+1$ 层上悬挂的质量产生的水平地震作用标准值。

除第 n 层以外,其他各层的地震作用力为

$$\overline{F}_{j,k} = F_{j,k} \quad k = 1,2,\cdots,n-1 \tag{9.8}$$

（3）计算第 j 振型第 k 层的层间剪力

$$Q_{j,k} = \sum_{k=1}^{n} \overline{F}_{j,k} \tag{9.9}$$

至此,可求得第 j 振型的所有层间剪力值,由公式 $Q = \sqrt{\sum Q_j^2}$ 即可求出结构各层层间剪力的标准值。

9.2.3　顶层加悬挂结构分析计算

为讨论方便,下面结合一个实例,研究顶层加悬挂结构的动力响应和参数变化规律。

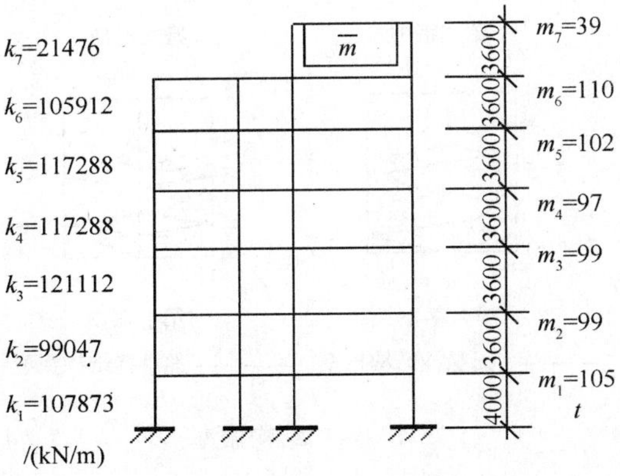

图 9.3　七层框架结构示意图

如图 9.3 所示七层框架结构，顶部为放置水箱的设备层，结构侧移刚度及楼层质量如图中所示。计算分为设备层为座承式结构（非悬挂结构），设备层为悬挂式（悬挂结构）两种情况。考虑设备层总质量与原结构相比保持不变，即从设备层总质量中拿出一部分质量作为悬挂水箱的质量。

1. 顶层悬挂对结构频率、振型影响

考虑悬挂长度 l 为 0.5m 和悬挂质量比 $p=0.5$ 时结构频率、振型及地震剪力的变化情况。表 9.4 列出了非悬挂结构与悬挂结构的频率值比较。

表 9.4　频率比较

频率	ω_1		ω_2	ω_3	ω_4	ω_5	ω_6	ω_7
非悬挂结构	7.4037		20.4125	27.5910	38.5843	48.8476	58.4244	66.3090
悬挂结构	4.3235	7.7499	22.4531	33.4646	39.8440	49.0186	58.4547	66.3125

从表 9.4 可知，由于设备层部分悬挂，结构的基频分离为两个，加悬挂体后使结构的一阶频率降低，周期增大，即悬挂体以低频振动的形式吸收了地震能量，因此对结构的抗震有利，同时从频率列表可看出，悬挂结构的频率分为两部分，第一个频率 ω_- 与悬挂体单摆频率值 $\bar{\omega}=\sqrt{g/l}=4.4272$ 接近，且小于单摆的频率，后七个频率与非悬挂结构的频率接近，且总是大于无悬挂时结构的频率，这与第 8 章理论分析的结论是一致的。

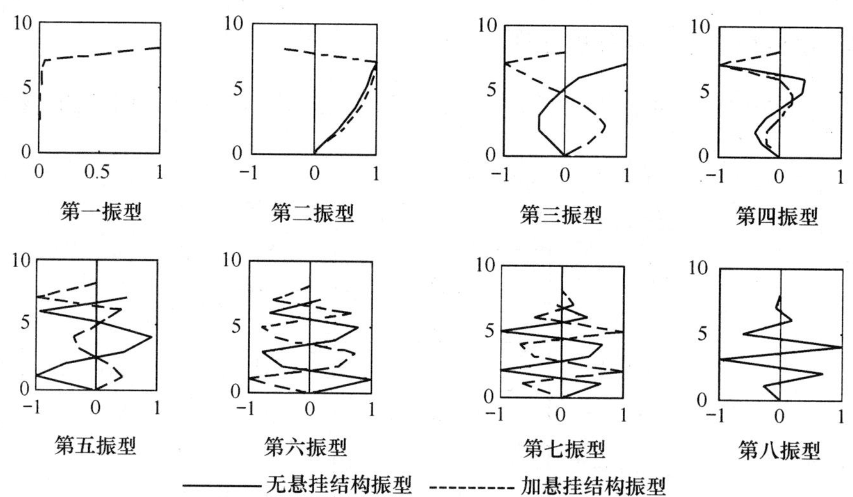

图 9.4　结构振型

从图 9.4 的比较来看，加入悬挂体后，结构的振型增加了一个悬挂体振型，主结构的低阶振型变化较大，而高阶振型变化较小，说明悬挂体对低阶振型的影响比对高阶振型的影响要大。

2. 顶层悬挂对结构剪力影响

图 9.5 为悬挂结构与无悬挂结构层间剪力的比较，悬挂结构的层间剪力明显减小，顶部剪力减小 50%，底部剪力减小 3.07%，表明顶层加悬挂体后，结构的地震作用减小，对结构抗震有利。

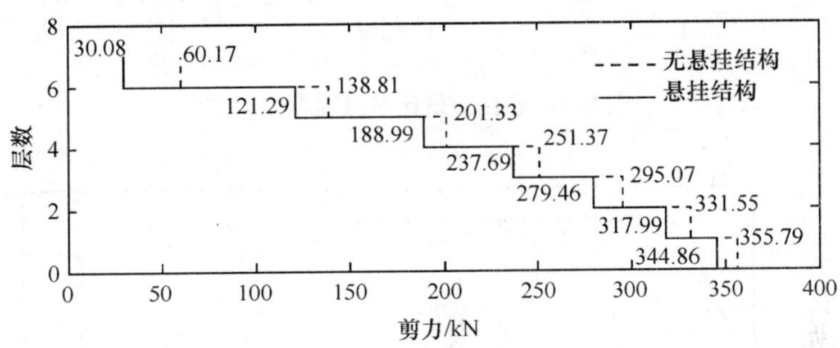

图 9.5　悬挂结构与无悬挂结构剪力比较

3. 质量比、悬挂长度对地震力的影响

第 8 章的研究表明，悬挂长度及悬挂质量比是影响悬挂结构减震效果的主要因素，定义减震率为

$$\phi = \frac{Q_0 - Q_1}{Q_0} \times 100\% \tag{9.10}$$

式中，Q_0 为非悬挂结构的层间剪力；Q_1 为加悬挂后结构的层间剪力。通过对悬挂结构在不同挂长及不同质量比时的计算结果的分析可知，悬挂质量比和悬挂长度对减震效果的影响存在如图 9.6 和图 9.7 所示的趋势。

图 9.6 为悬挂长度 $l = 0.25$ m 时，结构顶层和底层的减震率随质量比的变化而变化的曲线图，可以看出，在悬挂长度一定时，对于顶层，随着悬挂质量比的增加，减震率在不断地增大，到了一定值时，减震率达到最大，而后随质量比的增大，减震率不再增加，而是减小，即存在一个最佳的质量比，使减震效果最好。而对于底层，质量比在增大，减震率有一直增加的趋势，但增加的速度逐渐变慢，其他层的变化趋势与底层相同，从图中还可以看出，在相同的条件下，顶层的减震效果比其他层要好，进一步说明在顶层悬挂质量可以有效地缓解结构的“鞭梢效应”。

图 9.7 为悬挂质量比 $p = 0.5$ 时，减震率随悬挂长度变化的曲线图，从图中看出，对顶层和底层，当悬挂长度小于 0.5m 时，减震率的变化较大，当悬挂长度继续增加后，减震率基本稳定在一个定值，说明较大的挂长对提高减震效果不明显。

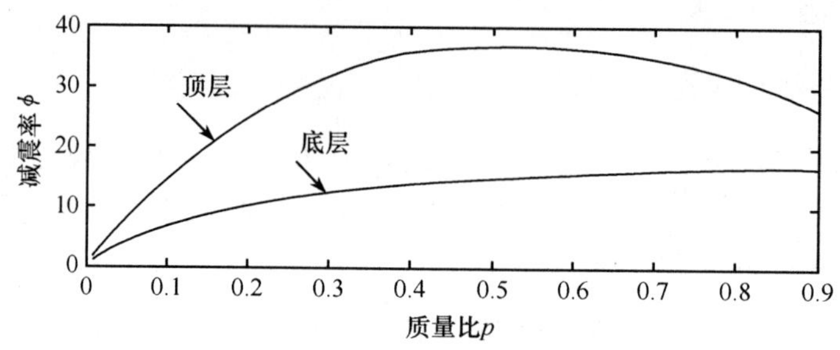

图 9.6　悬挂质量比对减震率的影响

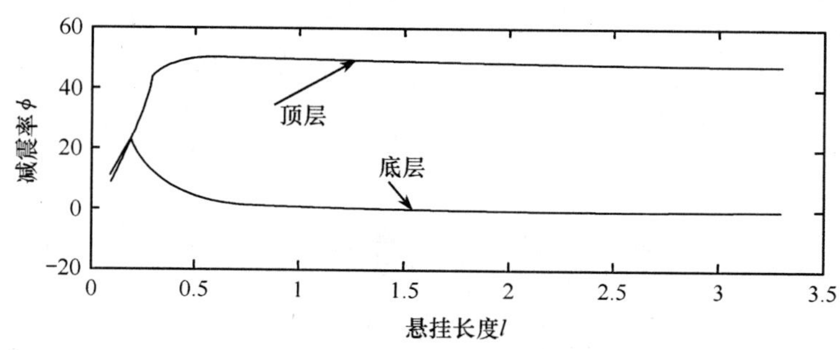

图 9.7　悬挂长度对减震率影响

从上面的结果分析表明，在结构顶层增加悬挂体，结构的频率、振型、层间剪力都发生了变化，在一定的挂长及质量比的条件下，悬挂体对结构起到了很好的减震作用，因此顶层悬挂结构设计的关键在于合理地确定悬挂体的悬挂长度、质量比及顶层框架的层间刚度。这种利用顶层悬挂的方法减震，对建筑结构抗震无疑提供了一条新的途径和方法。

参考文献

[1] 徐彬，田毅，杨艳华. 框剪悬挂结构的动力特性分析. 昆明理工大学学报，2004，29（2）：80～83

[2] 杨艳华，曾纪鹏，徐彬. 顶层悬挂体对结构抗震性能的影响. 昆明理工大学学报，2003，28（增刊）：385～389

第 10 章　高层框筒结构二阶效应分析

作为作者提出结构整体效应思想的一个例证，本章在对结构二阶效应问题方法进行总结的基础上，把高层框筒结构二阶效应归结为一个小变形、大位移的几何非线性问题，由能量变分原理建立泛函，采用 Kantorovich 方法得到框筒结构二阶分析的几何非线性微分方程组；采用小参数摄动法求二阶问题微分方程组，获得了二阶位移的渐进解，由于位移摄动解是解析解表达式，能把一阶和二阶、弯曲和剪切位移分开，所得结果物理概念清晰，便于进行定性分析和讨论。最后通过算例计算，将本章方法的结果与其他方法结果进行了比较和讨论。相比之下，变分摄动法计算结果与其他数值解法的结果一致，但计算更为简单。

10.1　框筒结构的二阶效应问题

10.1.1　二阶效应

结构二阶效应是指考虑轴向内力对变形后杆件的作用效应，包括轴力对结构变形、内力及刚度等量的影响，是以变形后的结构位形几何关系为基础来建立求解方程的。

根据如何考虑结构的几何关系，结构分析可分为以变形前几何关系为基础的一阶分析理论和以变形后的几何关系为基础的二阶分析理论。

对抗弯构件，二阶效应有两部分：一部分是反映轴力对侧移的影响，称为轴力-变位效应或 P-Δ 效应；另一部分是轴力对杆弯曲刚度的影响，称为梁-柱效应。很显然杆件侧移或弯曲变形越大，二阶效应越明显。

从杆件大变形理论来理解，结构的几何非线性存在不同的情况，可能属于大变形、大位移几何非线性问题，或属于大位移、小变形的几何非线性问题。二阶分析忽略了位移高阶项的影响，轴向力取为常数，并且二阶分析理论是以杆件线性理论为基础并考虑二阶影响而建立的，其基本出发点为小变形，因此，二阶分析属于大位移、小变形情况下的几何非线性问题。它与杆件整体稳定问题具有类似的变形性态和方程。

10.1.2　过去的工作

高层建筑结构中侧移是一重要设计指标。近年来，随着高层建筑层数的增加，侧移控制显得尤为重要，而高度增加所带来的竖向荷载引起的二阶水平位移效应正引起人们重视。

对框架-剪力墙结构、剪力墙结构文献[1]、[2]采用连续化方法考虑竖向荷载的影响，建立高阶微分方程，用有限差分、有限积分方法求解。文献[3]利用功能概念解算了联肢剪力墙的近似临界荷载。文献[4]由第二类稳定问题对应的微分方程出发，推导了二阶分析的微分方程组，用 Galerkin 法求解。

对筒体结构，文献[5]～[8]把框筒简化为正交各向异性折板结构，分别采用 B 样条有限条法、常微分方程求解器和有限元线法对二阶效应进行研究，得到了二阶效应数值解。

10.1.3 问题思考和解决方法

正如前面所提到的，高层建筑二阶位移和整体稳定分析问题属结构整体效应问题，其侧移计算结果一般受结构的总体性能影响，采用连续化的分析模型一般能满足要求，其优点在于其分析和处理问题简单、方便，连续化分析方法应在保证一定精度的前提下尽量简单。但需注意和认识到的是，连续化模型是不能反映和描述结构局部变形效应特征的。

如前所述，框筒结构问题二阶效应的实质为在小变形、大位移情况下的几何非线性问题，由能量原理所建立的微分方程一般难于直接求解，过去连续化方法在得到微分方程之后，总是另想办法，寻求方程的数值解。

注意到这样的事实，对高层结构，二阶位移相对一阶位移一般为小量，两者具有量级上差别，因此，属于弱非线性问题。弱非线性问题用摄动法求解是有效的。据此，作者首次提出采用变分摄动法求二阶问题渐进解的方法。为二阶问题的研究提出了一条新思路[9,10]。

首先采用最小势能原理建立问题的能量泛函。考虑框筒结构的剪力滞后效应，选取坐标函数系列。

其次由 Kantorovich 直接变分方法[11]，建立关于竖向坐标变量的位移函数微分方程组，把三维问题转化为一维问题。

最后微分方程利用小参数摄动法求解[12]，先将微分方程组无量纲化，再对位移函数摄动展开，由于展开后的各阶方程可直接求解，因此所得到的各阶位移渐近解是解析表达式。

值得一提的是，本章的目的主要是解决二阶侧移的计算问题，从前面章节的讨论可知，二阶侧移和侧移角的确定属第一层面的分析问题，即结构整体效应的分析。如果需要的话，可继续用奇异函数方法进行结构分析，确定结构构件的整体效应内力，以及局部效应内力和转角。

10.2 计算模型及基本假定

10.2.1 计算模型

采用等效连续化分析模型，将框筒结构密柱深梁转化为闭合实腹筒体，其等效材料常数按文献[13]方法计算。计算模型和尺寸如图 10.1 所示。

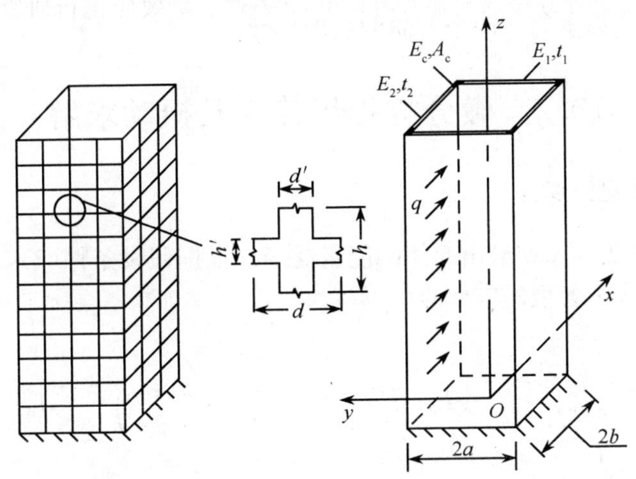

图 10.1　模型和尺寸

10.2.2 基本假定

(1) 考虑几何非线性影响，采用大位移、小变形假设，认为竖向荷载引起的二阶水平位移与一阶位移相比为小量。

(2) 采用刚性楼板假定。同时，各竖向壁板只考虑其自身平面内作用。

(3) 假设筒体剪力滞后引起的壁板竖向位移按抛物线分布。

筒体位移函数可设为

整体水平侧移

$$u(z) = f_M(z) + f_V(z) \tag{10.1}$$

翼板竖向位移

$$w_1(z) = \alpha_1(y) f'_M(z) + \alpha_2(y) f_S(z) \tag{10.2}$$

腹板竖向位移

$$w_2(z) = \beta_1(x) f'_M(z) + \beta_2(x) f_S(z) \tag{10.3}$$

角柱竖向位移

$$w_c(z) = w_1(b,z) = w_2(a,z) \tag{10.4}$$

式中，$f_M(z)$ 表示筒体整体弯曲水平侧移函数；$f_V(z)$ 表示整体剪切水平位移函数；$f_S(z)$ 为考虑剪力滞后效应沿建筑高度变化的影响函数，三者均为待定函数。而函数 α、β 则表示考虑剪力滞后效应后各位移沿水平方向分布，具体表示为

$$\begin{cases}\alpha_1(y)=-a,\alpha_2(y)=a\left(1-\dfrac{y^2}{b^2}\right)\\ \beta_1(x)=-x,\beta_2(x)=x\left(1-\dfrac{x^2}{a^2}\right)\end{cases}\tag{10.5}$$

式中，a、b 分别代表了筒体两个方向的长度尺寸。

10.3 微分方程组建立及摄动求解

10.3.1 微分方程组建立

首先由能量变分原理给出筒体的能量泛函。根据假设条件(2)，不考虑壁板板面内的水平应变，则各板的应变能可以写为

翼板

$$U_1=2\int_0^H\int_{-b}^{b}\left[\frac{1}{2}E_1t_1\left(\frac{\partial w_1}{\partial z}\right)^2+\frac{1}{2}G_1t_1\left(\frac{\partial w_1}{\partial y}\right)^2\right]\mathrm{d}y\mathrm{d}z\tag{10.6}$$

腹板

$$U_2=2\int_0^H\int_{-a}^{a}\left[\frac{1}{2}E_2t_2\left(\frac{\partial w_2}{\partial z}\right)^2+\frac{1}{2}G_2t_2\left(\frac{\partial w_2}{\partial x}+\frac{\partial u}{\partial z}\right)^2\right]\mathrm{d}x\mathrm{d}z\tag{10.7}$$

角柱

$$U_c=4\int_0^H\frac{1}{2}E_cA_c\left(\frac{\partial w_c}{\partial z}\right)^2\mathrm{d}z\tag{10.8}$$

式中，E_1、G_1、E_2、G_2 及 E_c 分别代表了翼板、腹板及角柱的等效材料常数。外荷载势能分为两部分，第一部分为水平荷载势能：

分布力

$$V_q=-\int_0^H q(z)u(z)\mathrm{d}z\tag{10.9}$$

顶端集中力

$$V_P=-Pu(z_{\mathrm{H}})\tag{10.10}$$

第二部分为竖向荷载势能，写为：

翼板

$$V_{\mathrm{H}_1}=-2\int_0^H\int_{-b}^{b}F_1(z)\left[\frac{\partial w_1}{\partial z}+\frac{1}{2}\left(\frac{\partial w_1}{\partial z}\right)^2+\frac{1}{2}\left(\frac{\partial u}{\partial z}\right)^2\right]\mathrm{d}y\mathrm{d}z\tag{10.11}$$

腹板

$$V_{\mathrm{H}_2} = -2\int_0^H\int_{-a}^a F_2(z)\left[\frac{\partial w_2}{\partial z} + \frac{1}{2}\left(\frac{\partial w_2}{\partial z}\right)^2 + \frac{1}{2}\left(\frac{\partial u}{\partial z}\right)^2\right]\mathrm{d}x\mathrm{d}z \tag{10.12}$$

角柱

$$V_{\mathrm{H}_c} = -4\int_0^H F_c(z)\left[\frac{\partial w_c}{\partial z} + \frac{1}{2}\left(\frac{\partial w_c}{\partial z}\right)^2 + \frac{1}{2}\left(\frac{\partial u}{\partial z}\right)^2\right]\mathrm{d}z \tag{10.13}$$

式中，$F_1(z)$、$F_2(z)$、$F_c(z)$ 分别为 z 高度处各板受到的竖向荷载内力，考虑整个筒体受顶端竖向线分布荷载 P_{H} 及板内分布力 q_{H} 的共同作用，令小参数 $\varepsilon = \frac{F_1(0)}{E_1 t_1}$，则有如下的表达式：

翼板

$$F_1(z) = P_{\mathrm{H}_1} + q_{\mathrm{H}_1}(H - z) = \frac{F_1(0)}{E_1 t_1}E_1 t_1\left[1 - \frac{q_{\mathrm{H}_1} z}{P_{\mathrm{H}_1} + q_{\mathrm{H}_1} H}\right] = \varepsilon E_1 t_1\, \bar{q}_{\mathrm{H}_1} \tag{10.14}$$

腹板

$$F_2(z) = P_{\mathrm{H}_2} + q_{\mathrm{H}_2}(H - z) = \frac{F_1(0)}{E_1 t_1}E_2 t_2\left[\frac{F_2(0)E_1 t_1}{F_1(0)E_2 t_2}\left(1 - \frac{q_{\mathrm{H}_2} z}{P_{\mathrm{H}_2} + q_{\mathrm{H}_2} H}\right)\right] = \varepsilon E_2 t_2\, \bar{q}_{\mathrm{H}_2} \tag{10.15}$$

角柱

$$F_c(z) = P_{\mathrm{H}_c} + q_{\mathrm{H}_c}(H - z) = \frac{F_1(0)}{E_1 t_1}E_c A_c\left[\frac{F_c(0)E_1 t_1}{F_1(0)E_c A_c}\left(1 - \frac{q_{\mathrm{H}_c} z}{P_{\mathrm{H}_c} + q_{\mathrm{H}_c} H}\right)\right] = \varepsilon E_c A_c\, \bar{q}_{\mathrm{H}_c} \tag{10.16}$$

能量泛函式为

$$\Pi = \mathrm{U}_1 + \mathrm{U}_2 + \mathrm{U}_c + \mathrm{V}_{H_1} + \mathrm{V}_{H_2} + \mathrm{V}_{H_c} + \mathrm{V}_{\mathrm{P}} + \mathrm{V}_q \tag{10.17}$$

将式(10.6)～式(10.16)代入式(10.17)，积分整理后得

$$\Pi = \int_0^H [(a_1 + b_1\varepsilon) f''^2_M + (a_2 + b_2\varepsilon) f''_M f'_S + (a_3 + b_3\varepsilon) f'^2_S + a_4 f^2_S + a_5 f'^2_V + b_5\varepsilon(f'^2_M + 2f'_M f'_V + f'^2_V) - q(f_M + f_V)]\mathrm{d}z - P[f_M(z_{\mathrm{H}}) + f_V(z_{\mathrm{H}})] \tag{10.18}$$

由最小势能原理 $\delta\Pi = 0$，得方程组

$$2a_1 f''''_M + a_2 f'''_S + \varepsilon\frac{\mathrm{d}^2}{\mathrm{d}z^2}(2b_1 f''_M + b_2 f'_S) - \varepsilon\frac{\mathrm{d}}{\mathrm{d}z}(2b_5 f'_M + 2b_5 f'_V) = q \tag{10.19a}$$

$$a_2 f''_M + 2a_3 f''_S - 2a_4 f_1 + \varepsilon\frac{\mathrm{d}}{\mathrm{d}z}(b_2 f''_M + 2b_3 f'_S) = 0 \tag{10.19b}$$

$$2a_5 f''_V + \varepsilon\frac{\mathrm{d}}{\mathrm{d}z}(2b_5 f'_M + 2b_5 f'_V) = -q \tag{10.19c}$$

相应的边界条件为

$$\delta f''_M = 0 \text{ 或 } (2a_1 f''_M + a_2 f'_S) + \varepsilon(2b_1 f''_M + b_2 f'_V) = 0 \tag{10.20a}$$

$$\delta f_M = 0 \text{ 或 } (2a_1 f'''_M + a_2 f''_S) - \varepsilon \frac{\mathrm{d}}{\mathrm{d}z}(2b_1 f''_M + b_1 f'_S) + \varepsilon(2b_5 f'_M + 2b_5 f'_V) = -P \tag{10.20b}$$

$$\delta f_S = 0 \text{ 或 } (a_2 f''_M + 2a_3 f'_S) + \varepsilon(b_2 f''_M + 2b_3 f'_S) = 0 \tag{10.20c}$$

$$\delta f_V = 0 \text{ 或 } 2a_5 f'_V + \varepsilon(2b_5 f'_M + 2b_5 f'_V) = P \tag{10.20d}$$

式中，$a_1 \sim a_5$，$b_1 \sim b_5$ 为常数，反映结构材料和几何尺寸的情况，具体有

$$a_1 = 2E_1t_1a^2b\left[1 + \frac{1}{3}\frac{E_2t_2}{E_1t_1}\left(\frac{a}{b}\right) + \frac{E_cA_c}{E_1t_1}\left(\frac{1}{b}\right)\right] \tag{10.21a}$$

$$a_2 = -\frac{8}{3}E_1t_1a^2b\left[1 + \frac{1}{5}\frac{E_2t_2}{E_1t_1}\left(\frac{a}{b}\right)\right] \tag{10.21b}$$

$$a_3 = \frac{16}{15}E_1t_1a^2b\left[1 + \frac{1}{7}\frac{E_2t_2}{E_1t_1}\left(\frac{a}{b}\right)\right] \tag{10.21c}$$

$$a_4 = \frac{8}{3}G_1t_1\frac{a^2}{b}\left[1 + \frac{3}{5}\frac{G_2t_2}{G_1t_1}\left(\frac{b}{a}\right)\right] \tag{10.21d}$$

$$a_5 = 2G_2t_2a \tag{10.21e}$$

$$b_1 = -2E_1t_1a^2b\left[\bar{q}_{H_1} + \frac{1}{3}\frac{E_2t_2}{E_1t_1}\left(\frac{a}{b}\right)\bar{q}_{H_2} + \frac{E_cA_c}{E_1t_1}\left(\frac{1}{b}\right)\bar{q}_{H_c}\right] \tag{10.21f}$$

$$b_2 = \frac{8}{3}E_1t_1a^2b\left[\bar{q}_{H_1} + \frac{1}{5}\frac{E_2t_2}{E_1t_1}\left(\frac{a}{b}\right)\bar{q}_{H_2}\right] \tag{10.21g}$$

$$b_3 = -\frac{16}{15}E_1t_1a^2b\left[\bar{q}_{H_1} + \frac{1}{7}\frac{E_2t_2}{E_1t_1}\left(\frac{a}{b}\right)\bar{q}_{H_2}\right] \tag{10.21h}$$

$$b_5 = -2E_1t_1b\left[\bar{q}_{H_1} + \frac{E_2t_2}{E_1t_1}\left(\frac{a}{b}\right)\bar{q}_{H_2} + \frac{E_cA_c}{E_1t_1}\left(\frac{1}{b}\right)\bar{q}_{H_c}\right] \tag{10.21i}$$

式(10.19a)～式(10.19c)即为包含小参数 ε 项的筒体二阶非线性分析的基本微分方程组。

10.3.2 方程摄动展开

对三个位移函数分别按 ε 展开，有

$$f_M = f_{M0} + \varepsilon f_{M1} + \varepsilon^2 f_{M2} + \cdots \tag{10.22}$$

$$f_S = f_{S0} + \varepsilon f_{S1} + \varepsilon^2 f_{S2} + \cdots \tag{10.23}$$

$$f_V = f_{V0} + \varepsilon f_{V1} + \varepsilon^2 f_{V2} + \cdots \tag{10.24}$$

代入式(10.19a)～式(10.19c)及边界条件式(10.20a)～式(10.20d)，考虑 $z=0$ 为固定端，$z=H$ 为自由端，按 ε 写出各阶方程得

ε^0 阶方程组

$$2a_1 f''''_{M0} + a_2 f'''_{S0} = q \tag{10.25a}$$

$$a_2 f'''_{M0} + 2a_3 f''_{S0} - 2a_4 f_{S0} = 0 \tag{10.25b}$$

$$2a_5 f''_{V0} = -q \tag{10.25c}$$

相应的边界条件

$$z=0,\quad f'_{M0}=0,\quad f_{M0}=0,\quad f_{S0}=0,\quad f_{V0}=0 \tag{10.26a}$$

$$z=H,\quad 2a_1f''_{M0}+a_2f'_{S0}=0,\quad 2a_1f''''_{M0}+a_2f''_{S0}=-P \tag{10.26b}$$

$$a_2f''_{M0}+2a_3f'_{S0}=0,\quad 2a_5f'_{V0}=P \tag{10.26c}$$

ε^1 阶方程

$$2a_1f''''_{M1}+a_2f'''_{S1}=-\frac{\mathrm{d}^2}{\mathrm{d}z^2}(2b_1f''_{M0}+b_2f'_{S0})+\frac{\mathrm{d}}{\mathrm{d}z}(2b_5f'_{M0}+2b_5f'_{V0}) \tag{10.27a}$$

$$a_2f'''_{M1}+2a_3f''_{S1}-2a_4f_{S1}=-\frac{\mathrm{d}}{\mathrm{d}z}(b_2f''_{M0}+2b_3f'_{S0}) \tag{10.27b}$$

$$2a_5f''_{V1}=-\frac{\mathrm{d}}{\mathrm{d}z}(2b_5f'_{M0}+2b_5f'_{V0}) \tag{10.27c}$$

相应的边界条件

$$z=0,\quad f'_{M1}=0,\quad f_{M1}=0,\quad f_{S1}=0,\quad f_{V1}=0 \tag{10.28a}$$

$$z=H,\quad 2a_1f''_{M1}+a_2f'_{S1}=-(2b_1f''_{M0}+b_2f'_{S0}) \tag{10.28b}$$

$$2a_1f'''_{M1}+a_2f''_{S1}=-\frac{\mathrm{d}}{\mathrm{d}z}(2b_1f''_{M0}+b_2f'_{V0})-2b_5(f'_{M0}+f'_{V0}) \tag{10.28c}$$

$$a_2f''_{M1}+2a_3f'_{S1}=-(b_2f''_{M0}+2b_3f'_{S0}) \tag{10.28d}$$

$$2a_5f'_{V1}=-2b_5(f'_{M0}+f'_{V0}) \tag{10.28e}$$

依次写出 ε 各阶方程,可以看出,ε^0 阶方程只有水平荷载作用,考虑线性位移的一阶方程组,而 ε^1 阶方程为以竖向荷载和一阶位移为荷载项,二阶效应位移为未知量的方程组。

由于各阶方程可以分别求解,达到了把一、二阶位移效应分开求解的目的,并且各阶方程组解出的结果均为解析解的形式。

10.3.3 渐进方程组解

摄动法已将各阶位移效应分开,接下来的工作主要是分别解各阶线性微分方程组。由于各阶方程组左边未知函数部分具有相同的形式,因此,各阶方程组的求解过程完全相同,以下将以 ε^0 阶方程为例,来推导和显示微分方程组的求解过程。

将一阶微分方程组中的式(10.25a)积分一次,代入式(10.25b)中整理得到

$$f''_{S0}-A^2f_{S0}=-\frac{a_2}{4a_1a_3-a_2^2}\int q\mathrm{d}z+C \tag{10.29}$$

式中,$A^2=\dfrac{4a_1a_4}{4a_1a_3-a_2^2}>0$,则式(10.29)解为

$$f_{S0}(z)=f^*_{S0}(z)+C_0+C_1\mathrm{sh}Az+C_2\mathrm{ch}Az \tag{10.30}$$

式中,$f^*_{S0}(z)$ 为方程的特解;C_0、C_1、C_2 为待定常数。在将式(10.30)代入式(10.25a),有

$$2a_1f'''_{M0}=q(z)-a_2f^{*''}_{S0}(z)-a_2A^3(C_1\mathrm{ch}Az+C_2\mathrm{sh}Az) \tag{10.31}$$

对式(10.31)积分，有

$$f_{M0}=f_{M0}^*(z)+D_1+D_2z+D_3z^2+D_4z^3-\frac{1}{A}\left(\frac{a_2}{2a_1}\right)(C_1\mathrm{ch}Az+C_2\mathrm{sh}Az) \tag{10.32}$$

式(10.30)、式(10.32)代入式(10.25b)得

$$C_0=6\left(\frac{a_2}{2a_4}\right)D_4$$

求解式(10.25c)得

$$f_{V0}(z)=f_{V0}^*(z)+D_5+D_6z \tag{10.33}$$

将以上解整理得

$$\begin{cases}f_{M0}=f_{M0}^*(z)+D_1+D_2z+D_3z^2+D_4z^3-\dfrac{1}{A}\left(\dfrac{a_2}{2a_1}\right)(C_1\mathrm{ch}Az+C_2\mathrm{sh}Az)\\ f_{V0}=f_{V0}^*(z)+D_5+D_6z\\ f_{S0}=f_{S0}^*(z)+C_0+C_1\mathrm{sh}Az+C_2\mathrm{ch}Az\end{cases} \tag{10.34}$$

式(10.34)即为 ε^0 阶微分方程组的解。式中，$f_{M0}(z)$、$f_{V0}(z)$ 表示结构的一阶整体弯曲、剪切水平位移；$f_{S0}(z)$ 表示剪力滞后引起的筒平面内竖向位移；f_{M0}^*、f_{S0}^*、f_{V0}^* 分别为方程特解，由水平荷载的情况确定，$A^2=\dfrac{4a_1a_4}{4a_1a_3-a_2^2}$ $C_0=6\left(\dfrac{a_2}{2a_4}\right)D_4$，$a_1\sim a_4$ 为结构常数，由式(10.21a)～式(10.21d)确定，D_1、D_2、D_3、D_4、D_5、D_6 及 C_1、C_2 共八个待定系数，分别由八个边界条件确定。

对下端固定，上端自由的筒体，代入边界条件整理后，ε^0 阶解的解析表达式为

$$f_{M0}(z)=f_{M0}^*(z)+\left(\frac{PH}{4a_1}+\frac{HK'-K}{2}\right)z^2-\frac{1}{6}\left(\frac{P}{2a_1}+K'\right)z^3$$
$$+\frac{1}{A}\frac{a_2}{2a_1}\left[\left(-\frac{Hf_{S0}^{*\prime}(H)}{AH\mathrm{ch}AH}-C_2\mathrm{th}AH\right)(1-\mathrm{ch}Az)+(Az-\mathrm{sh}Az)C_2\right]$$

$$f_{S0}(z)=f_{S0}^*+\left[\left(-\frac{Hf_{S0}^{*\prime}(H)}{AH\mathrm{ch}AH}-C_2\mathrm{th}AH\right)\mathrm{sh}Az-(1-\mathrm{ch}Az)C_2\right]$$

$$f_{V0}(z)=f_{V0}^*(z)+\left[\frac{P}{2a_5}-f_{V0}^{*\prime}(H)\right]z$$

式中

$$K=f^{*\prime\prime}{}_{M0}(H)+\frac{a_2}{2a_1}f^{*\prime}{}_{S0}(H)$$

$$K'=f^{*\prime\prime}{}_{M0}(H)+\frac{a_2}{2a_1}f^{*\prime\prime}{}_{S0}(H)$$

$$C_2=\left(\frac{p}{2a_1}+K'\right)\left(\frac{a_2}{2a_4}\right)$$

以下将讨论方程的特解情况。

1）结构顶端受水平集中力 P 作用

由于集中力由边界条件引入，筒体分布荷载为零，因此有

$$f_{M0}^{*}=f_{V0}^{*}=0,\qquad f_{S0}^{*}=0$$

2）结构受水平分布荷载情况

（1）均布荷载 q_0。

$$f_{M0}^{*}(z)=\frac{1}{48a_1}q_0z^4,\quad f_{V0}^{*}(z)=-\frac{1}{4a_5}q_0z^2,\quad f_{S0}^{*}(z)=\frac{a_2}{4a_1a_4}q_0z$$

（2）倒三角形分布荷载 $q(z)=q_T\dfrac{z}{H}$。

$$f_{M0}^{*}(z)=\frac{1}{240a_1}\frac{q_T}{H}z^5,\quad f_{V0}^{*}(z)=-\frac{1}{12a_5}\frac{q_T}{H}z^3$$

$$f_{S0}^{*}(z)=\frac{a_2}{4a_1a_4}\frac{q_T}{H}\left(\frac{z^2}{2}+\frac{1}{A^2}\right)$$

10.4　算例与结果分析

为比较方便，采用文献[5]、[14]算例，已知 $E=1.0\times10^6\text{kN/m}^2$，$\mu=0.334$，$t=0.3\text{m}$，筒体高度 $H=144\text{m}$，其余尺寸如图 10.2 所示，顶端受水平集中力作用，$P=4\text{kN}$。竖向荷载

$$q_{\text{H}}=q_{\text{H}_1}=q_{\text{H}_2}=0.889\text{kN/m}^2,\quad q_{\text{H}_c}=0,\quad P_{\text{H}_1}=P_{\text{H}_2}=0,\quad P_{\text{H}_c}=0,$$

$$\varepsilon=\frac{q_{\text{H}}H}{E_1t_1}=0.002363$$

位移计算结果见表 10.1、表 10.2 及图 10.3 所示。

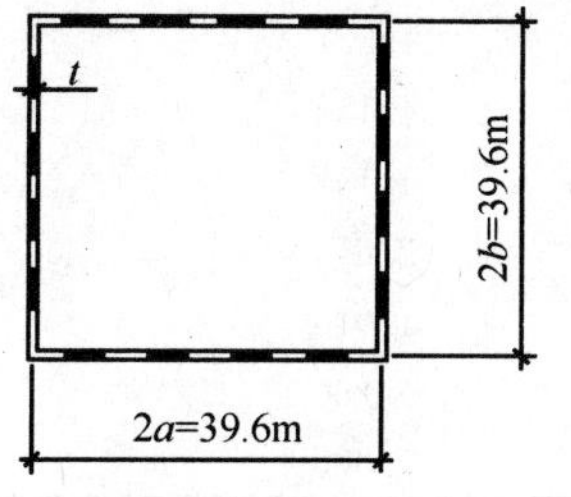

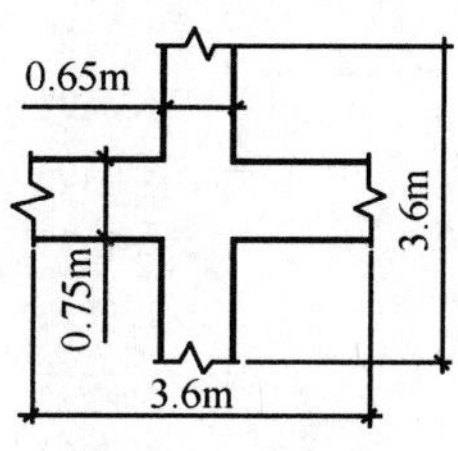

图 10.2　框筒尺寸

从结果分析看出，按本书方法与按文献[5]、[14]的计算结果是一致的，本书结果更接近文献[5]B 样条函数法的结果，二阶效应位移增量占一阶位移的 8.70%～5.45%，越接近底部比例越大。分析原因在于总的位移中，剪切位移占的比重大于弯曲位移，而剪切型结构的侧移在结构下部变化更大，二阶效应的影响在结构下部

更为明显,从表 10.1 中反映出水平位移中剪切变形位移约为弯曲变形位移的 2 倍,说明本例题为弯剪型结构,但更偏向于剪切型,二阶效应较明显。

表 10.1 位移计算结果(1)

高度/m	一阶位移/mm			二阶位移/mm		
	f_{M0}	f_{V0}	u_0	εf_{M1}	εf_{V1}	εu_1
144.0	2.6867	5.5723	8.2590	0.1516	0.2983	0.4499
130.9	2.3404	5.0653	7.4057	0.1293	0.2956	0.4249
117.8	1.9999	4.5584	6.5583	0.1082	0.2875	0.3957
104.7	1.6666	4.0515	5.7181	0.0883	0.2739	0.3622
91.6	1.3482	3.5446	4.8928	0.0702	0.2550	0.3252
78.5	1.0302	3.0377	4.0679	0.0535	0.2309	0.2843
65.5	0.7743	2.5346	3.3089	0.0386	0.2020	0.2406
52.4	0.5279	2.0277	2.5556	0.0258	0.1685	0.1942
39.3	0.3176	1.5208	1.8384	0.0150	0.1308	0.1459
26.2	0.1518	1.0138	1.1656	0.0070	0.0980	0.0967
13.1	0.0411	0.5069	0.5480	0.0018	0.0459	0.0477

表 10.2 位移计算结果(2)

高度/m	本书	文献[5]	文献[14]
144.0	8.7087	8.087	8.929
130.9	7.8306	7.297	8.135
117.8	6.9540	6.504	7.339
104.7	6.0848	5.713	6.537
91.6	5.2180	4.927	5.730
78.5	4.3522	4.152	4.920
65.5	3.5495	4.152	4.111
52.4	2.7498	2.653	3.291
39.3	1.9843	1.938	2.466
26.2	1.2623	1.256	1.636
13.1	0.5957	0.605	0.802

过去方法中,二阶分析所得结果只有最终的位移数值解,从实例的结果可以看出,本章介绍的变分摄动法不仅得到了二阶位移效应的最终解,而且还分别给出了弯曲位移、剪切位移的一阶和二阶量值,如图 10.3 所示,可以很方便地了解和研究各参数的变化情况,这也正好体现了解析法较数值法的优越性。

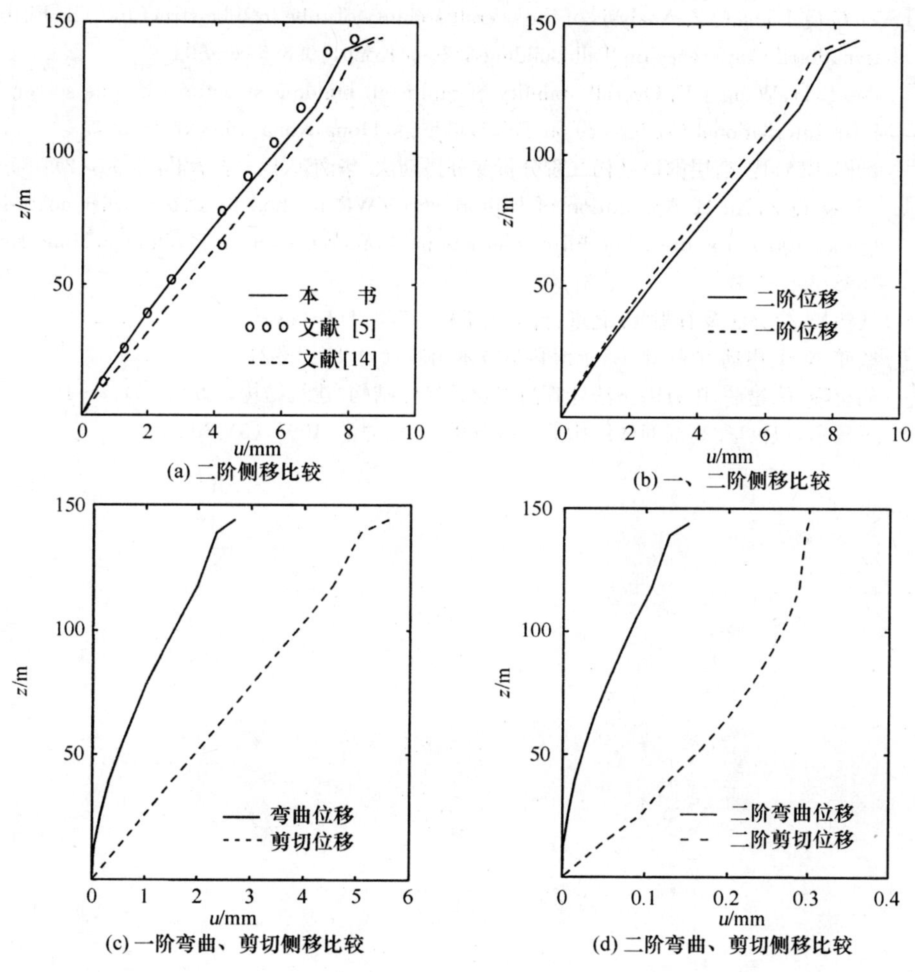

(a) 二阶侧移比较　　(b) 一、二阶侧移比较

(c) 一阶弯曲、剪切侧移比较　　(d) 二阶弯曲、剪切侧移比较

图 10.3　水平侧移

参考文献

［1］ 梁启智,谢理.框剪结构的二阶分析.建筑结构学报,1986,(5):1～8

［2］ 梁启智,谭争争.高层建筑双肢剪力墙的二阶分析.工程力学,1986,(3):55～61

［3］ 王寿康,张毛心.厚度有突变的联肢剪力墙整体稳定.建筑结构学报,1996,(1):40～45

［4］ 周坚.高层建筑空间协同工作体系的二类稳定问题及二阶效应.建筑结构学报,1994,(1):53～86

［5］ 刘滨,包世华.高层筒体结构的整体稳定及二阶分析.建筑结构学报,1990,(1):1～9

［6］ 包世华,杨茂森,易升创.变截面高层筒体结构的有限元线法整体稳定和二阶分析.计算结构力学及其应用,1995,(4):417～428

[7] Fu G Q, Liang Q Z. Analysis of the overall stability of tube-in-tube structure. The Fifth International Conference on Tall Buildings, Hong Kong, 1998:598～602

[8] Bao S H, Wang J D. Overall stability of multi-tall building structures by ode solver. The Fifth International Conference on Tall Buildings, Hong Kong, 1998:592～597

[9] 徐彬,梁启智. 高层框筒结构二阶分析变分摄动法. 华南理工大学学报, 2000,(2): 85～92

[10] Liang Q Z, Xu B. Application of kantorovich-MWR method in second-order analysis of framed-tube structures. The Fifth International Conference on Tall Buildings, Hong Kong, 1998:356～361

[11] 钱伟长. 变分法及有限元. 北京:科学出版社,1980:411～430

[12] 奈弗 A H. 摄动方法. 上海:上海科学技术出版社,1984:3～21

[13] 胡绍隆,徐建平. 用有限条法计算高层建筑筒体结构. 建筑结构, 1983,(5):7～16

[14] 王建东,包世华. 高层筒体结构的二阶分析. 工程力学,1995,(3):30～39